HANS-MARTIN BRANDT **DAS PHOTO-OBJEKTIV**

DR. HANS-MARTIN BRANDT

Das Photo-Objektiv

Aufbau und Wirkungsweise
der wichtigsten Markenobjektive der Weltproduktion

Mit 91 Abbildungen

Springer Fachmedien Wiesbaden GmbH

1956

Ursprünglich erschienen bei Friedr. Vieweg & Sohn, Braunschweig 1956
Softcover reprint of the hardcover 1st edition 1956

ISBN 978-3-663-19850-5 ISBN 978-3-663-20188-5 (eBook)
DOI 10.1007/978-3-663-20188-5

VORWORT

Die Kenntnis von Entwicklung und Konstruktion moderner photographischer Objektive sowie das Wissen um ihre mannigfaltigen Ausführungsformen einem möglichst großen Leserkreis nahezubringen, ist Aufgabe dieses Buches. Es wendet sich dabei gleicherweise an den Fachphotographen, den Photohändler, den Photodrogisten wie an die große Zahl interessierter Amateure, die sich über die auf dem Weltmarkt befindlichen Objektivtypen, ihren Bau und ihre Wirkungsweise unterrichten wollen.

Es ist zugleich aber auch ein Nachschlagebuch für den Handel und die einschlägige Industrie und ein Unterrichtswerk für den Berufsnachwuchs.

Der erste Teil, der die Grundlagen der geometrischen Optik und ihre Anwendung behandelt, macht den Leser mit den für seine Arbeit notwendigen Grundkenntnissen und Definitionen vertraut, ohne ihn durch schwierige theoretische Ableitungen zu belasten. Für einige Grundgleichungen sind Rechnungen und Ableitungen im Kleindruck angegeben; sie können ohne Nachteil vom Leser übergangen werden.

Der zweite Teil des Buches bringt in tabellarischen Übersichten Angaben über die optischen Daten der Objektive (Lichtstärke, Brennweite, Bauformen, Bildwinkel, Patentnummern) und über den Einbau in verschiedene Kameratypen deutschen, englischen, französischen, amerikanischen, holländischen, schweizerischen, italienischen und japanischen Ursprungs. Diese Zusammenstellungen dürften für die praktische Arbeit von besonderem Wert sein.

Allen Firmen, die durch Überlassung von Zeichnungen, Konstruktionsunterlagen und Druckschriften zur Vervollständigung des Buches beigetragen haben, sei auch an dieser Stelle gedankt.

Braunschweig, Herbst 1956 *Dr. Brandt*

INHALTSVERZEICHNIS

DAS OPTISCHE GLAS

1. Die Zusammensetzung des optischen Glases

Als Material für die verschiedenen optischen Konstruktionselemente, wie Sammel- und Zerstreuungslinsen, Prismen und Planplatten, dient das optische Glas, das von einigen wenigen Spezialglaswerken je nach dem Umfang ihres Arbeitsprogramms in 150 bis 250 verschiedenen Ausführungsarten hergestellt wird. Glas, eines der im täglichen Leben gebräuchlichsten Materialien, ist im Gegensatz zum Kristall ein strukturloses, amorphes Material, das aus einer Mehrzahl sehr verschiedener anorganischer Grundstoffe erschmolzen und zu einem scheinbar festen Zustand abgekühlt ist. Dieser sog. glasige Zustand, in dem das Material beim Übergang aus dem flüssigen in den Erstarrungszustand seine unregelmäßige Anordnung der Moleküle beibehält und sie nicht wie im festen kristallinen Zustand ideal ordnet – man spricht von dem glasigen Zustand als dem vierten Aggregatzustand –, kann grundsätzlich von jedem Stoff angenommen werden, doch kommen als geeignete Glasbildner in erster Linie nur einige oxydische Verbindungen bestimmter chemischer Elemente in Frage. Da an die optischen Gläser die höchsten Anforderungen in bezug auf Gleichmäßigkeit und Lichtdurchlässigkeit gestellt werden, können nur chemisch außerordentlich reine, möglichst eisenfreie Rohmaterialien zu ihrer Herstellung verwendet werden.
Die Glaseigenschaften sind stark abhängig von der chemischen Zusammensetzung des Glases. Kieselsäure, Alkalien, Erdalkalien sowie bestimmte Zusätze von seltenen chemischen Elementen bilden die wesentlichsten Rohstoffe zur Glasbildung. Neben Silikaten und Boraten finden sich in dem „Gemenge" Phosphate und ihre Gemische, außerdem sind fast alle Basen Kali, Kalk, Natron vertreten. Ferner spielen Baryt-, Antimon-, Zink- und Bleiverbindungen eine große Rolle. Entsprechend ihren physikalischen und optischen Eigenschaften werden die optischen Gläser in zwei Hauptgruppen, die Kron- und die Flintgläser, eingeteilt, die ihrerseits wieder in verschiedene charakteristische Untertypen gegliedert sind, deren Grenzen sich teilweise überschneiden und verwischen.
Die meisten seit langem verwendeten optischen Gläser sind verhältnismäßig einfach auf Silikatbasis aufgebaute Systeme, die entsprechend dem überwiegenden Gehalt eines oder mehrerer Grundstoffe der Kron- oder der Flintgruppe angehören. So ist z. B. ein starker Gehalt an Bleioxyd charakteristisch für die Vertreter der Flintgläser.
Werden dem Gemisch Oxyde gewisser seltener Erden und Schwermetalle, wie Lanthan, Molybdän, Tantal, Thorium, Wolfram und anderer Elemente, beigefügt, lassen sich ganz neuartige Gläser erschmelzen, die sich durch besonders günstige Eigenschaften gegenüber den bekannten älteren Glassorten auszeichnen. Sie sind wegen ihres starken Prozentgehaltes an Metalloxyden keine Silikatschmelzen im eigentlichen Sinne mehr und nur noch bedingt als „Gläser" im landläufigen Sinne anzusprechen. Ihre Verwendung und ihr Einsatz bei der

Berechnung optischer Systeme gab die Möglichkeit zu einer beträchtlichen Leistungssteigerung und Verbesserung, die vor allem bei der Entwicklung lichtstarker Kleinbildobjektive und spezieller für Zwecke des Farbfilmes bestimmter Aufnahmeobjektive zum Tragen kam.

2. Die Herstellung des optischen Glases

Große Schamottegefäße, die aus feuerfestem Material (40% Tonerde, 46% Kieselsäure, 14% Wasser) gefertigt sind, dienen zur Aufnahme des Schmelzgutes, des genau abgewogenen und gemischten „Gemenges". Diese „Hafen" genannten Behälter können mit der Hand geformt oder in vorbereiteten Gipsformen gegossen werden. Nachdem sie mehrere Monate in der Luft getrocknet sind, werden sie in einen Ofen eingebracht und erhitzt, um das chemisch gebundene Wasser aus der Hafenmasse zu entfernen. Im eigentlichen Schmelzofen wird der Hafen anschließend gebrannt, die Poren des Hafenmaterials schließen sich durch Zusammensintern.

Der bis auf Rotglut (etwa 500 °C) erhitzte Hafen wird nun sehr sorgfältig und langsam mit dem Gemenge aus chemisch reinen Rohstoffen gefüllt. Die Temperatur im Ofen wird immer weiter gesteigert, bis die notwendige Schmelztemperatur des Glassatzes, die entsprechend dem Gemisch zwischen 1100° bis 1600 °C und höher liegen kann, erreicht ist. Schon bei mittleren Temperaturen schmilzt das Gemenge laufend mehr und mehr ein, die einzelnen Gemengebestandteile vereinigen sich zu einer brodelnden Glasmasse, die alle Verunreinigungen bei den höheren Temperaturen ausscheidet. Sie sammeln sich an der Schmelzoberfläche und können dort abgeschöpft werden.

Zur Entfernung der entstehenden Luftblasen wird der Glasfluß mit einem Tonrührer ständig durchgerührt. Ist die Glasmasse klar geworden, was erst nach Stunden erfolgt, kann der Schmelzprozeß als beendet angesehen werden. Der Hafen mit der glühenden flüssigen Glasmasse wird in einen Kühlofen gebracht und dort in langsamer, mehrere Wochen dauernder Kühlung auf die normale Außentemperatur abgekühlt. Die Glasmasse zieht sich zusammen, die Oberfläche erstarrt und wird fest. Allerdings ist die Abkühlung der Hafenmasse recht unterschiedlich, sie verläuft an der Oberfläche anders als im Kern. So entstehen Spannungen, die beim Herausnehmen des Hafens aus dem Kühlofen zum Zerspringen des Hafens und seines Inhalts in größere oder kleinere Stücke führen.

Von diesen Glasbrocken werden alle Stücke mit größeren Blasen, Schlieren, Verunreinigungen ausgesondert und für den weiteren Bearbeitungsprozeß ausgeschieden. Die für gut befundenen Glasstücke dagegen werden in kleinere viereckige Schamotteformen gelegt, die anschließend bis zur Erweichungstemperatur des Glases (etwa 600 °C) erhitzt werden. Die Glasbrocken werden weich, sie senken sich dabei in die Formen und füllen sie aus. In einen Spezialkühlofen gebracht, werden sie ganz langsam wieder abgekühlt. Diese sog. Feinkühlung, die auf die Qualität der erhaltenen Glasschmelzen von größtem Einfluß ist, kann sich über Monate erstrecken. Je langsamer die Feinkühlung verläuft, um so spannungsfreier werden die gesenkten Glasstücke sein. Trotz dieser Vorsichtsmaßnahmen halten die meisten dieser viereckigen Glasklötze, die für die Überprüfung auf zwei gegenüberliegenden Flächen angeschliffen und poliert werden, der genauen Prüfung und Kontrolle nicht stand. Nicht mehr als 20% an gutem Glas beträgt die mittlere Ausbeute einer Schmelze.

3. Die optischen Eigenschaften eines Glases

Mittlere Brechzahl und eine Angabe über die Größe der Farbenzerstreuung kennzeichnen die optischen Eigenschaften eines Glases.
Bekanntlich wird ein Lichtstrahl beim Auftreffen auf eine Glasoberfläche, wenn er von Luft in Glas oder von Glas in Luft übergeht, von seinem bisherigen Weg abgelenkt, er wird gebrochen. Dabei ist diese Brechung abhängig einmal von dem Glasmaterial selbst – ein Kronglas bricht den Lichtstrahl anders als ein Flintglas –, außerdem von der Wellenlänge des Lichtes. Aus dem großen Bereich der elektromagnetischen Schwingungen ist Licht ein winziges Teilgebiet mit Schwingungen der Wellenlängen 700 mμ bis 400 mμ (Millimikron, 1 mμ = 1 Millionstel mm), wobei die verschiedenen Wellenlängen auf unser Auge als farbige Lichter in den Spektralfarben Rot (700 mμ), Orange, Gelb, Grün, Blau, Indigo, Violett (400 mμ) einwirken.
Je kleiner die Wellenlänge des Lichtes ist, um so stärker wird nun der auf die Glasoberfläche auffallende Lichtstrahl gebrochen. Blaue und violette Strahlen erleiden also eine größere Ablenkung als etwa die roten Strahlen. Die Größe jeder Ablenkung wird durch eine Zahlenangabe, die sog. Brechzahl n, charakterisiert, die für die einzelnen Farben des Spektrums unterschiedliche Werte besitzt.
Mittels der im Spektrum an bestimmten Stellen vorhandenen Spektrallinien einzelner Elemente, die erstmalig von *Fraunhofer* im Sonnenspektrum entdeckt worden sind, läßt sich für die verschiedenen Farben des Spektrums eine genaue Wellenlängeneinteilung festlegen, die auch eine eindeutige Kennzeichnung der Brechzahlen für die verschiedenen Spektralgebiete ermöglicht. Neben den fünf *Fraunhofer*schen Linien A', C, D, F, G' werden Spektrallinien des Quecksilbers und des Heliums zur Festlegung der Brechzahlangaben optischer Gläser benutzt. Tafel 1 gibt eine Zusammenstellung dieser Spektrallinien, die dem Glaskatalog der Firma *Schott und Genossen*, Mainz, entnommen ist.
Als „mittlere Brechzahl“ eines Glases ist die Brechzahl für Licht der Wellenlänge 587,6 mμ festgelegt worden, bei der die Empfindlichkeit des menschlichen Auges annähernd am größten ist. Wegen der bei dieser Wellenlänge vorhandenen Heliumlinie d wird sie mit n_d bezeichnet. Analog lauten für die anderen Spektralgebiete die betreffenden Brechzahlen n_C, n_D, n_F usw.
Wir wissen, daß die einzelnen Spektralfarben zusammengesetzt weißes Licht ergeben, das beim Durchgang durch ein Prisma oder eine Linse wieder in seine farbigen Bestandteile zerlegt wird (Dispersion). Das Licht des einfallenden weißen Lichtstrahles teilt sich in ein mehr oder weniger breites Farbband auf. Diese Farbenzerstreuung ist für die einzelnen Gläser und Glassorten ganz verschieden. Durch Angabe der Brechunterschiede für die Spektralabschnitte A' C, C e, e F, F g, g h läßt sich der Gang der Farbenzerstreuung für jedes Glas festlegen.
Zwischen der mittleren Brechzahl n_d und der mittleren Farbzerstreuung $n_F - n_C$ läßt sich eine Beziehung herleiten, die durch die *Abbe*sche Zahl ν gegeben ist. Sie ist definiert durch die Gleichung

$$\nu = \frac{n_d - 1}{n_F - n_C}$$

und wird um so kleiner, je stärker die Farbzerstreuung ist. Für zwei Gläser annähernd gleicher mittlerer Brechzahl, aber verschiedener mittlerer Farb-

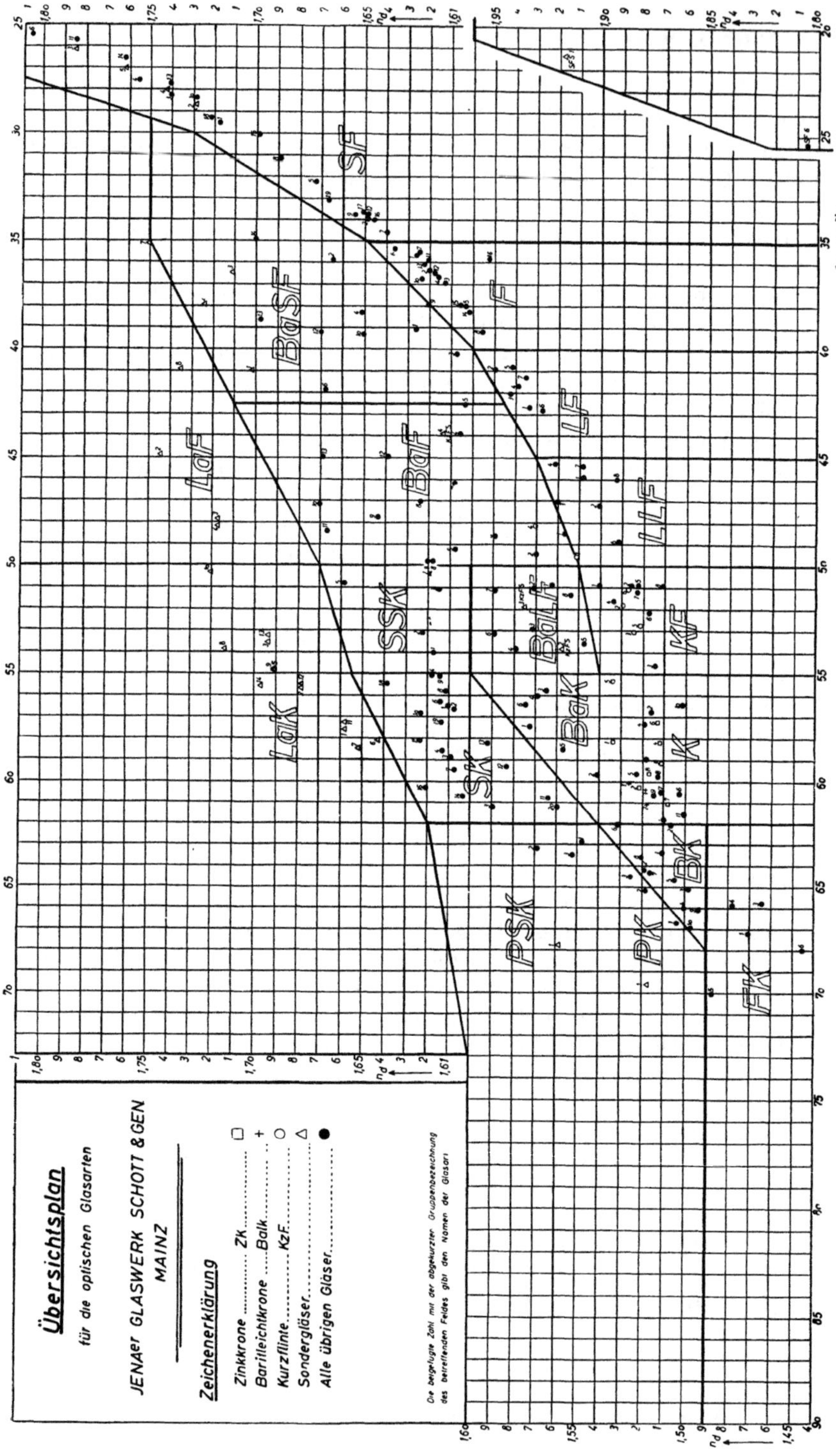

Bild 1. Übersichtsplan für die normalen optischen Gläser der Firma *Schott und Genossen*

zerstreuung, hat das Glas mit der größeren Dispersion den kleineren ν-Wert und umgekehrt. Dagegen gilt bei Gläsern gleicher Farbzerstreuung, aber verschiedener mittlerer Brechung, daß das Glas mit höherer Brechzahl auch den höheren ν-Wert hat.

Angabe der mittleren Brechung und *Abbe*sche Zahl dienen zur Charakterisierung der optischen Gläser. Trägt man in einem Koordinatensystem auf der Abszisse die *Abbe*schen Zahlen in fallender Anordnung, auf der Ordinate die dazugehörigen mittleren Brechzahlen in steigender Reihe ein, so lassen sich sämtliche optischen Glasarten in einem Übersichtsplan aufzeichnen, wie ihn Bild 1 zeigt. Dabei ist die Mehrzahl der normalen Gläser in einem breiten von links unten aus dem Bereich der Krongläser nach rechts oben in das Gebiet der Flintgläser reichenden Streifen angeordnet. Linke obere und rechte untere Ecke des Übersichtsplanes sind frei von Gläsern dieser Art. An diesen Stellen des Diagramms sind die neuen Sondergläser europäischer und amerikanischer Entwicklung einzutragen, die mit ihrem starken Anteil an Schwermetallen und seltenen Erden aus den Reihen der bisher üblichen Gläser herausfallen. In Amerika wurden vor allem Sondergläser für extrem hohe Brechzahlen bei mittleren Dispersionseigenschaften erschmolzen, während durch die Firma *Schott und Genossen* und das französische Glaswerk *Parra-Mantois* schwerstbrechende Gläser mit kleinstmöglicher Dispersion entwickelt wurden. Die Firma *Schott* schuf darüber hinaus mit den Tiefflinten eine weitere neue Glaskategorie, die relativ geringbrechende titan- bzw. wolfram-titan-haltige Silikatgläser mit großer Farbzerstreuung der technischen Anwendung erschloß.

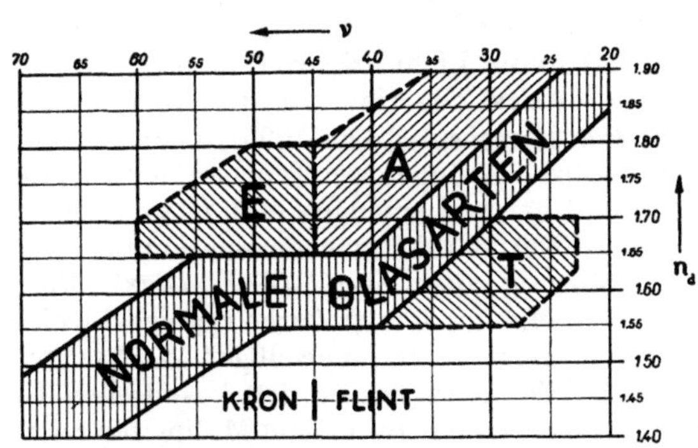

Bild 2. Übersichtsdiagramm neuerer optischer Gläser. E: Europäische Entwicklung, A: Amerikanische Entwicklung, T: Tiefflinte

GEOMETRISCHE OPTIK

Während die physiologische Optik sich mit den Lichtreizen im Auge, den Lichtempfindungen, befaßt, die physikalische Optik die Ursachen des Lichtes und der Lichterscheinungen deutet, behandelt die geometrische Optik die Lehre von der optischen Abbildung; sie erklärt den Weg der Lichtstrahlen von der Lichtquelle durch ein optisches System hindurch bis zum Empfänger, dem Auge, der photographischen Schicht.

Was ist nun Licht und wie breitet es sich aus? Nach der Emissionstheorie des englischen Physikers *Isaac Newton* (1643–1727) wird ein unendlich feiner Stoff von den selbstleuchtenden oder beleuchteten Körpern ausgestrahlt, der in unser Auge eindringt und dort den Eindruck des Lichtes hervorruft. Diese Ansicht von einer geradlinigen Ausbreitung des Lichtes, welche die geometrische Optik vertritt, erlaubt, eine große Menge von Erscheinungen nicht nur richtig und leicht verständlich zu erklären, sondern ihre Ursachen und ihren Ablauf mit recht einfachen Gesetzen und Formeln zu berechnen und festzulegen. Erheblich an Bedeutung gewonnen hat diese Theorie durch die Quantentheorie *Max Plancks* (1858–1947), der die Lichtatome als Quanten bezeichnete, zumal gewisse Erscheinungen, wie der Photo- und der Comptoneffekt, nur durch eine atomistische Auffassung vom Licht erklärbar sind.

Daneben besteht als zweite Theorie über die Ausbreitung des Lichtes die Wellentheorie *Christian Huyghens* (1629 1695), die in der physikalischen Optik behandelt wird. Nach ihr schwingen die Teilchen der leuchtenden Körper ungeheuer schnell hin und her und erzeugen in dem sie umgebenden Lichtäther, einem hypothetischen Stoff, der den ganzen Weltenraum ausfüllt, Schwingungen, die sich wellenförmig ausbreiten. *James Clark Maxwell* (1831 1879) erkannte, daß die Lichtwellen zu dem größeren Bereich der elektromagnetischen Schwingungen gehören, die von den langwelligen Wechselströmen mit Wellenlängen von mehreren Kilometern bis zu den kosmischen Höhenstrahlen mit Wellenlängen von weniger als ein Billionstel Millimeter reichen.

Beide Theorien, Emissionstheorie und Wellentheorie des Lichtes, bestehen nebeneinander und ergänzen sich so, daß alle Lichterscheinungen auf Grund dieser beiden Theorien ausreichend zu erklären sind. Vorgänge wie Beugung, Interferenz und Polarisation erfordern zu ihrem Verständnis wellentheoretische Überlegungen, während alle Abbildungsvorgänge sich nach der Emissionstheorie deuten lassen. Für die Behandlung der photographischen Optik genügt die Kenntnis der Gesetze der geometrischen Optik, mit denen wir uns ausschnittsweise vertraut machen wollen.

Erwähnung und wo erforderlich Ableitung finden nur die Gesetze und Regeln, deren Kenntnis dem Leser für das Verständnis der Entwicklungen, die zu der Vielzahl von Objektivkonstruktionen geführt haben, von Wert sind. Es sind vor allem die wichtigsten optischen Grundbegriffe, die Linsenfehler und Möglichkeiten zu Korrektion sowie die für den optischen Systemaufbau erforderlichen Gesetzmäßigkeiten, die auf den nächsten Seiten behandelt werden sollen.

I. Die wichtigsten optischen Grundbegriffe

A. REFLEXIONS- UND BRECHUNGSGESETZ

1. Die Ausbreitung des Lichtes

Gleichmäßig mit konstanter Geschwindigkeit von annähernd 300000 km je Sekunde breitet sich das Licht von einem leuchtenden oder beleuchteten Punkt nach allen Richtungen in immer größer werdenden Kugelwellen in den Raum hinaus aus. Alle Punkte ein und derselben Wellenphase liegen dabei auf einer gemeinsamen Kugelfläche. Die Fortpflanzung des Lichtes selbst ist geradlinig. Jeder der unendlich vielen, dicht beieinander liegenden Raumpunkte, die Licht von einer Lichtquelle erhalten, kann als eine neue Lichtquelle angesehen werden, die ihrerseits nach allen Seiten Licht ausstrahlt. In ihren gegenseitigen Wirkungen heben sich diese unendlich vielen kleinen Lichtquellen aber so weit auf, daß als Lichtwege, die „Lichtstrahlen", schließlich nur diejenigen Strahlen übrigbleiben, die sich als die Radien der Kugelwellen von dem Ursprungszentrum aus nach allen Seiten in den Raum erstrecken.

Die Gesamtheit aller Lichtstrahlen nennt man ein Strahlenbündel. Es heißt konvergent, wenn alle Strahlen nach einem gemeinsamen Schnittpunkt hinzielen, divergent, wenn die Strahlen von einem Punkte herkommen, und parallel, wenn der Schnittpunkt der Strahlen im Unendlichen liegt.

Die Fortpflanzungsgeschwindigkeit des Lichtes ist abhängig von dem Material, in dem sich das Licht ausbreitet. Beim Übergang aus Luft in einen anderen durchsichtigen oder durchscheinenden Stoff (in der Optik „Medium" genannt) wird sie herabgesetzt. Diese Medien sind optisch dichter als Luft, z. B. Glas oder Wasser.

2. Das Brechungsgesetz

Trifft ein Lichtstrahl auf die Grenzfläche zweier Medien (Luft–Glas oder Glas–Luft), so ändert er, sofern er nicht senkrecht auffällt, beim Eintritt in das zweite Medium seine Richtung, er wird gebrochen. Einfallender und gebrochener Strahl liegen dabei in einer Ebene, die senkrecht zur Trennungsfläche steht. Die Größe dieser Brechung, die abhängig von dem Unterschied in der optischen Dichte beider Stoffe ist, ist dem *Snellius*schen Brechungsgesetz zu entnehmen. Es ermöglicht die Festlegung einer für die Brechkraft jeden Stoffes charakteristischen Konstanten, der Brechzahl n.

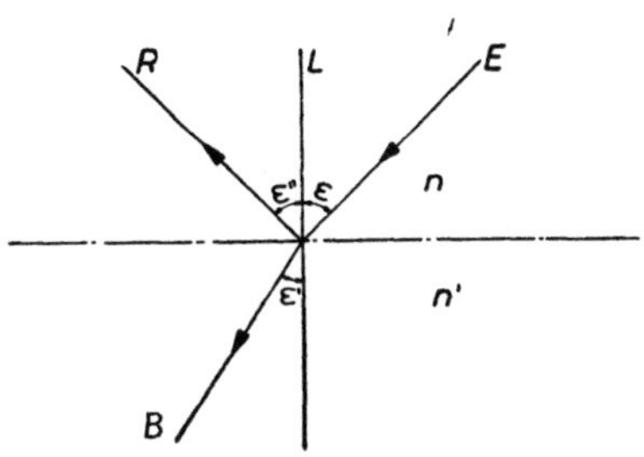

Bild 3. Brechung und Reflexion des Lichtes

Auf Luft als umgebendes Medium bezogen beträgt n z. B.

für Luft	= 1,00,
für Wasser	= 1,33,
für Kanadabalsam	= 1,52 bis 1,53 und
für Diamant	= 2,47, während die Brechzahl
für Kronglas	= 1,46 bis 1,66 und
für Flintglas	= 1,55 bis 1,80 betragen kann.

Ist ε der Winkel zwischen einfallendem Strahl *E* und Einfallslot *L*, ε' der Winkel zwischen gebrochenem Strahl *B* und Einfallslot *L* (alle Größen vor der Brechung werden ohne Strich verwendet, alle nach der Brechung erhalten einen Strich), so lautet das *Snellius*sche Brechungsgesetz

$$n \cdot \sin \varepsilon = n' \cdot \text{sins}\, \varepsilon'$$

oder

$$\frac{\sin \varepsilon}{\sin \varepsilon'} = \frac{n'}{n}.$$

n und n' sind die Brechzahlen der beiden Medien, an deren Grenzfläche die Brechung stattfindet. Sie sind u.a. von der Farbe des Lichtstrahles abhängig. Für $n = 1$ (Luft) vereinfacht sich das Gesetz in die Form

$$\frac{\sin \varepsilon}{\sin \varepsilon'} = n' = \text{konst}\,.$$

Bei größer werdendem Einfallswinkel wächst der Unterschied zwischen ε und ε'. Die Differenz d bei $n = 1{,}6$ zeigt die folgende Tafel:

ε	ε'	d	ε	ε'	d
0°	0°	0°	50°	28° 37′	21° 23′
10°	6° 14′	3° 46′	60°	32° 46′	27° 14′
20°	12° 21′	7° 39′	70°	35° 58′	34° 2′
30°	18° 13′	11° 47′	80°	38°	42°
40°	23° 41′	16° 19′	90°	38° 41′	51° 19′

3. Die Reflexion

Nicht alles Licht wird beim Übergang in ein optisch dichteres oder dünneres Medium gebrochen und dringt in diesen Stoff ein. Ein Teil der auffallenden Lichtmenge, der von dem Brechzahlensprung zwischen n und n' abhängig ist, wird zurückgeworfen, wird reflektiert; er tritt in das erste Medium zurück. Dabei sind der Winkel zwischen dem einfallenden Strahl *E* und dem Einfallslot *L*, der Einfallswinkel, und derjenige zwischen dem reflektierten Strahl *R* und dem Einfallslot *L*, der Reflexionswinkel, gleich groß. Beide werden vom Einfallslot aus gerechnet, haben daher entgegengesetzte Vorzeichen:

$$\varepsilon'' = -\varepsilon.$$

Mit dem Einfallsstrahl *E* und dem gebrochenen Strahl *B* liegt der reflektierte Strahl *R* in einer Ebene.

Die Reflexion eines Teiles des auffallenden Lichtes ist nicht nur auf die durchsichtigen Körper beschränkt. Auch andere reflektieren mehr oder weniger, doch können wir uns bei unseren Überlegungen auf die durchsichtigen Körper beschränken. Die Reflexion kann nun sehr unterschiedlich sein. Bei regelmäßiger glatter Oberfläche werden parallel auffallende Strahlen wieder als Parallelstrahlen zurückgeworfen, die Reflexion ist regelmäßig. Bei unebener, matter oder rauher Oberfläche tritt diffuse, d.h. zerstreute, Rückstrahlung auf, da die Einfallslote, die senkrecht auf den zu jedem Einfallspunkt gehörenden Flächenteilchen stehen, ganz unterschiedliche Lagen annehmen. Nach völlig verschiedenen Richtungen werden die Strahlen reflektiert und gebrochen. Auf dieser diffusen Reflexion beruht die Sichtbarkeit aller Gegenstände.

Ein Grenzfall der Reflexion ist die Totalreflexion, die beim Austritt eines Lichtstrahles aus einem optisch dichteren in ein optisch dünneres Medium auftreten kann. Von einem bestimmten Winkel an findet keine Brechung mehr statt, das Licht wird an der Trennfläche im dichteren Medium vollkommen reflektiert.

Beim Übergang eines Strahles aus Glas in Luft oder Wasser in Luft lautet das Brechungsgesetz

$$\frac{\sin \varepsilon}{\sin \varepsilon'} = \frac{1}{n}$$

oder

$$\sin \varepsilon' = n \cdot \sin \varepsilon .$$

Von einem bestimmten Winkel ε an würde jedoch das Produkt $n \cdot \sin \varepsilon$ größer als 1, d.h. auch $\sin \varepsilon'$ würde größer als 1 werden. Da es aber keine Winkel gibt, deren Sinus größer als 1 ist, kann das Brechungsgesetz nicht mehr wirksam werden. Es tritt die Totalreflexion ein. Als Grenzwinkel für die Totalreflexion findet sich aus dem Brechungsgesetz, sobald $\sin \varepsilon' = 1$ gesetzt wird,

$$\sin \varepsilon = \frac{n'}{n} .$$

Totalreflexion kann also nur eintreten, wenn $n' < n$ ist, die Brechzahl des Mediums, in dem der einfallende Strahl verläuft, muß größer sein als die des Mediums jenseits der Grenzfläche.

Grenzwinkel der Totalreflexion
beim Austritt eines Lichtstrahles aus Glas in Luft

Brechzahl des Glases	Grenzwinkel der Totalreflexion
1,45	48,49°
1,50	46,46°
1,55	44,64°
1,60	42,98°
1,65	41,45°
1,70	40,04°
1,75	38,72°
1,80	37,50°
1,85	36,36°

4. Die Reflexionsverminderung

Durch die an jeder Grenzfläche Luft–Glas oder Glas–Luft auftretende Teilreflexion, die je nach der Größe der Brechzahlendifferenz beider Medien zwischen 4 bis 8% des auffallenden Lichtes betragen kann, wird die Energie eines Lichtstrahles beim Durchgang durch ein optisches System von Fläche zu Fläche geringer. Bei 10 Glas–Luft-Flächen und einer angenommenen mittleren Teilreflexion je Fläche von 5% werden bereits rund 40% des auffallenden Lichtes reflektiert und gehen für die Abbildung verloren. Das auf die photographische Schicht fallende Lichtbündel hat fast die Hälfte seiner Energie eingebüßt.

Neben dem Lichtverlust an jeder Grenzfläche zweier Stoffe tritt außerdem eine unerwünschte Spiegelung auf, die die Leistung des optischen Systems weiter vermindert und zu dem sehr störenden Effekt der Reflexbilder führt, die sich der durch das optische System erzielten Abbildung überlagern. Bildschleier, Blendenflecke, Nebenbilder, unter Umständen sogar Farbverschiebungen, treten auf und bewirken eine allgemeine Kontrastverminderung.

Da diese Teilreflexionen von dem Brechzahlensprung Glas–Luft abhängen, werden sie kleiner, sobald die an Luft grenzenden Linsenoberflächen eine geringere Brechzahl als die des Glases aufweisen. Die Glasoberflächen müssen so behandelt werden, daß dünne Grenzschichten auftreten, deren Brechzahl zwischen der des Glases und der der Luft liegt. Seit Ende der dreißiger Jahre sind verschiedene Verfahren zur Reflexverminderung durch Schaffung solcher dünnen Schichten entwickelt worden. Von ihnen hat sich als technisch bestes Verfahren neben dem Aufschleudern das Aufdampfen gewisser Stoffe auf die Glasoberfläche im Hochvakuum durchgesetzt. Nach sorgfältiger mechanischer Reinigung werden die zu bedampfenden Glasoberflächen im Rezipienten einer Vakuumanlage durch Beschuß mit schnellfliegenden Elektronen einer zusätzlichen elektrischen Reinigung unterzogen. Bei sehr niedrigem Druck werden Magnesiumfluorid, Aluminiumfluorid oder ähnliche Stoffe verdampft und schlagen sich als dünne Schichten auf den Glasoberflächen nieder. Ist die Brechzahl dieser Schichten $n_s = \sqrt{n_g}$, wobei n_g die Brechzahl des Glases bedeutet, so vermindert sich für die beiden Grenzflächen Glas–Schicht und Schicht–Luft die Reflexion je auf $1/4$, insgesamt also auf $1/2$.

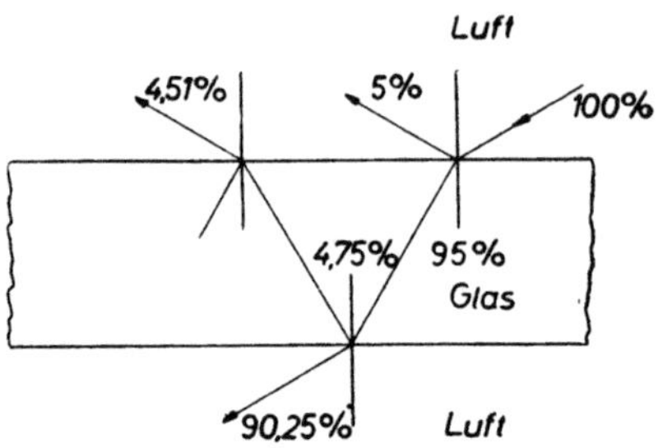

Bild 4. Lichtverlust durch Reflexion an zwei Glas–Luft-Flächen

An jeder einzelnen Grenzfläche beträgt die Lichtschwächung

$$R = \left(\frac{n' - n}{n' + n}\right)^2,$$

wobei n die Brechzahl vor und n' diejenige hinter der Grenzfläche ist. Da moderne lichtstarke Objektive eine Mehrzahl von Glas–Luft-Flächen besitzen, spielt der Reflexionsverlust bei ihnen eine große Rolle.

Die Schichtdicke der aufgedampften Schichten beträgt bei einem elfenbeinweißen Farbton 625 AE, violetten 1440 AE, gelblichgrünen 2125 AE (1 AE $= 10^{-7}$ mm $= 0{,}1\ \mu\mu$).

Die Dicke der Grenzschicht wird gleich einem Viertel der Wellenlänge $\left(\frac{\lambda}{4}\right)$ des Lichtes gewählt. Dann können durch Interferenz die Reflexionsverluste für diese Wellenlänge streng, für die benachbarten fast vollständig beseitigt werden. Jeder Wellenlänge des Lichtes entspricht eine bestimmte Farbe. Das bedeutet: Die der Wellenlänge λ entsprechende Farbe – meist das Gelbgrün des mittleren sichtbaren Wellenlängenbereiches – wird herausgefiltert, während die restlichen anderen Farben des weißen Lichtes mehr oder weniger reflektiert werden. So erscheinen die Oberflächen v e r g ü t e t e r optischer Systeme (mit reflexmindernden, mit T-Schichten [Tranzparenz], mit AR-Schichten [Antireflex] versehen) im reflektierten Licht farbig, meist blauviolett bzw. purpur bis bräunlich, während sie im durchfallenden Licht farblos, aber heller als die unvergüteten Oberflächen wirken. Durch die Reflexionsverminderung wird einmal die Lichtdurchlässigkeit jedes optischen Systems verbessert, zum anderen die Brillanz der erhaltenen Bilder vergrößert.

Mehrere, in ihren Brechzahlen von innen nach außen abnehmende, reflexvermindernde Schichten übereinander auf eine Glasoberfläche gebracht, erhöhen die Wirkung der Reflexminderung (Mehrfachschichtenverfahren).

5. Die Brechung des Lichtes an zwei Ebenen

Da jeder aus Luft in Glas einfallende Lichtstrahl auch wieder in Luft oder in ein anderes Glas (Kittflächen) austreten muß, haben wir es nie mit der Brechung an nur einer Grenzfläche zu tun, sondern müssen die Brechungen an mindestens zwei oder mehr Trennflächen verfolgen.

Der einfachste Fall einer zweifachen Brechung liegt beim Durchtritt eines Lichtstrahles durch eine planparallele Glasplatte (z.B. durch ein Filter) vor. Sind ε_1 der Einfallswinkel, ε_1' der Brechungswinkel an Fläche 1, ε_2 der Einfallswinkel, ε_2' der Brechungswinkel an Fläche 2, so muß, da $\varepsilon_1' = \varepsilon_2$ ist, auch $\varepsilon_1 = \varepsilon_2'$ sein. Der Lichtstrahl verläuft hinter der Planparallelplatte in derselben Richtung wie vor der Platte. Es hat jedoch eine Parallelverschiebung stattgefunden, die von der Dicke *d* der Platte und der Brechzahl *n* abhängig ist.

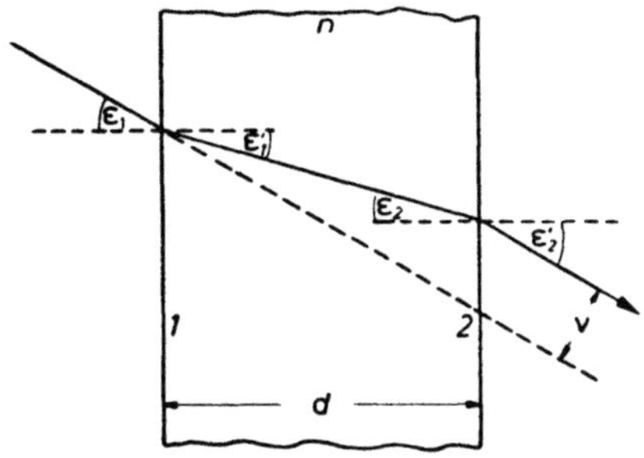

Bild 5. Durchtritt eines Lichtstrahles durch eine Planparallelplatte

Die Größe der Parallelverschiebung für verschiedene Brechzahlen *n* von 1,45 bis 1,8 ist der Tafel 3 zu entnehmen.

Wie man sieht, beträgt für eine Planparallelplatte aus einem Stoff der Brechzahl $n = 1{,}5$ die Parallelverschiebung des durchtretenden Strahles genau $^1/_3$ der Plattendicke. Man macht also keinen allzu großen Fehler, wenn man als Faustregel die Parallelverschiebung eines Lichtstrahles beim Durchgang durch eine Planparallelplatte aus einer der gebräuchlichsten Glassorten gleich einem Drittel der Plattendicke annimmt.

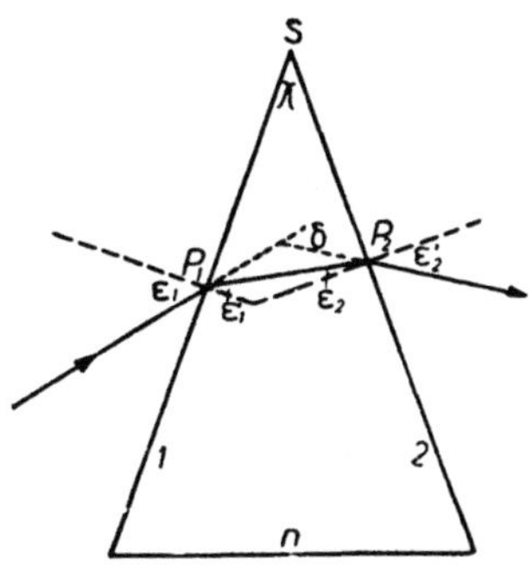

Bild 6. Durchtritt eines Lichtstrahles durch ein Prisma

Durch Zwischenschaltung einer Planparallelplatte in das von einem Objektpunkt ausgestrahlte oder zu einem Bildpunkt hingestrahlte Lichtstrahlenbündel wird die Richtung jedes einzelnen Strahles nicht geändert. Ist der Öffnungswinkel des Lichtbündels klein, erscheint bei konvergentem Auffall der Lichtstrahlen der Objektpunkt von der Platte fort, bei divergentem Auffall zu der Platte hin verschoben.

Sind die beiden von dem Lichtstrahl durchsetzten Trennungsflächen Luft–Glas und Glas–Luft zwar eben, aber nicht parallel, sondern zueinander geneigt angeordnet, hat man es mit einem Prisma zu tun.

Beim Durchgang eines Lichtstrahles durch ein Prisma ändert sich seine Richtung. Durch zweimalige Brechung an beiden Prismenflächen wird der Lichtstrahl gegenüber seiner ursprünglichen Richtung um den Winkel δ abgelenkt. Die Größe der Ablenkung ist außer von der Brechzahl *n* des Prismenmaterials von dem Prismenwinkel χ, dem Winkel zwischen den brechenden Flächen, abhängig.

Sind Einfalls- und Brechungswinkel nur klein, so ist die Parallelverschiebung eines Strahles beim Durchgang durch eine Planparallelplatte gegeben durch die Beziehung

$$v = d \cdot \frac{n - 1}{n}.$$

Zur Berechnung des Strahlenverlaufes beim Durchgang durch ein Prisma gelten folgende Überlegungen: Da die Summe aller Winkel in einem Dreieck $= 2\,R$ ist, $\varepsilon_1' + \sphericalangle\, SP_1P_2 = R$ und $\varepsilon_2 + \sphericalangle\, SP_2P_1 = R$ ist, muß

$$\chi = \varepsilon_1' + \varepsilon_2$$

sein.

Nach einfachen mathematischen Gesetzen wird dann der Ablenkungswinkel δ, der Winkel zwischen einfallendem und ausfallendem Strahl,

$$\delta = \varepsilon_1 + \varepsilon_2' - \chi .$$

Zweimalige Anwendung des Brechungsgesetzes ergibt

$$\sin \varepsilon_1 = n \cdot \sin \varepsilon_1'$$

und

$$n \cdot \sin \varepsilon_2 = \sin \varepsilon_2' .$$

Für kleine Winkel kann der Sinus direkt durch den Winkel ersetzt werden. Es wird dann

$$\varepsilon_1 = n \cdot \varepsilon_1'$$

und

$$n \cdot \varepsilon_2 = \varepsilon_2' .$$

Diese Werte werden in die Gleichung für δ eingesetzt und man erhält

$$\delta = n \cdot \varepsilon_1' + n \cdot \varepsilon_2 - \chi$$

oder, da

$$\chi = \varepsilon_1' + \varepsilon_2$$

ist,

$$\delta = (n - 1) \cdot \chi .$$

Bei symmetrischem Durchgang des Lichtstrahles durch das Prisma sind Einfalls- und Ausfallswinkel gleich. Es ist dann

$$\varepsilon_1' = \varepsilon_2 = \frac{\chi}{2} .$$

Wie sich leicht zeigen läßt, wird bei symmetrischem Durchgang die Ablenkung ein Minimum.

6. Spiegelung an einer Kugelfläche

Im allgemeinen ist die Trennfläche zweier Medien keine Ebene, sondern eine gekrümmte Fläche. Für die Belange der photographischen Optik kommen als gekrümmte Flächen in der Regel nur Kugelflächen (sphärische Flächen) in Betracht, die je nachdem, ob sie dem Licht die erhabene oder die hohle Seite zuwenden, konvex oder konkav genannt werden. Krümmungsflächen von anderer als Kugelgestalt, sog. asphärische Flächen (paraboloide, ellipsoide Flächen) oder Flächen nach Art der *Fresnel*linsen, einer Kombination von Linse und Prisma, finden vor allem bei gewissen Beleuchtungssystemen für die Projektion Verwendung, interessieren uns hier aber nur am Rande. Es genügt für uns, sich auf die Betrachtung der Abbildungsvorgänge an Kugelflächen zu beschränken.

Jede Kugelfläche läßt sich aus einer Vielzahl von sehr kleinen ebenen Flächenelementen zusammengesetzt denken, die gegenüber ihren Nachbarelementen eine unterschiedliche Neigung haben. Ihre Lage ist festgelegt durch die Verbindungslinie zum Kugelmittelpunkt, dem Radius, zu dem sie senkrecht stehen.

Den einfachsten Fall der Abbildung durch Kugelflächen stellt die Spiegelung an einer konkaven Kugelfläche, einem Hohlspiegel, dar, bei dem sämtliche auffallenden Strahlen reflektiert werden. In dem Bild 7 sei C der Kugelmittelpunkt und S der Kugelscheitel, der Schnittpunkt der optischen Achse mit der Kugelfläche. Da die Radien als die Flächenlote immer senkrecht zur Kugelfläche stehen, wird jeder Strahl, der durch den Kugelmittelpunkt C geht und damit senkrecht auf die Kugelfläche trifft, in sich selbst reflektiert. Im besonderen gilt das für den Strahl OS in Richtung der Spiegelachse.

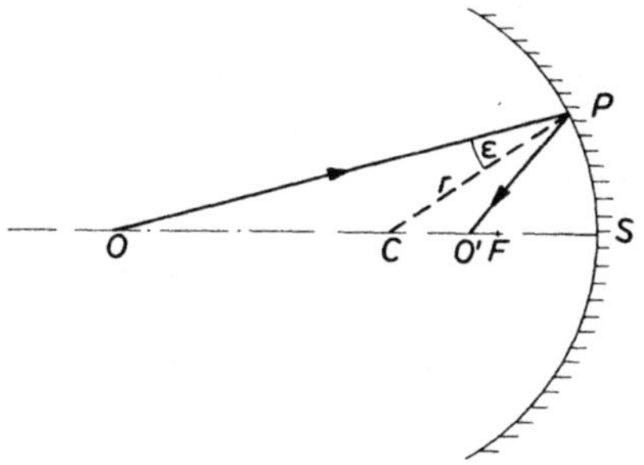

Bild 7. Spiegelung an einem Hohlspiegel

Von dem leuchtenden Punkt O treffe ein zweiter Strahl die Kugelfläche im Punkt P. OP bildet mit PC den Winkel ε. Nach dem Reflexionsgesetz sind Reflexions- und Einfallswinkel gleich. Es muß also $\sphericalangle\, OPC = \sphericalangle\, CPO'$ sein. Da das Bild von O wieder auf der Spiegelachse liegen muß, ist O' der zu O zugehörige Bildpunkt. Rückt nun O nach links in das Unendliche, wird OP parallel zur Achse, O' wandert nach rechts und kommt genau in die Mitte zwischen C und S zu liegen. Dieser ausgezeichnete Bildpunkt heißt der B r e n n p u n k t des Spiegels und wird mit F bezeichnet. Die Entfernung des Brennpunktes vom Scheitel heißt die B r e n n w e i t e f, sie wird anstelle des Radius zur Kennzeichnung der optischen Wirkung des Spiegels benutzt. Es ist $f = \frac{r}{2}$.

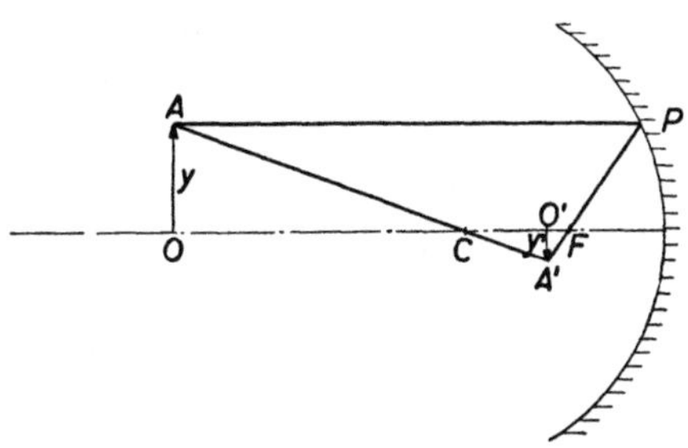

Bild 8. Abbildung durch einen Hohlspiegel

Durch F läßt sich Lage und Größe des von einem Hohlspiegel entworfenen Bildes y' eines senkrecht zur Achse stehenden Gegenstandes y festlegen. Der vom Punkt A des Objektes achsenparallel ausgehende Strahl trifft den Hohlspiegel im Punkte P und geht nach der Reflexion an der Spiegelfläche durch den Brennpunkt F. Ein zweiter Strahl AC durch den Kugelmittelpunkt trifft die Kugelfläche senkrecht und wird in sich reflektiert. Der Schnittpunkt von AC und PF ist der gesuchte Bildpunkt A' des Punktes A. Bildpunkt O' des Objektpunktes O muß senkrecht über A' auf der Spiegelachse liegen. Damit ist $O'A' = y'$ das Bild des Objektes y.

Das durch einen Hohlspiegel entworfene Bild eines weit entfernten Gegenstandes ist reell und liegt verkleinert und umgekehrt zwischen F und C. Wegen der Vertauschbarkeit von Objekt und Bild liegt andererseits das Bild eines zwischen dem Brennpunkt und dem Kugelmittelpunkt eines Hohlspiegels liegenden Gegenstandes umgekehrt und vergrößert jenseits von C (Scheinwerfer). Gegenstände zwischen Brennpunkt F und Spiegelscheitel S ergeben dagegen ein gleichgerichtetes vergrößertes und virtuelles, nicht auffangbares Bild (Rasierspiegel).

Wegen der Kugelgestalt des Hohlspiegels gelten die obigen Gesetzmäßigkeiten nur für den kleinen, die optische Achse umschließenden paraxialen Raum. Fällt ein weitgeöffnetes Lichtbündel parallel zur optischen Achse verlaufender Strahlen auf den Hohlspiegel, schneiden sich zwar die Strahlen gleichen Achsenabstandes wieder auf der Spiegelachse, aber nicht für alle Abstände in einem Punkt. Der Schnittpunkt der äußersten Strahlen liegt dem Scheitel am nächsten, während die Schnittpunkte der inneren Strahlen hintereinander in Richtung auf den Punkt F angeordnet sind. Nur der Schnittpunkt der innersten Strahlen, die den paraxialen Raum begrenzen, fällt mit F zusammen. Die Abweichung der einzelnen Schnittpunkte, auf der Achse gemessen, heißt Kugelgestaltsfehler oder sphärische Aberration.

Im Gegensatz zu den sammelnden Konkav- oder Hohlspiegeln ergeben die konvexen Zerstreuungsspiegel ein virtuelles, aufrechtes und verkleinertes Bild. Sie spielen für unsere Zwecke nur eine unwesentliche Rolle.

7. Brechung durch eine Kugelfläche

Anschließend wollen wir nun den Strahlenverlauf bei der Brechung (Refraktion) an einer Kugelfläche untersuchen.

Zur Vereinfachung seien folgende Voraussetzungen gemacht: Erstens sei das durch die optische Trennfläche vom Medium mit der Brechzahl n in das Medium mit der Brechzahl n' eintretende Licht einfarbig, so daß die Farbzerlegung, die weißes Licht bei der Brechung erfährt, zunächst nicht berücksichtigt werden muß. Außerdem beschränken wir uns auf Strahlen im paraxialen Raum, die nur wenig gegen das Lot geneigt auf die Kugelfläche auftreffen. Andernfalls tritt, durch die Kugelgestalt der brechenden Fläche bedingt, bei weitgeöffnetem Lichtbündel sphärische Aberration auf, die eine punktförmige Abbildung unmöglich macht.

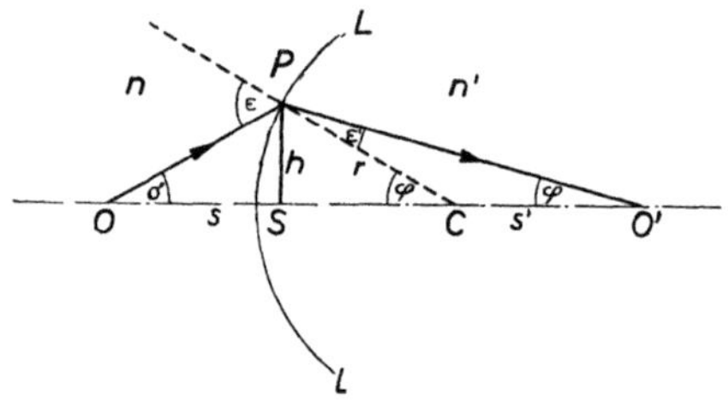

Bild 9. Brechung an einer sammelnden Fläche

Aus der Vielzahl der vom Punkte O ausgehenden Lichtstrahlen seien zwei ausgewählt. Der Strahl OC, der auf der optischen Achse verläuft, fällt im Scheitel S senkrecht auf die Kugelfläche und geht ungebrochen im zweiten Medium in derselben Richtung weiter. Ein unter dem Winkel σ gegen die Achse geneigter zweiter Strahl trifft die brechende Fläche im Abstand h von der Achse im Punkte P; da $n' > n$ angenommen ist, wird er zum Lot PC hin gebrochen und schneidet die optische Achse in O'. Als Schnittpunkt der beiden von O ausgehenden Strahlen ist O' der zu O gehörige Bildpunkt.

Die Entfernungen des Objekt- und des Bildpunktes vom Scheitel S bezeichnen wir mit s bzw. s' und nennen sie die Schnittweiten. Zwischen ihnen, den Brechzahlen und dem Kugelradius, besteht dann folgende Beziehung:

$$\frac{n}{s} + \frac{n'}{s'} = \frac{n' - n}{r}.$$

Da im paraxialen Raum s, ε', σ und σ' sehr klein sind, wird

$$\frac{h}{s} = \sigma, \quad \frac{h}{s'} = \sigma' \quad \text{und} \quad \frac{h}{r} = \psi .$$

Ferner ist nach dem Brechungsgesetz

$$n \cdot \varepsilon = n' \cdot \varepsilon' .$$

Nach dem Satz über Außenwinkel am Dreieck ist

$$\varepsilon = \sigma + \psi \quad \text{und} \quad \varepsilon' = \psi - \sigma' .$$

Diese Werte, in die Gleichung für das Brechungsgesetz eingesetzt, ergeben

$$n \cdot (\sigma + \psi) = n' \cdot (\psi - \sigma')$$

bzw.

$$n \cdot \sigma + n' \cdot \sigma' = \psi\,(n' - n)$$

oder, wenn für σ, σ' und ψ die entsprechenden Werte genommen werden,

$$\frac{n}{s} + \frac{n'}{s'} = \frac{n' - n}{r} .$$

Diese Gleichung heißt die Fundamentalgleichung.
Mit ihr kann man, wenn die Konstanten n, n' und r des Systems gegeben sind und die Entfernung des leuchtenden Punktes O vom Scheitel der brechenden Fläche bekannt ist, die Entfernung des Bildpunktes vom Scheitel berechnen. Dabei ist die Gleichung unabhängig von der Größe der Winkel σ bzw. σ'. Das bedeutet, daß im paraxialen Gebiet alle von einem Objektpunkt ausgehenden Strahlen sich wieder in einem einzigen Punkt, dem Bildpunkt, vereinigen.

Wandert der Objektpunkt nach links ins Unendliche, wird $\frac{n}{s} = 0$. In diesem Falle nennen wir die Entfernung s' des dazugehörigen Bildpunktes f' und bezeichnen sie als die hintere oder Bildbrennweite, den Bildpunkt selbst als den hinteren Brennpunkt F'.
Nähert sich umgekehrt der Objektpunkt immer mehr dem Scheitel S, so wird bei einer bestimmten Entfernung der dazugehörige Bildpunkt nach rechts ins Unendliche gewandert sein. Wir nennen diese Entfernung f und bezeichnen sie als die vordere oder Objektbrennweite. Punkt 0 heißt in diesem Falle der vordere Brennpunkt und führt die Bezeichnung F.
Wie aus der nachfolgenden Ableitung zu entnehmen ist, verhalten sich die Brennweiten einer brechenden Kugelfläche zueinander wie die beiden Brechzahlen.
In der geometrischen Optik wird das Licht stets von links kommend angenommen. Alle Strecken, die im Sinne der Lichtrichtung verlaufen, werden als positive, die gegen die Lichtrichtung verlaufenden als negative bezeichnet. Da sowohl s wie s' vom Scheitel S aus gerechnet werden, ist $s = SO$ negativ, $s' = SO'$ positiv. Auch der Radius $r = PC$ ist positiv. Entsprechend werden die Brennstrecken $SF (= f)$ negativ und SF' $(= f')$ positiv gerechnet.

Wird $\frac{n}{s} = 0$ und $s' = f'$ gesetzt, erhält man

$$\frac{n'}{f'} = \frac{n' - n}{r} \quad \text{oder} \quad f' = \frac{n' \cdot r}{n' - n} .$$

Umgekehrt wird für $\frac{n'}{s'} = O$ und $s = f$

$$\frac{n}{f} = \frac{n' - n}{r} \quad \text{oder} \quad f = \frac{n \cdot r}{n' - n} .$$

Da die rechten Seiten der beiden Gleichungen gleich sind, sind sie auch untereinander gleich und man erhält

$$\frac{n'}{f'} = \frac{n}{f} \quad \text{oder} \quad \frac{f}{f'} = \frac{n}{n'}.$$

B. DIE ABBILDUNG DURCH EIN SYSTEM ZENTRIERTER KUGELFLÄCHEN

1. Zentriertes System von Kugelflächen

Statt nur eine brechende Kugelfläche betrachten wir in der Folge ein System von Kugelflächen, deren Mittelpunkte hintereinander auf der optischen Achse liegen. Zwischen den Kugelflächen befinden sich Medien unterschiedlicher Brechzahl, wobei in den weitaus meisten Fällen die Brechzahl des ersten und letzten Mediums gleich sein soll ($n = 1$, Luft).

Wie verlaufen die Lichtstrahlen durch ein solches zentriertes Medium? Wir sahen im letzten Abschnitt, daß sich im paraxialen Raum (nach dem Göttinger Mathematiker *Carl Friedrich Gauß* auch *Gauß*scher Raum genannt) alle von einem Objektpunkt herkommenden Lichtstrahlen nach Durchgang durch eine Kugelfläche streng in einem einzigen Punkt vereinigen. Für die zweite Fläche eines zentrierten Systems kann dieser als neuer Objektpunkt angesehen werden, dessen Strahlen ihrerseits sich nach der Brechung an dieser zweiten Fläche in einem neuen Bildpunkt schneiden. Eine dementsprechende Beziehung läßt sich für jede der einzelnen Kugelflächen herstellen. Der schließlich nach Durchgang durch die letzte brechende Fläche erhaltene Vereinigungspunkt aller vom ursprünglichen Objektpunkt ausgehenden Strahlen ist der zu diesem Punkt gehörige, durch das Gesamtsystem entworfene Bildpunkt, der zu dem Objektpunkt konjugierte Punkt.

Da zu jedem Objektpunkt im ersten Medium ein durch das Gesamtsystem entworfener Bildpunkt im letzten Medium gehört, da ferner jeder Gegenstand aus einer Vielzahl von einzelnen Punkten zusammengesetzt ist, entwirft allgemein ein System zentrierter Kugelflächen von jedem Gegenstand im Medium 1 ein Bild im letzten Medium, das dem Objekt ähnlich und meist verkleinert ist.

Genau wie die einzelne Kugelfläche besitzt auch das Gesamtsystem brechender Flächen zwei Brennpunkte. Ein auf die erste brechende Fläche achsenparallel auffallendes Lichtbündel wird nach der Brechung in einem Punkte vereinigt, der seinerseits durch die folgenden Kugelflächen in weitere Punkte abgebildet wird. Der Vereinigungspunkt im letzten Medium ist der hintere Brennpunkt F' des ganzen Systems. Analog läßt sich durch ein von rechts kommendes achsenparalleles Lichtbündel wegen der Vertauschbarkeit der Lichtwege die Lage des vorderen Brennpunktes F des Gesamtsystems ermitteln.

2. Linsenformen

Eine Linse ist ein von zwei zur optischen Linsenachse zentrischen Flächen begrenzter Glaskörper. Die Radien dieser Flächen sind meist sphärisch (Kugelflächen), wobei die Kugelfläche für den Radius Unendlich in eine Planfläche übergeht. Jede der beiden Linsenflächen kann sowohl erhaben (konvex) als auch hohl (konkav) oder aber eben (plan) sein. Durch die unterschiedliche Lage der Begrenzungsflächen ergeben sich sechs verschiedene Linsenformen, die in zwei Gruppen, die positiven oder Sammellinsen und die negativen oder Zerstreuungslinsen, zusammengefaßt werden können. Dabei machen Sammellinsen das auffallende Lichtbündel konvergent, sie schnüren es ein, während Zerstreuungslinsen die Lichtstrahlen nach Durchgang durch die Linse zerstreuen, das Lichtbündel divergent machen.

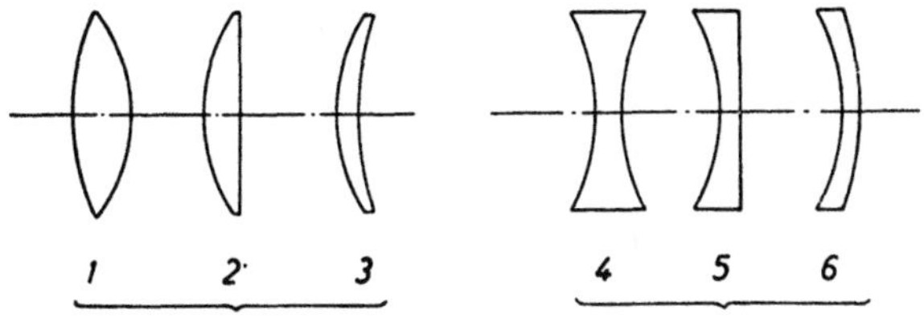

Sammellinsen

1. Bikonvex
2. Plankonvex
3. Positiver Meniskus

Zerstreuungslinsen

4. Bikonkav
5. Plankonkav
6. Negativer Meniskus

Bild 10. Die sechs Linsenformen

Die einfachste Form der Sammellinse ist die Bikonvexlinse mit zwei nach außen gewölbten Oberflächen, deren Krümmungen nicht gleich groß zu sein brauchen. Ist der Radius der einen Fläche unendlich groß, hat man es mit einer Plankonvexlinse, ist die Fläche nach innen durchgebogen, mit einem positiven Meniskus zu tun, wenn die erhabene Fläche stärker gekrümmt ist als die hohle. Bei allen Sammellinsen ist stets die Linsenmitte dicker als der Linsenrand. Für Zerstreuungslinsen gilt der umgekehrte Fall. Hier ist die Linsenmitte dünner als der Linsenrand. Zwei Konkavflächen ergeben eine Bikonkavlinse, eine Konkav- und eine Planfläche die Plankonkavlinse, und schließlich eine erhabene und eine hohle Fläche, sofern der Radius der Hohlfläche kleiner als der der anderen Fläche ist, den negativen Meniskus.

Die Sammellinsen vermögen von irgendwelchen Gegenständen ein reelles, auf einem Schirm, einer Mattscheibe oder einer Photoschicht auffangbares Bild zu liefern; die Zerstreuungslinsen können jedoch nur virtuelle, scheinbare Bilder erzeugen. Dabei bezeichnet man als reelles Bild einen Punkt, in dem sich mehrere von einem Objektpunkt ausgehende Strahlen nach der Brechung durch die Linse wieder schneiden. Bei einem virtuellen oder scheinbaren Bild schneiden sich nicht die Strahlen selbst, sondern nur ihre rückwärtigen, also nicht auffangbaren, Verlängerungen jenseits der brechenden Flächen. Die Punkte, in denen die optische Achse die Linsenoberflächen durchdringt, heißen die Scheitel der Linse, ihr Abstand voneinander ist die Dicke der Linse. Der Linsenrand ist rotationssymmetrisch zur optischen Achse, die Linse ist zentriert.

3. Die einfache Linse

Bei nur einer brechenden Fläche wurden die Brennweiten f und f' vom Scheitel S der Kugelfläche aus gerechnet. Auch für eine Linse mit zwei brechenden Flächen lassen sich entsprechende Beziehungen für die Brennweiten aufstellen. Wie leicht einzusehen ist, ist für die Lage der Brennpunkte die Brechkraft beider Linsenflächen von Wichtigkeit, außerdem wird die Brennpunktslage wesentlich durch die Linsendicke d beeinflußt.

Für eine unendlich dünne Linse, für die $d = 0$ ist, fallen beide Linsenscheitel in einem Punkt zusammen. Der Abstand des Brennpunktes F von diesem Punkt ist gleich der hinteren Brennweite f'. Analog ist f die Entfernung des vorderen Brennpunktes vom Scheitel. Da sowohl f wie f' von der Linse aus gerechnet werden und für die unendlich dünne Linse in Luft gleich groß sind, ist $f = -f'$. Zwischen den Konstanten einer unendlich dünnen Linse und ihrer Brennweite besteht eine einfache Beziehung. Sind r_1 und r_2 die Radien der beiden Linsenflächen und ist n die Brechzahl der in Luft befindlichen Linse, gilt in Er-

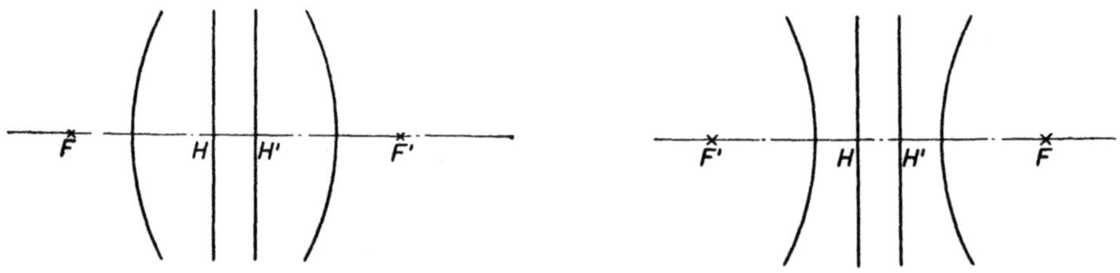

Bild 11. Die vier charakteristischen Punkte einer Sammel- (a) und Zerstreuungslinse (b)

weiterung der Fundamentalgleichung für die Abbildung eines auf der optischen Achse liegenden Objektpunktes im paraxialen Gebiet die *Gauß*sche Abbildungsgleichung

$$\frac{1}{f} = -\frac{1}{f'} = (n-1)\cdot\left(\frac{1}{r_1} - \frac{1}{r_2}\right).$$

Muß auch die Dicke d berücksichtigt werden, tritt noch ein Zusatzglied hinzu. Bei einer beliebig dicken in Luft befindlichen Linse sind ebenfalls vordere und hintere Brennweite gleich, aber nicht mehr auch die Abstände der beiden Brennpunkte von den Linsenscheiteln. Man erhält vielmehr bei Linsen endlicher Dicke die Punkte, von denen aus die Brennweiten rechnen, dadurch, daß man auf der optischen Achse von den beiden Brennpunkten aus in Richtung zur Linse die Brennweiten abträgt. Die beiden so erhaltenen Punkte H und H' heißen vorderer und hinterer Hauptpunkt der Linse, ihre Lage ist von den Krümmungsradien, der Dicke und der Brechkraft der Linse abhängig. Die durch die Hauptpunkte senkrecht zur Achse gelegten Ebenen heißen Hauptebenen. In ihnen sind Objekt und Bild gleich groß und gleichgerichtet. Stets ist für Sammellinsen die Reihenfolge der vier charakteristischen Punkte F, H, H', F', während sie für Zerstreuungslinsen F', H, H', F lautet. Immer aber gilt in Luft $FH = H'F'$.

4. Die Abbildungsgesetze

Größe und Lage des Bildes y' eines achsensenkrechten Objektes y lassen sich mittels der Brennpunkte und Hauptpunkte des optischen Systems bestimmen. Gegeben sei eine Sammellinse der Brennweite f. Von ihrem vorderen Hauptpunkt H in der Objektweite a entfernt befinde sich ein achsensenkrechter Gegenstand mit den beiden Begrenzungspunkten O und P. Da O ein Achsenpunkt ist, muß sein Bildpunkt O' auch wieder auf der optischen Achse liegen. Von den vielen von P ausgehenden Strahlen werden zur Bildkonstruktion nur zwei Strahlen ausgewählt. Strahl PF trifft die vordere Hauptebene im Punkte A. Die hintere Hauptebene muß er im gleichen Achsenabstand parallel zur optischen Achse verlassen. Der andere von P achsenparallel auf die Hauptebenen fallende Lichtstrahl scheint aus dem Unendlichen zu kommen, seine Verlängerung im Bildraum geht daher durch den hinteren Brennpunkt F'. Der Schnittpunkt beider Strahlen ist der gesuchte Bildpunkt P'. Ein von P auf die Achse gefälltes Lot trifft sie im Punkte O' und gibt damit Größe und Lage des Bildes an.

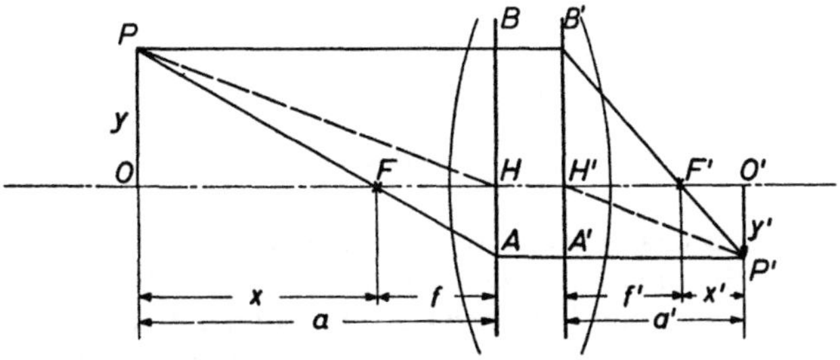

Bild 12. Konstruktion eines von einer dicken Sammellinse erzeugten Bildes

Bezeichnen wir die Abstände des Objektes und des Bildes von den beiden Brennpunkten mit x bzw. x' und setzen sie in Beziehung zur Brennweite, erhalten wir die

Abbildungsgleichung von *Newton:*

$$x x' = -f^2 .$$

Bestimmend für den Maßstab der Vergrößerung oder Verkleinerung ist die Brennweite. Liegt der Gegenstand weit nach links von der Linse entfernt (großer negativer Wert von x), ist x' klein und positiv, das Bild liegt dicht hinter F'. Je kleiner x wird, um so mehr wächst x'. Das erhaltene Bild y' ist reell, umgekehrt und verkleinert. Rückt das Objekt näher an den Brennpunkt F heran, nimmt die Bildgröße zu. Für $x = f$ sind Objekt und Bild gleich groß (Abbildung im Maßstab 1:1). $x = \infty$ bis $x = f$ sind die Grenzen des für die gebräuchlichen photographischen Aufnahmen zutreffenden Objektbereiches. Wird $x < f$, wächst x' immer mehr, das Bild ist weiter reell und umgekehrt, aber größer als das Objekt (Gebiet der photographischen Vergrößerungen und der Mikrophotographie).

Aus der Ähnlichkeit der Dreiecke POF, AHF, $B'H'F'$ und $P'O'F'$ folgt, wenn $FO = x$ und $F'O' = x'$ ist,

$$\frac{y}{y'} = \frac{x}{f} \quad \text{und} \quad \frac{y}{y'} = \frac{f'}{x'} = \frac{-f}{x'} .$$

Da die linken Seiten der Gleichungen identisch sind, wird

$$\frac{x}{f} = \frac{-f}{x'} \quad \text{oder} \quad x \cdot x' = -f^2 .$$

Steht das Objekt im Brennpunkt F, ist also $x = 0$, wird $x' = \infty$ und das Bild liegt rechts vom optischen System im Unendlichen. Wandert das Objekt noch weiter bis H, so springt das Bild von rechts-Unendlich nach links-Unendlich und läuft bis zum Punkte H', es ist dabei aufrecht, vergrößert und virtuell, also nicht mehr auffangbar.

Genau wie für Sammellinsen läßt sich auch für Zerstreuungslinsen Lage und Größe des Bildes bestimmen, doch sei von einer Ableitung hier abgesehen.
Für unendlich dünne Linsen fallen die Hauptpunkte im Linsenmittelpunkt in einem Hauptpunkt H zusammen. Ist $HO = a$, $HO' = a'$, dann gilt unter Außerachtlassung der wegen der Unterschiede gegenüber der Lichtrichtung auftretenden Vorzeichen zwischen Objektweite a und Bildweite a' bei gegebener Brennweite f die bekannte allgemeine Linsenformel oder Reziprokengleichung genannte Beziehung

$$\frac{1}{a} + \frac{1}{a'} = \frac{1}{f}.$$

Zusammen mit der Maßstabsgleichung

$$\beta = \frac{y'}{y} = \frac{a'}{a} \quad \text{oder} \quad y' = \frac{a'}{a}\, y\,,$$

in der β den Abbildungsmaßstab angibt, genügt sie in den meisten Fällen zur rechnerischen Festlegung der absoluten Werte von Bildweite und Bildgröße.
Ohne Kenntnis der genauen Lage der Hauptebenen läßt sich für die verschiedenen Aufnahmeentfernungen aus der Brennweitenangabe der Abbildungsmaßstab berechnen. Bis zu Verkleinerungsverhältnissen von 20fach ergibt er sich hinreichend genau als Quotient zwischen Objektentfernung und Brennweite. So beträgt z. B. für eine Aufnahmeentfernung von 15 m bei einem Kleinbildobjektiv der Brennweite 50 mm die Verkleinerung $\frac{15\,000}{50} = 300$fach, während sie bei einem Normalobjektiv der Brennweite $f = 105$ mm für das Format 6×9 cm 143fach ist.
Die Abbildung eines Gegenstandes durch eine einzelne Linse wird in der photographischen Optik nur bei einfachsten Kameras angewandt. Aus Gründen der Korrektion, auf die wir noch zu sprechen kommen, sind fast immer mehrere Linsen zu einem Objektiv vereinigt. Die Frage, die zu beantworten ist, lautet daher: Wie bildet ein System von mehreren Linsen einen Gegenstand ab und welche Formeln sind zu benutzen?
Zur Vereinfachung sei zunächst angenommen, das optische System bestehe aus zwei unendlich dünnen Linsen mit den dazugehörigen Brennweiten f_1 und f_2. Der Abstand beider Linsen von einander sei d. Dann ist die gesuchte Brennweite f des Gesamtsystems gegeben durch die Beziehung

$$\frac{1}{f} = \frac{1}{f_1} + \frac{1}{f_2} - \frac{d}{f_1 f_2}.$$

Wie man sofort sieht, wird die Brennweite f des Gesamtsystems immer größer, je weiter sich die beiden Linsen voneinander entfernen, d. h. je größer d wird. Für $d = f_1 + f_2$ wird $f = \infty$. Ein optisches System dieser Art wird teleskopisch genannt, bei ihm entspricht einem achsenparallelen Strahl des Objektraumes wiederum ein achsenparalleler Strahl im Bildraum. Ist d größer als die Summe der beiden Teilbrennweiten geworden, wird f negativ, die von dem Gesamtsystem entworfenen Bilder sind nicht mehr umgekehrt, sondern stehen aufrecht und werden um so kleiner, je weiter sich die beiden Linsen voneinander entfernen.

Es gelten die Beziehungen

$$\frac{y'}{y} = \frac{a'}{a} \quad \text{und} \quad \frac{y'}{y} = \frac{a' - f}{f}.$$

Daraus folgt

$$\frac{a'}{a} = \frac{a' - f}{f} \quad \text{oder} \quad a' f = a a' - a f .$$

Wird durch $a a' f$ gekürzt, ergibt sich

$$\frac{1}{a} + \frac{1}{a'} = \frac{1}{f} .$$

Umgeformt wird

$$f = \frac{a a'}{a + a'}, \quad a = \frac{a' f}{a' - f}, \quad a' = \frac{a f}{a - f} \quad \text{und} \quad \beta = \frac{a'}{a}, \quad \beta = \frac{f}{a - f}, \quad \beta = \frac{a' - f}{f} .$$

Besteht das optische System nicht nur aus zwei, sondern aus drei oder noch mehreren Linsen, läßt sich in sinngemäßer Anwendung der Formel die Gesamtbrennweite des Systems stets wieder mittels der Einzelbrennweiten und der entsprechenden Abstände zwischen den Einzellinsen herleiten. Da dies auch für beliebig dicke Linsen möglich ist, kann man sich das Gesamtsystem schließlich in seiner Wirkung durch eine einzige dünne Linse ersetzt denken. Es genügt daher in der Folge, alle optischen Eigenschaften an einer einzelnen Linse kennenzulernen.

5. Lichtstärke und Helligkeit

Von zwei Linsen, die sich bei gleicher Brennweite f nur im Linsendurchmesser D unterscheiden, nimmt diejenige mit dem größeren Durchmesser mehr Licht auf als diejenige mit dem kleineren. Man sagt dazu, die größere Linse ist lichtstärker. Verhalten sich die Durchmesser zweier Linsen bei gleicher Brennweite etwa wie 1 : 2, so hat die größere Linse eine vierfach so große Oberfläche wie die kleinere und kann deshalb auch viermal mehr Licht erfassen. Dementsprechend braucht bei ihr die Belichtungszeit nur den vierten Teil zu betragen.

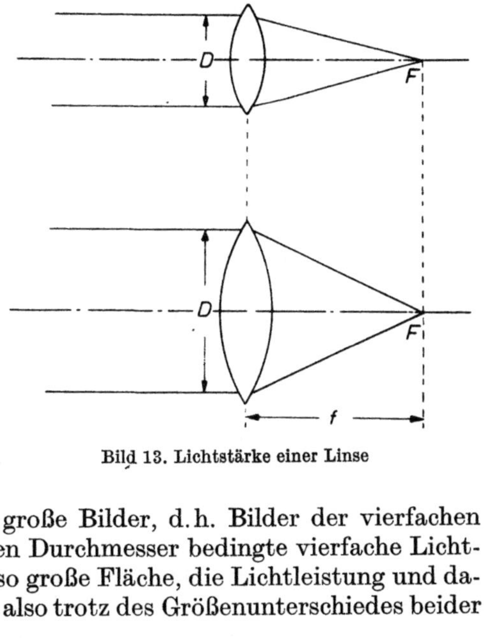

Bild 13. Lichtstärke einer Linse

Nun sagt der Durchmesser einer Linse allein noch nichts über die Lichtstärke aus. Er muß vielmehr in Beziehung zur Brennweite gesetzt werden. Würde man z. B. zwei Linsen vergleichen, deren Durchmesser sich wieder wie 1 : 2 verhalten, deren Brennweiten aber nicht gleich sind, sondern in demselben Verhältnis wie ihre Durchmesser zueinander stehen, so würde wegen der doppelten Brennweite die größere Linse doppelt so große Bilder, d. h. Bilder der vierfachen Fläche liefern. Die durch den größeren Durchmesser bedingte vierfache Lichtmenge verteilt sich auf eine vierfach so große Fläche, die Lichtleistung und damit auch die Helligkeit am Bildort ist also trotz des Größenunterschiedes beider Linsen gleich.

Unter der relativen Öffnung einer Linse, oft als Lichtstärke bezeichnet, versteht man das Verhältnis ihres Durchmessers zur Brennweite. Man setzt

$$\frac{D}{f} = \frac{1}{\mathfrak{z}} \quad \text{oder} \quad \mathfrak{z} = \frac{f}{D},$$

wobei $\mathfrak{z}$ die sog. Blendenzahl ist. Ist beispielsweise $\mathfrak{z} = 3{,}5$, so bedeutet das, daß die Brennweite der Linse 3,5mal so groß wie ihr Durchmesser ist oder umgekehrt der Linsendurchmesser sich zur Brennweite wie 1 : 3,5 verhält.
Durch die Blendenzahl ist gleichzeitig die Größe des Öffnungswinkels σ, den die durch den äußersten Linsenrand gehenden Strahlen mit der optischen Achse bilden, festgelegt. Bei gleicher Lichtstärke hat er immer denselben Wert.
Das für eine Linse angegebene Verhältnis von Durchmesser zur Brennweite, die relative Öffnung, gilt streng nur für den Fall von Fernaufnahmen, bei denen die Entfernung Linse bis Bild, die Bildweite, gleich der Brennweite ist. Bei Nahaufnahmen mit wachsender Bildweite, größer als die Brennweite, ändert sich das Verhältnis, die Lichtstärke wird geringer. Denn die Belichtungszeit ist nun nicht mehr direkt proportional dem Quadrat der Blendenzahl, d.h. $\left(\frac{f}{D}\right)^2$, sondern proportional $\left(\frac{a'}{D}\right)^2$. So ist z.B. für Reproduktionen in natürlicher Größe mit dem Abbildungsmaßstab 1 : 1 die Bildweite gleich der doppelten Brennweite, $a' = 2f$, und damit die Belichtungszeit direkt proportional $\left(\frac{2f}{D}\right)^2$, also $4\left(\frac{f}{D}\right)^2$. Es muß in diesem Falle viermal so lange belichtet werden wie bei einer Fernaufnahme. Als Verlängerungsfaktor b der Belichtungszeit bei Nahaufnahmen gilt: $b = \left(\frac{\text{Bildweite}}{\text{Brennweite}}\right)^2$.

Er beträgt bei einer

Bildweite von $1^1/_4$facher Brennweite: das 1,6fache,
Bildweite von $1^1/_2$facher Brennweite: das 2,3fache,
Bildweite von $1^3/_4$facher Brennweite: das 3fache,
Bildweite von 2facher Brennweite: das 4fache,
Bildweite von 3facher Brennweite: das 9fache

der Normalbelichtungszeit.
Die Bildhelligkeit nimmt also umgekehrt mit dem Quadrat des Kameraauszuges ab. Ist die Auszugsverlängerung nur gering – Einstellung auf mittlere Aufnahmeentfernungen –, wird die Zunahme in der Belichtungszeit nur unwesentlich. Sie steigt jedoch beträchtlich an, wenn der Kameraauszug größer als das $1\frac{1}{4}$fache der Brennweite wird, d.h. für Einstellentfernungen kleiner als $5\,f$. Für die meisten Kameras, die mit Objektweiten gleich einem Vielfachen der Brennweite arbeiten, wird die Tafel 4 nicht benötigt. Sie ist aber von großer Bedeutung für alle Nahaufnahmen mit langer Brennweite. Obige Angaben gelten streng nur für die Bildmitte.
Befindet sich ein leuchtender Punkt auf der optischen Achse, so treffen die von ihm ausgehenden Lichtstrahlen die Linsenoberfläche unter verschiedenen Winkeln. Nur der Achsenstrahl fällt senkrecht auf die Linse, alle anderen sind mehr oder weniger gegen die Linsenfläche geneigt. Von dem Bestrahlungswinkel hängt aber die Helligkeit einer Fläche ab. Die Helligkeit des Bildes einer gleichmäßig erleuchteten Fläche verringert sich von der Bildmitte zum Rande immer mehr, und zwar proportional der vierten Potenz des Kosinus des

bildseitigen Neigungswinkels. Je größer der Bildwinkel wird, um so größer wird auch der Helligkeitsunterschied zwischen dem Bildmittelpunkt und Punkten am Bildrand. Diese Abnahme der Intensität nach dem Rande zu bezeichnet man als den natürlichen Helligkeitsverlauf. Setzt man die Helligkeit in der Bildmitte gleich 100%, so wird gemäß den Strahlungsgesetzen für den

Bildwinkel	0°	10°	20°	30°	40°	50°	60°	70°
die Helligkeit	100	94	78	56	34,5	17	6,2	1,4%

Bedingt durch die starke Helligkeitsabnahme, wächst bei Weitwinkelaufnahmen die Belichtungszeit für den Rand des Bildfeldes erheblich. Bei einem Bildfeld von 60° steigt die Belichtungszeit für den Rand auf das 1,8fache, bei 90° auf das 4-, bei 120° auf das 16- und bei 150° auf das 223fache der Belichtungszeit an, die für die Mitte des Bildfeldes erforderlich ist.
Abblenden verbessert die Lichtverteilung. Auch ist sie abhängig von der Bauart des Objektives. Langgebaute Objektive haben eine schlechtere Lichtverteilung als kurzgebaute, lichtstarke eine schlechtere als lichtschwächere.
In den Zahlenangaben für die Helligkeitsverteilung sind nicht die zusätzlichen Verluste enthalten, die durch Lichtverminderung im Glas (Absorptionsverluste) und durch die Vignettierung auftreten können. Beschneiden die Ränder der Objektivfassungen oder Fassungen von Filtern, Sonnenblenden und Vorsatzlinsen die äußeren Randstrahlen des Bildes, treten Abschattungen auf, die eine volle Auszeichnung des Negativformates nicht gestatten. Diese Vignettierung bedingt einen weiteren Helligkeitsabfall des Bildrandes gegenüber der Bildmitte.
Auch der Abbildungsmaßstab β ändert sich entsprechend der Einstellentfernung. Es gilt Tafel 5.

6. Blenden und Pupillen

Jedes durch ein Objektiv oder eine Linse hindurchtretende Lichtstrahlenbündel muß in irgendeiner Weise in seinem Querschnitt begrenzt werden. Diese Begrenzung kann einmal durch die Linsenfassungen selbst, zum andern durch Spezialvorrichtungen geschehen, mit denen die meisten Objektive ausgestattet sind. Sie erlauben, die Größe des einfallenden Lichtstrahlenbündels und damit auch die Bildhelligkeit in bestimmten Grenzen zu regulieren. Solche strahlenbegrenzende Teile, meist aus kreisförmigen Öffnungen mit dem Mittelpunkt auf der optischen Achse bestehend, heißen Blenden. Sie können sich vor, hinter oder innerhalb des optischen Systems befinden. Entsprechend ihrer Öffnung, die kontinuierlich oder durch Auswechseln verschiedener Blendengrößen verändert werden kann, bestimmen sie den Querschnitt der durch das Objektiv hindurchtretenden Strahlen. In der einfachsten Form, als Revolverblende, bestehen Blenden aus einer im Fassungsrohr exzentrisch angebrachten drehbaren runden Metallscheibe mit verschieden großen runden Öffnungen, die in den Strahlengang gedreht werden. Eine Abart der Revolverblenden stellen die Schiebeblenden dar, bei denen verschieden große Blendenlöcher auf einem verschiebbarem Metallstreifen angeordnet sind.
In fast allen modernen Objektiven ist als Blende eine Irisblende eingebaut, die ähnlich der Iris des menschlichen Auges sich kontinuierlich öffnen und schließen läßt. Die Verstellung der Blendenöffnung wird durch eine Anzahl sichelförmig

gekrümmter geschwärzter Metall- oder Hartgummistreifen, sog. Lamellen, bewirkt, die wie ein Fächer übereinandergreifen und in der Mitte jeweils eine annähernd runde Öffnung freilassen, die entsprechend der Einstellung erweitert oder verengt werden kann.

Für Spezialobjektive, wie Reproduktionsobjektive, sind Satz- oder Einsteckblenden vorgesehen, die einzeln je nach Wahl durch einen Schlitz in der Objektivfassung in den Strahlengang geschoben werden können.

Blenden haben verschiedene Aufgaben zu erfüllen. Sie verändern nicht nur die Lichtstärke des optischen Systems – je kleiner die Blendenöffnung ist, um so lichtschwächer ist das System geworden –, sie beeinflussen auch die Größe des tiefenscharfen Raumes und verbessern durch Ausschalten der Randzonen eines Objektives die Bildqualität (siehe unter Tiefenschärfe und Abbildungsfehler).

Eine Blende, die das durch die Linse oder ein optisches System durchtretende Lichtstrahlenbündel begrenzt, wird Öffnungs- oder Aperturblende genannt. Sie bestimmt entsprechend ihrer Lage und Größe die wirksame Öffnung des ganzen Systems.

Für Objektive mit Vorderblende, die man früher als Landschaftslinsen bezeichnete, ist der Blendendurchmesser die wirksame Öffnung des Systems. Sie begrenzt den Querschnitt des durch das Objektiv hindurchtretenden Lichtbündels. Ist die Blende hinter dem Objektiv angeordnet, kann sie nicht mehr wirksame Öffnung sein; denn durch die vor der Blende liegende Linse oder das Objektiv werden die einfallenden Strahlen schon gesammelt oder zerstreut, bevor sie die Blende passieren.

Bei den meisten photographischen Objektiven befindet sich die Blende innerhalb des optischen Systems, zwischen den einzelnen Linsen angeordnet. Im einfachsten Fall zwischen einer Vorder- und einer Hinterlinse. Beide entwerfen von der Blende je ein scheinbares Bild, das nach *Abbe* Pupille genannt wird. Das durch die vordere Linsengruppe entworfene Bild heißt Eintrittspupille. Sie ist die Grundfläche des in das Objektiv eintretenden Lichtbündels mit der Spitze im Objektpunkt. Da die Größe der Eintrittspupille gleich der wirksamen Öffnung des Objektives ist, ist die Lichtstärke eines Objektives gleich dem Verhältnis des Durchmessers der Eintrittspupille zur Brennweite.

Das von der hinteren Linsengruppe entworfene scheinbare Bild der Blende ist die Austrittspupille. Sie bildet die Grundfläche des aus dem Objektiv austretenden Lichtbündels mit der Spitze im Bildpunkt. Sind in einem optischen System mehrere Blenden vorhanden – auch Linsenfassungen können unter Umständen als Blenden wirken –, so ist die wirksame Aperturblende diejenige, deren Blendenbild von einem axialen Objektpunkt aus unter dem kleinsten Winkel erscheint.

Wie wir sahen, ist bei gegebener Objektivbrennweite die Bildhelligkeit abhängig von der Fläche der wirksamen Öffnung; sie wächst bekanntlich mit dem Quadrat des Durchmessers, während die Belichtungszeit im gleichen Verhältnis abnimmt. Verdoppeln bzw. halbieren sich die Belichtungszeiten beim Übergang von einer Blendenöffnung zur anderen, d.h. verhalten sie sich wie 1 : 2 : 4 : 8 : 16 : 32 : 64, so gehören zu diesen Belichtungszeiten Blendenzahlen, die sich in folgender Blendenreihe (Internationales System) anordnen lassen: 1 – 1,4 – 2 – 2,8 – 4 – 5,6 – 8 – 11 – 16 – 22. Daneben gibt es noch eine zweite, allerdings veraltete Blendenreihe (Deutsches System): 1,6 – 2,2 – 3,2 – 4,5 – 6,3 – 9 – 12,5 – 18 – 25 – 36.

Der Verlängerungsfaktor der Belichtungszeit beim Übergang von einer Blendenzahl zu einer anderen lautet:

$$\left(\frac{\text{Große Blendenzahl}}{\text{Kleine Blendenzahl}}\right)^2.$$

Ist z.B. bei Blende 2,8 mit $^1/_{200}$ Sekunde zu belichten, ergibt sich für Blende 8 in der Belichtungszeit eine Verlängerung von

$$\left(\frac{8}{2,8}\right)^2 = 8,16 = \sim 8\,.$$

Die erforderliche Belichtungszeit beträgt $^1/_{25}$ Sekunde.
Nicht immer stimmt die Anfangslichtstärke eines Objektives mit einer der Blendenzahlen in den obigen Blendenreihen überein. So ist eine vielfach gebräuchliche Anfangsöffnung 1 : 3,5, die nicht in die beiden Blendenreihen einzuordnen ist. Als Grund für eine derartige Abweichung ist die Tatsache zu werten, daß einmal jeder Objektivtyp im Rahmen des Möglichen bis an die Grenze seiner optischen Leistung ausgeschöpft werden soll, zum anderen aber beim Überschreiten dieser Grenze die Bildqualitäten sich sehr schnell verschlechtern.
Objektive, deren Blenden auf gleiche Blendenzahlen eingestellt sind, sind gleich lichtstark und erfordern unabhängig von ihrer Bauart, Brennweite und Anfangslichtstärke dieselben Belichtungszeiten.

7. Tiefenschärfe

Die Beziehungen zwischen Objektpunkt und seinem Bildpunkt sind durch die Abbildungsgleichungen festgelegt. Es ergibt sich die Feststellung, daß zu einer bestimmten Bildebene stets nur eine einzige Objektebene gehört, die scharf abgebildet werden kann. In den meisten Fällen ist jedoch der abzubildende Gegenstand nicht zweidimensional, er liegt nicht in einer Ebene senkrecht zur optischen Achse, sondern ist räumlich, dreidimensional, so daß sich die einzelnen Teile des Objektes in der Tiefe gestaffelt verschieden weit vom Objektiv entfernt befinden. Dementsprechend müssen auch die dazugehörigen Bildpunkte in unterschiedlicher Bildweite angeordnet sein. Je näher ein Objektpunkt dem Objektiv liegt, um so größer ist die dazugehörige Bildentfernung und umgekehrt. Während von dem Objekt y_1 in der Auffangebene *AE* ein punktscharfes Bild y_1' entsteht, wird der um v dem Objektiv näher liegende Gegenstand y_2 in einem Bild y_2' scharf abgebildet, das um v' hinter *AE* liegt. An Stelle eines scharfen Bildpunktes erhält man in der Auffangebene *AE* eine unscharfe Abbildung in einem mehr oder weniger großen Bildkreis, Unschärfe- oder Zerstreuungskreis genannt. Bis zu einer gewissen Größe des Zerstreuungskreises nimmt das menschliche Auge die damit verbundene Schärfenminderung nicht wahr. Zerstreuungskreise, deren Durchmesser unterhalb dieser Größe liegen, werden nicht als Kreisscheibchen erkannt, sondern als Punkte gesehen. Aus dieser mangelnden Erkennbarkeit des Auges ergibt sich die Möglichkeit, auch Objekte, die eine bestimmte räumliche Tiefenausdehnung aufweisen, noch scharf in einer Ebene abzubilden. Der Bereich, in dem sich der Gegenstand befinden darf, um für eine feststehende Bildweite in seiner ganzen Tiefenausdehnung genügend scharf wiedergegeben zu werden, heißt der Tiefenschärfebereich. Er erweitert den Aufnahmebereich über die punktscharf eingestellte Objektentfernung hinaus nach vorn und hinten; dabei ist zu beachten, daß der Bildort sich bei kürzeren Objektentfernungen schneller verlagert als bei größeren. Nahe gelegene Gegenstände geraten deshalb schneller aus dem Tiefenschärfebereich heraus als entferntere.

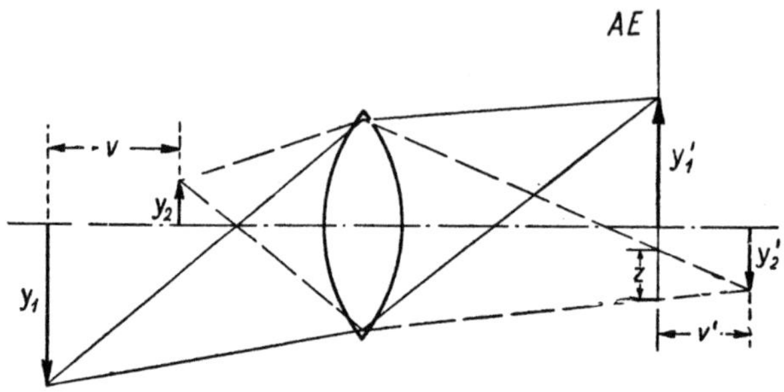

Bild 14. Gegenstände verschiedener Objektweite liegen in verschiedenen Bildebenen

Welche Größe darf nun ein Zerstreuungskreis annehmen, ohne daß eine merkbare Unschärfe auftritt und er bereits als Unschärfescheibchen zu erkennen ist? Nach *Helmholtz* werden kleine Flächenstückchen, die vom Auge unter einem Winkel von weniger als einer Bogenminute gesehen werden – aus einer Betrachtungsentfernung von 3488 mm erscheint ein Kreis von 1 mm Durchmesser unter diesem Winkel – nicht mehr als Fläche sondern nur noch als Punkte wahrgenommen. Dieser Winkel bestimmt daher die Größe des Zerstreuungskreises in der Auffangebene und darf nicht überschritten werden, falls die Abbildung noch als ausreichend scharf angesprochen werden soll. Dabei sind die Ansprüche an die Schärfe für die verschiedenen Aufnahmegebiete recht unterschiedlich. Aufnahmen mit hohen Schärfeanforderungen wie Reproduktionen, Testaufnahmen usw. verlangen kleinere Unschärfekreise als etwa Porträtaufnahmen, bei denen eine gestochene Schärfe sowieso nicht erwünscht ist.

Es ist zweckmäßig, den Durchmesser des Zerstreuungsscheibchens, den Wert von z, im Verhältnis zum Negativformat zu bestimmen. Für kleinere Formate muß er naturgemäß auch kleiner als für die großen sein. Allgemein liegt der Grenzwert für z bei $^1/_{1000}$ bis $^1/_{1500}$ der Brennweite f.

In Abhängigkeit vom Negativformat gilt als zugelassene Größe der Unschärfescheibchen

$^1/_{30}$ mm für das Format 24×36 mm,
$^1/_{20}$ mm für die Formate $4{,}5 \times 6$ und 6×6 cm,
$^1/_{20}$ – $^1/_{15}$ mm für das Format 6×9 cm,
$^1/_{15}$ – $^1/_{10}$ mm für das Format 9×12 cm und
$^1/_{10}$ mm für die Großformate.

Lichtstarke Objektive mit breit geöffnetem Lichtstrahlenkegel haben einen erheblich geringeren Tiefenschärfebereich als die lichtschwächeren Systeme, bei denen, durch die kleinere wirksame Öffnung bedingt, das Lichtbündel nur schmal ist und seine Randstrahlen nur wenig gegen die optische Achse geneigt sind. Die Größe des Tiefenschärfebereiches ist abhängig von der relativen Öffnung der Objektive und wird durch die Wahl der Blende beeinflußt. Für jedes Objektiv kann durch Abblenden die Tiefenschärfe oder Schärfentiefe (beide Wortbildungen sind gebräuchlich) vergrößert werden. Mit anderen Worten, je kleiner die Blendenöffnung gewählt wird, um so länger wird auch die Tiefenausdehnung des praktisch scharf abgebildeten Objektraumes, um so mehr wächst die Tiefenschärfe.

Ein Punkt 1 befinde sich vom Objektiv in einer derartigen Entfernung, daß von ihm in der Ebene *AE* ein punktscharfes Bild entworfen wird. Von einem weiteren Punkt 2 des Objektraumes, der dem Objektiv näher liegt, kann das punktscharfe Bild erst hinter der Auffangebene zustande kommen. Es bildet sich auf *AE* ein kleiner Zerstreuungskreis mit dem Durchmesser z_1. Überschreitet z_1 den für die Größe des Zerstreuungskreises gerade noch zulässigen Grenzwert nicht, wird auch Punkt 2 noch genügend scharf in *AE* abgebildet. Der tiefenscharfe Raum erstreckt sich von Punkt 1 bis Punkt 2.

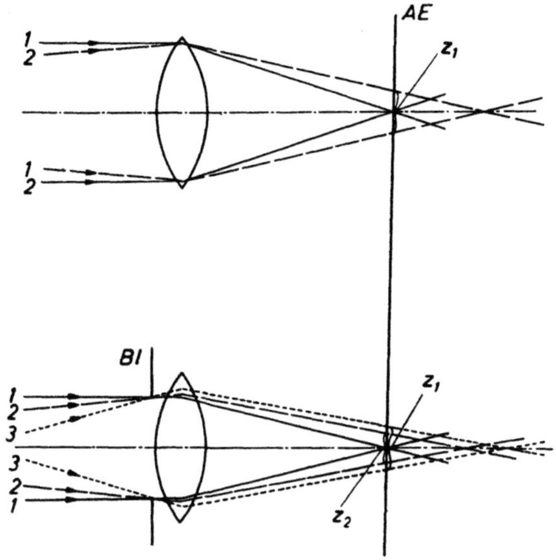

Bild 15. Abblenden vergrößert die Tiefenschärfe. Vordere Tiefenschärfe

Wird jetzt die Blende des Objektives etwas zugezogen und damit die wirksame Öffnung verkleinert, verringert sich auch der Durchmesser des Zerstreuungskreises von z_1 zu z_2. Die Unschärfe ist geringer geworden. Da z_2 unterhalb des zulässigen Grenzwertes für die Schärfe liegt, kann, wie Bild 15 zeigt, auch ein Punkt 3, der dem Objektiv noch näher als Punkt 2 liegt, mit genügender Schärfe in *AE* abgebildet werden, da sein Zerstreuungskreis nur die Größe z_1 hat und damit die zulässige Toleranzgrenze nicht überschreitet. In diesem Falle ist der mit ausreichender Schärfe abzubildende Bereich durch das Abblenden vom Punkt 1 über Punkt 2 hinaus bis zum Punkt 3 erweitert worden. Da die Vergrößerung des tiefenscharfen Raumes nähergelegene Gegenstände einbezieht, spricht man von vorderer Tiefenschärfe.

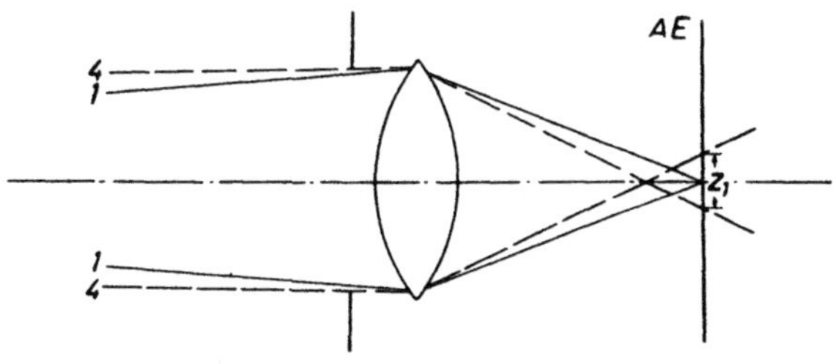

Bild 16. Hintere Tiefenschärfe

Auch nach hinten läßt sich der tiefenscharfe Raum durch Abblenden erweitern, so daß auch ferner gelegene Objekte in ausreichender Schärfe abgebildet werden können (hintere Tiefenschärfe). So wird in Bild 16 noch ein Punkt 4, der weit hinter dem punktscharf abgebildeten Punkt 1 liegt, ausreichend scharf in der Auffangebene *AE* abgebildet, da der Durchmesser des Zerstreuungskreises auf *AE* den zulässigen Grenzwert z_1 nicht übersteigt.

Vordere und hintere Tiefenschärfe sind nicht gleich groß. Stets ist die Tiefe nach rückwärts größer als die Tiefe nach vorwärts. weil in den Nahbereichen das Objektiv schneller große Unschärfenkreise bildet als in den Fernbereichen.

Eine Ableitung der für die Berechnung der Tiefenschärfe notwendigen Formeln zu geben' würde über den Rahmen dieses Büchleins hinausgehen. Es genügt, folgende Näherungsformeln anzugeben: Ist x die Einstellentfernung, f die Brennweite des Objektives, z die Größe des zulässigen Zerstreuungskreises und $\mathfrak{z}$ die Blendenzahl, so wird die vordere Tiefenschärfe

$$t_v = \frac{x^2}{\frac{f^2}{z\,\mathfrak{z}} + x}$$

und die hintere Tiefenschärfe

$$t_h = \frac{x^2}{\frac{f_2}{z\,\mathfrak{z}} - x}\,.$$

Sind x_v und x_h die vordere und hintere Entfernung, zwischen denen alles scharf wiedergegeben werden soll, so ist auf die dazwischenliegende Entfernung

$$x = \frac{2\,x_v\,x_h}{x_v + x_h}$$

einzustellen und entsprechend abzublenden.

Ein besonderes Interesse verdient der Fall der „Naheinstellung auf Unendlich", bei dem auf einen Punkt in endlicher Entfernung eingestellt und soweit abgeblendet wird, daß die hintere Tiefenschärfe bis Unendlich reicht. Nach S. 26 liegt der Grenzwert für z im allgemeinen bei $1/1000f$. Man stellt nun bei Blende $\mathfrak{z}$ auf die Entfernung

$$x = \frac{1000\,f}{\mathfrak{z}}$$

ein und erhält den ganzen Bereich von Unendlich bis $\frac{x}{2}$, der halben Entfernung, auf die eingestellt wurde, scharf.

Beispiel: Für ein Kleinbildobjektiv der Brennweite $f = 50$ mm gilt bei Abblendung auf Blende 8: Die Naheinstellung auf Unendlich ergibt

$$x = \frac{1000 \cdot 5}{8} = 6{,}25\ \text{m}\,.$$

Der tiefenscharfe Raum reicht von Unendlich bis auf 3,10 m.

Festeingebaute Fixfocus-Objektive billiger Kameras sind auf diese Weise einjustiert.

Aus der *Newton*schen Abbildungsgleichung (S. 19) folgt, daß der Bildabstand mit dem Quadrat der Brennweite ab- und zunimmt, so daß z.B. bei Verwendung einer doppelt so großen Brennweite für das gleiche Format und bei gleichem Objektabstand der Tiefenschärfebereich sich auf den vierten Teil vermindert. Objektive kleiner Brennweite haben also einen größeren Tiefenschärfebereich. Will man große Bilder mit großer Abbildungstiefe herstellen, geht man folglich zweckmäßig von einer Aufnahme mit einem Objektiv kurzer Brennweite aus. Gegenüber einem Objektiv doppelter Brennweite muß zwar doppelt so stark vergrößert werden, um gleichgroße Bilder zu erhalten – durch das Negativkorn sind dem Vergrößerungsmaßstab gewisse Grenzen gesetzt –, doch verringert sich dabei die Tiefenschärfe nur auf die Hälfte und die erhaltene Vergrößerung übertrifft die Aufnahme mit langer Brennweite noch um rund das Doppelte an Tiefenschärfe.

Zusammenfassend gilt:

Die Tiefenschärfe wird um so größer,

1. je größer die Objektentfernung ist,
2. je kleiner die Objektivbrennweite ist,
3. je stärker das Objektiv abgeblendet wird bzw. je lichtschwächer das Objektiv ist.

Für die verschiedenen Objektivbrennweiten und Öffnungsverhältnisse werden von den Herstellerfirmen Tiefenschärfetabellen herausgegeben; sie gestatten die genaue Größe von vorderer und hinterer Tiefenschärfe bei den verschiedenen Objektentfernungen und Blendeneinstellungen abzulesen. Außerdem besitzen fast alle Kameras zur leichteren und genaueren Einstellung für die Tiefenschärfe bei unterschiedlichen Objektentfernungen Tiefenschärfeskalen in Gestalt einer Tiefenschärfeharfe oder allgemeiner in Form eines Tiefenschärferinges. Letzterer besteht meist aus einer um das Objektiv oder um den Transportknopf der Kamera drehbar angeordneten Ringscheibe, die eine gegen die Entfernungsskala verstellbare Tiefenschärfeskala trägt. Durch Verstellen der Skalen gegeneinander sieht man sofort, welche Tiefenschärfe man bei eingestellter Entfernung und Blende hat oder welche Entfernung und Blende eine bestimmte Tiefenschärfe verlangt.

Bild 17. Tiefenschärfering

Bild 17 zeigt den Tiefenschärfering einer Kleinbildkamera mit einem Objektiv der Lichtstärke 1 : 1,5. Die obere, mit dem Einstellknopf der Kamera verbundene drehbare Skala gibt die Werte für die Aufnahmeentfernungen, die untere feste Skala links von der Einstellmarke den vorderen und rechts den hinteren Tiefenschärfebereich für die einzelnen Blendengrößen an. In der Abbildung ist das Kameraobjektiv auf eine Entfernung ▽, die für Porträtaufnahmen gültige Nahentfernung von 3,30 m eingestellt. Aus der gegenseitigen Lage beider Skalen ist abzulesen, daß bei Blende 4 der Tiefenschärfebereich von etwa 2,75 m bis 4,10 m reicht, bei Blende 11 aber von 2,20 m bis etwa 6,70 m.

Bei Einstellung des Objektives auf ∞ fehlen über dem Bereich der hinteren Tiefenschärfeskala entsprechende Entfernungsangaben. Denn über Unendlich hinaus hat eine Tiefenschärfe keinen Sinn. Man nutzt bei dieser Einstellung nur die vordere Tiefenschärfe aus und erhält bei Blende 8 als nächsten noch im Bereich der Tiefenschärfe liegenden Punkt 10 m. Will man den hinteren Tiefenschärfebereich auch nutzbar machen, stellt man nach der Methode Naheinstellung auf Unendlich ein. Man dreht die beiden Skalen so gegeneinander, daß der Blendenstrich 8 der hinteren Tiefenschärfe sich mit dem Punkt ∞ der Entfernungsskala deckt. Die Einstellmarke liegt dann etwas unterhalb von 10 m, linker Blendenstrich 8 bei etwa 4,80 m und der ganze scharf abgebildete Raum ist von 4,80 m bis Unendlich vergrößert worden.

Boxkameraobjektive der Lichtstärke 1 : 9 und größer gestatten eine Zwei- oder Dreipunkteinstellung in festen Aufnahmeentfernungen für Landschafts-, Gruppen- oder Porträtaufnahmen mit entsprechenden Tiefenschärfebereichen, die sich teilweise überschneiden.

II. Abbildungsfehler und ihre Korrektion

Jedes abbildende optische System hat die Aufgabe, von einem Objekt ein Bild zu entwerfen, das in allen seinen Teilen nach Möglichkeit ein wirklichkeitsgetreues Abbild des Originals darstellt. Dabei muß jedem Objektpunkt ein in seiner Lage genau definierter Bildpunkt entsprechen, der den Vereinigungspunkt aller von diesem Objektpunkt ausgehenden und durch das System hindurchtretenden Strahlen bildet. Die Gesetzmäßigkeiten, nach denen derartige Abbildungen zustande kommen, haben wir bereits kennengelernt. Allerdings mit einer einschränkenden Voraussetzung. Fast alle Beziehungen, die wir aufgestellt haben, haben nur Gültigkeit für die Abbildung im *Gauß*schen Raum, dem die optische Achse umgebenden paraxialen Gebiet.
Außerhalb dieses Bereiches, d.h. für beliebig große Öffnungen des abbildenden Systems, gelten die Abbildungsgleichungen uneingeschränkt nicht mehr. Es werden dann Eigenschaften der Linsen wirksam, die die Abbildung stark verschlechtern und ein gleichzeitig scharfes Bild aller Objektpunkte unmöglich machen. Diese jeder einzelnen Linse oder einfachen Linsengruppe anhaftenden Fehler einer ungenauen Bildwiedergabe bezeichnet man als Linsen- oder Abbildungsfehler. Sie sind um so größer, je einfacher gebaut das abbildende System ist. Am stärksten wirken sie sich bei einzelnen Linsen aus, die deshalb auch nur unvollkommene Bilder ergeben. An Stelle deutlicher Konturen und gestochener Schärfe treten verwaschene Bildsäume, Verzerrungen an den Bildrändern und Unschärfen über dem größten Teil des Bildfeldes auf. Erst eine geeignete Kombination mehrerer Linsen zu einem komplizierter aufgebauten optischen System, ein Objektiv, vermag diese Linsenfehler zu reduzieren oder auch aufzuheben. Allerdings lassen sich nicht alle Abbildungsfehler gleichzeitig und restlos beseitigen. Jedes Objektiv, auch das bestkorrigierte, stellt immer nur ein für gewisse Anforderungen günstigstes Kompromiß dar, das innerhalb bestimmter Toleranzen dem Idealzustand am nächsten kommt.

1. Die chromatische Aberration

Wie ein Prisma (S. 11) zerlegt auch eine Linse, die aus mehreren Prismen und Prismenstümpfen zusammengesetzt gedacht werden kann, das weiße auffallende Licht durch Brechung in seine farbigen Bestandteile. Da die Brechzahl aller optischen Gläser für die blauen Lichtstrahlen kürzerer Wellenlänge größer als für die langwelligen roten Strahlen ist, vereinigen sich die aus dem Unendlichen kommenden und eine Sammellinse durchtretenden Strahlen eines paraxialen Lichtbündels nicht in einem gemeinsamen Brennpunkt. Vielmehr entsteht eine Reihe hintereinander gelagerter farbiger Brennpunkte, wobei der blaue Brennpunkt der Linse am nächsten liegt. Man spricht von einer chromatischen Aberration oder Farbabweichung, und zwar im Sinne einer Unterkorrektion. Aus der *Gauß*schen Abbildungsgleichung auf S. 18 läßt sich ihre Größe sehr leicht berechnen.
Auf der Auffangebene in einem dieser Brennpunkte entsteht ein aus konzentrischen Ringen verschiedener Farben zusammengesetztes Zerstreuungsscheibchen.

Bei den Zerstreuungslinsen haben ebenfalls die roten Lichtstrahlen die längste und die violett-blauen die kürzeste Schnittweite. Doch die Vorzeichen dieser Schnittweiten sind negativ, die virtuellen Bildpunkte liegen in umgekehrter Reihenfolge, die Farbabweichung ist der der Sammellinse entgegengesetzt. Es ist chromatische Überkorrektion vorhanden.

Jede Linse hat somit für jede Lichtfarbe andere Schnitt- und Brennweiten. Für jede Farbe entsteht ein eigenes Bild. Alle diese verschiedenfarbigen Bilder sind einmal in ihrer Größe unterschiedlich (chromatische Vergrößerungsdifferenz), zum andern liegen sie auch an verschiedenen Stellen (chromatische Längsabweichung oder Farblängsfehler).

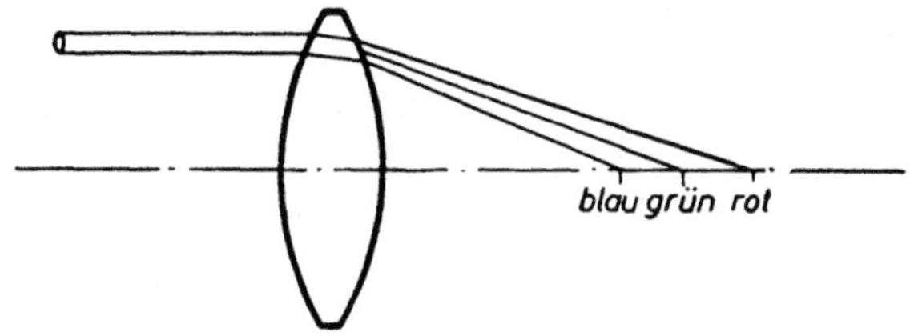

Bild 18. Chromatische Aberration einer Sammellinse

Die einfachste Korrektion der Farbfehler gelang bei Fernrohrobjektiven bereits vor mehr als 200 Jahren. Bekanntlich sind die einzelnen Typen der optischen Gläser von unterschiedlicher Brecheigenschaft und Dispersion, wobei die seit 1663 durch *Tilson* entwickelten Flintgläser bei gleichem brechenden Winkel gegenüber den Krongläsern größere Brechung und etwa doppelt so große Farbzerstreuung haben. Infolgedessen lassen sich in geeigneter Weise (mit Kanadabalsam verkittet oder unverkittet) eine Sammellinse aus Kronglas mit einer Zerstreuungslinse aus Flintglas, die aber nur die halbe Brechkraft haben soll, kombinieren, so daß sich die Farbenzerstreuungen für die beiden Linsen bis zu einem gewissen Grad kompensieren, ohne daß sich die Brechungen aufheben. Durch diese Anordnung lassen sich die Farbenfehler für wenigstens zwei der Hauptfarben Blau, Grün und Rot beheben, und zwar der Farbvergrößerungsfehler streng und der Farblängsfehler beinahe oder umgekehrt, je nachdem, ob die Brennweiten oder die Schnittweiten gleich geworden sind. Im ersten Fall sind die Bildgrößen gleich, doch liegen die Bilder nicht am gleichen Ort. Stimmen nur die Schnittweiten, aber nicht die Brennweiten der betreffenden Strahlen überein, liegen zwar die verschiedenfarbigen Bilder an derselben Stelle, sind aber unterschiedlich groß.

Eine derartige Kombination zweier Linsen heißt ein Achromat. Das erste achromatische Objektiv wurde im Jahre 1729 durch den Engländer *Chester Moor Hall* gebaut, 20 Jahre später ein weiteres durch *J. Dollond*. Praktisch ist seit dieser Zeit jedes Objektiv mit Ausnahme der einfachsten Boxkameralinsen mit dieser primitivsten Farbkorrektion ausgestattet.

Nur für zwei Farben, im allgemeinen C und F, ist es möglich, durch eine derartige Kombination zweier Linsen eine völlige Achromasie zu erhalten. Es bleiben beim Achromaten noch deutliche Farbrestfehler übrig, die sog. Sekundärabweichung oder das sekundäre Spektrum. Brennweiten oder Schnittweiten sind nur für C und F einander gleich, für alle anderen Farben jedoch nicht. Für das zwischen Rot und Blau liegende gelb-grüne Gebiet sind sie kleiner, für die äußeren Spektralgebiete größer.

Wesentlich ist es, das sekundäre Spektrum möglichst klein zu halten. Dazu ist es notwendig, die Auswahl der im Achromaten zu vereinigenden zwei Farben entsprechend dem beabsichtigten Verwendungszweck zu treffen. Für Objektive, die einer rein visuellen Beobachtung dienen, ist eine Vereinigung von *C* und *F* gebräuchlich. Anders bei photographischen Objektiven. Das Auge ist am empfindlichsten für das gelb-grüne Gebiet, die gewöhnliche unsensibilisierte photographische Emulsion aber für Blau-Violett. Diese Diskrepanz ergibt bei visueller Scharfeinstellung ein photographisch unscharfes Bild und umgekehrt, da der Schnittpunkt der violett-blauen Strahlen dem Objektiv näher liegt als der der grün-gelben Strahlen. Würde man bei einer Boxkamera, die mit einem Achromaten bestückt ist, an Stelle des Films eine Mattscheibe anbringen und das entstehende Bild mit dem Auge betrachten, würde es unscharf erscheinen.

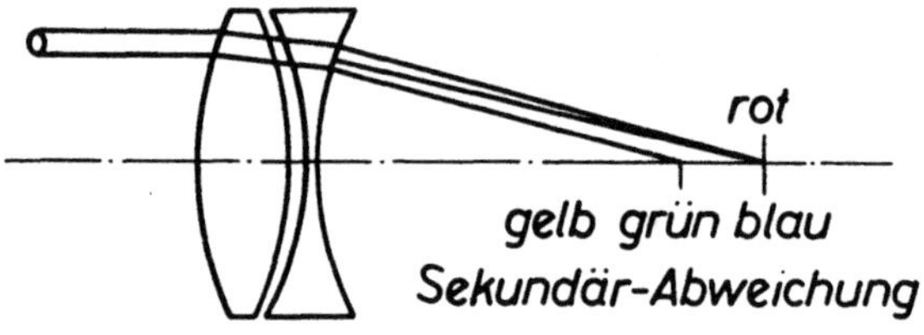

Bild 19. Achromat mit sekundärem Spektrum

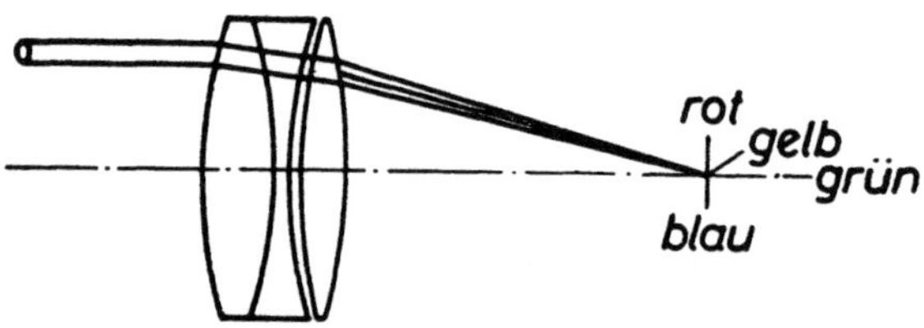

Bild 20. Apochromat mit gehobenem sekundärem Spektrum

Solange orthochromatisches Material allein verwendet wurde, legte man die den *Fraunhofer*schen Linien *d* und *G'* (S. 3) entsprechenden Farben zusammen (photographische Achromasie). Hier fallen das photographisch wirksame Bild (*G'*) mit dem optisch hellsten, visuell eingestellten Bild (*d*) zusammen. Nach Einführung der panchromatischen Schichten, die eine der Augenempfindlichkeitskurve ähnliche Empfindlichkeit aufweisen, wurden die Farbfehler wieder für Farben der Linien *C* und *F* behoben. Objektive, die nur photographisch benutzt werden und deren Scharfeinstellung durch eine Reihe von Versuchsaufnahmen festgelegt ist, weisen eine Vereinigung der Bilder von *F* und *G'* oder *h* auf (aktinische Achromasie).

Durch die Wahl besonders ausgesuchter Glassorten für die beiden Linsen des Achromaten läßt sich das sekundäre Spektrum verringern. Es kann noch weiter verkleinert bzw. in der Nähe der optischen Achse völlig behoben werden durch die Kombination dreier Linsen oder sogar nur zweier Linsen entsprechender Glaswahl zu einem Objektivsystem. Ergibt diese Linsenkombination Achromasie für drei Farben, z. B. Vereinigung der Farben Orange-Grün-Violett, erhält man einen Apochromaten, der nur noch unwesentliche Farbrestfehler in Form des tertiären Spektrums aufweist.

Apochromate finden vor allem in der Mikroskopie sowie in der Reproduktionstechnik Verwendung. Die Lichtstärke der Mikro-Apochromate ist sehr groß (etwa 1 : 0,7), während das Gesichtsfeld nur klein ist. Im Gegensatz dazu besitzen Reproduktions-Apochromate ein ausgedehntes und anastigmatisch geebnetes Bildfeld von rund 45°. Ihre Lichtstärke ist allerdings gering. Moderne Repro-Apochromate haben relative Öffnungen von 1 : 9 bis 1 : 12,5, die aber nur für die visuelle Einstellung benutzt werden. Die Aufnahmen selbst werden im allgemeinen mit Abblendung auf *f*/32 bis *f*/45 und geringer getätigt.

Besonders große Anforderungen an den Korrekturzustand der Objektive wurden von seiten der Luftbildvermessung in Hinblick auf die Verwendung lichtstarker Aufnahmeobjektive und des Farbfilms gestellt. Wegen der für die

Aufgaben der Luftbildphotographie notwendigen hohen Lichtstärke mußte an den sehr teuren und wertvollen Luftbildobjektiven eine ausgezeichnete Korrektur der Randzonen und eine Beseitigung der seitlich der Achse gelegenen Farbfehler höherer Ordnung, der Farbquerfehler, durchgeführt werden. Diese Farbabweichungen treten am stärksten an den Bildrändern in Erscheinung, wo sie vor allem an den Kontrastkanten zu einer Farbaufspaltung führen. Durch den Einsatz neuerer Materialien sowie durch teilweise neuartige Berechnungsmethoden gelang es, bei Luftbildobjektiven eine befriedigende Beseitigung der Farbfehler höherer Ordnung über das ganze Bildformat zu erzielen.

Seit 1945 werden die hierbei gewonnenen Erkenntnisse und Methoden mit großem Erfolg auch für die Entwicklung von Objektiven für Berufs- und Amateurphotographen nutzbar gemacht. Sie führten dazu, daß bei den modernen Hochleistungsanastigmaten fast alle Linsenfehler beseitigt und dementsprechend auch die Farbkorrektur auf maximale Werte gesteigert werden konnte.

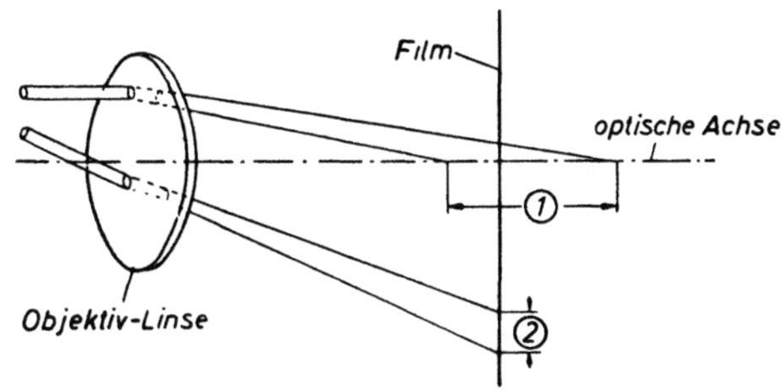

Bild 21. Farbquerabweichungen. 1. Farblängsfehler; 2. Farbquerfehler

2. Die sphärische Aberration

Ein durch die Kugelgestalt der brechenden Linsenoberflächen bedingter Fehler ist die sphärische Abweichung oder sphärische Aberration, auch Kugelgestaltsfehler genannt. Er verhindert, daß alle Strahlen, die von einem Objektpunkt herkommen, sich hinter der Linse wieder in einem einzigen Punkte vereinigen.

Nehmen wir an, ein leuchtender Punkt, der von dem abbildenden System so weit entfernt sei, daß das von ihm ausgehende Strahlenbündel parallel zur optischen Achse auf eine Sammellinse fällt, soll abgebildet werden. Dann treffen die einzelnen Strahlen dieses Bündels in verschiedener Einfallshöhe h auf die brechende Kugelfläche und werden entsprechend der unterschiedlichen Neigung der Linsenflächen an diesen Stellen verschieden stark gebrochen. Während die Strahlen der Einfallshöhe h_0 des paraxialen Raumes fast senkrecht auf die Linsenoberfläche auftreffen und dementsprechend nur wenig gebrochen werden – sie vereinigen sich im Punkte P_0' der Auffangebene AE –, werden die Zonen- und Randstrahlen, die im größeren Abstand von der optischen Achse auf die Linsenoberfläche fallen, wegen der stärkeren Neigung der Flächenelemente stärker gebrochen. Ihre Schnittpunkte P_1', P_2', P_3' fallen nicht mit P_0' zusammen, die Schnittweiten dieser Rand- und Zonenstrahlen sind kleiner als die Schnittweite s_0' der Paraxialstrahlen. Hintereinander angeordnet liegen die Vereinigungspunkte der zu den verschiedenen Einfallshöhen gehörenden Strahlen auf der optischen Achse. Der Schnittpunkt der Randstrahlen liegt der Linse am nächsten, der Schnittpunkt der paraxialen Strahlen ist am weitesten entfernt.

Zwischen ihnen liegen die von den einzelnen Zonenstrahlen entworfenen Bildpunkte. Allgemein ist die Bildschnittweite s' um so kürzer, je größer die Einfallshöhe h des auffallenden Strahles ist. Zu jedem einfallenden Lichtstrahl ergibt sich gemäß der Einfallshöhe ein anderer Bildabstand, so daß unser punktförmiges Objekt nicht mehr in einem Punkt abgebildet wird. Statt dessen bilden die Lichtstrahlen nach der Brechung eine Rotationsfläche, die sog. Kaustik, deren Spitze in P'_0 liegt.

Die Strecken $P'_0P'_1$, $P'_0P'_2$, $P'_0P'_3$ nennt man die sphärische Aberration der durch die Höhen h_1, h_2, h_3 usw. definierten Zonen. Errichtet man in P'_1, P'_2, P'_3

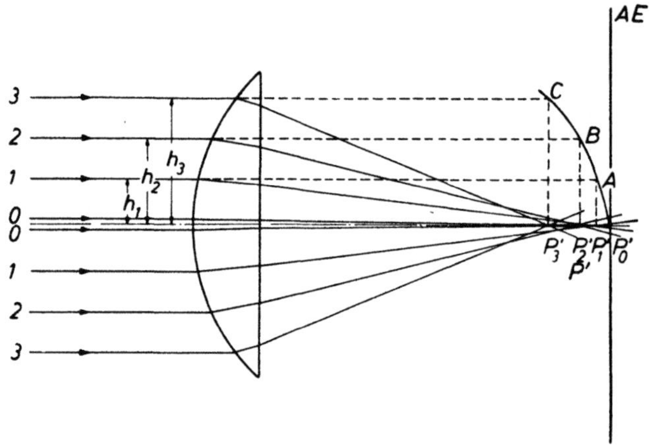

Bild 22. Die sphärische Aberration

auf der optischen Achse Lote, die die Verlängerung der Strahlen 1, 2, 3 in A, B, C schneiden, so veranschaulicht die durch die Punkte P'_0, A, B, C gezogene Kurve den Gang der sphärischen Aberration.

Da die sphärische Aberration bei Sammellinsen immer gegen die Lichtrichtung gerechnet wird, spricht man von einer sphärischen Unterkorrektion. Sphärische Überkorrektion tritt dagegen bei Zerstreuungslinsen auf, bei denen die ebenfalls vorhandenen Aberrationen in Lichtrichtung zu messen sind. Die Kaustik hat bei Zerstreuungslinsen eine nach links, bei Sammellinsen eine nach rechts zeigende Spitze.

Die Größe der sphärischen Aberration wird wesentlich durch die Gestalt der Linse, durch den Grad ihrer Durchbiegung, bestimmt. Darüber hinaus hängt sie von der Objektentfernung ab. Von einem Fernobjekt kommende Lichtstrahlen treffen unter anderen Einfallswinkeln auf die Linsenoberflächen als die Strahlen, die von einem näher gelegenen Gegenstand ausgestrahlt werden. Dadurch ändert sich die Verteilung der Ablenkung an den einzelnen Flächen. Um ein Minimum der Ablenkung zu erhalten, muß die Linsenform dieser Änderung angepaßt werden.

Bei einer Sammellinse hat für einen unendlich weit entfernten Gegenstand die sphärische Aberration dann den kleinstmöglichen Wert, wenn die Linsenform unsymmetrisch bikonvex ist. Die beiden Flächenkrümmungen sollen sich etwa wie 1 : 6 verhalten (Linse geringster Aberration). Selbstverständlich ist für die Wahl der günstigsten Linsenform auch die Brechzahl von Wichtigkeit. So wird bei größer werdender Brechzahl die Linse flacher. Größer als bei den Bikonvexlinsen ist die Aberration bei Plankonvexlinsen. Biegt man die Linse noch weiter durch, bis die Meniskenform erreicht ist, nimmt die Aberration den größten Wert an.

Da die durch die verschiedenen Zonen der Linse entworfenen Bilder hintereinander längs der optischen Achse angeordnet sind, kann nur eines in der Auffangebene liegen und eine punktscharfe Abbildung ergeben. Alle anderen liefern um dieses Bild herum in Form kleiner Zerstreuungsscheibchen einen mehr oder weniger großen Schleier. So wird eine scharfe Kante als breiter undeutlicher Streifen abgebildet, der an Breite zunimmt, je größer oder lichtstärker die Linse ist. Die Behebung der sphärischen Aberration ist also ganz besonders wichtig für lichtstarke Systeme.

Die Lage des schärfsten Bildes hängt von der Blendenöffnung ab. Wird bei offener Blende eingestellt, so liegt das schärfste Bild, das noch eine gewisse Weichheit besitzt, an der Stelle der engsten Einschnürung des Strahlenbündels, in Bild 22 bei P'. Durch Abblendung fallen die Randstrahlen fort, die Weichheit des Bildes wird geringer, es wird schärfer. Allerdings liegt nun die Stelle der engsten Einschnürung nicht mehr an der alten Stelle, sie ist zu einem anderen Punkt gewandert, in den die Auffangebene zweckmäßig zu verschieben ist. Die Lage des schärfsten Punktes verändert sich also in Abhängigkeit von der Größe der Blende. Dabei wird die Größe der sphärischen Abweichung um so geringer, je stärker abgeblendet wird.

Außer durch Abblenden läßt sich die sphärische Aberration bis zu einem gewissen Grad durch die Vereinigung einer positiven und negativen Linse, bei der die Brechkraft der einen überwiegt, beide aber wegen ihres verschiedenen Durchbiegungsgrades entgegengesetzt gleiche Aberrationen haben, korrigieren, wobei verkittete und unverkittete Kombinationen möglich sind. Schon bei dem Achromaten, der sich deshalb auch nicht nur chromatisch, sondern auch sphärisch korrigieren läßt, haben wir eine derartige Vereinigung einer sammelnden Kron- und einer zerstreuenden Flintlinse zu einem Objektiv kennengelernt.

Im allgemeinen läßt sich die sphärische Aberration streng nur für eine Einfallshöhe beheben. Es bleiben Restfehler übrig, da nicht alle Zonen auf Null korrigiert werden können (Zonenfehler). Trägt man die Restaberrationen eines derart sphärisch korrigierten Objektives graphisch auf, erhält man eine Kurve, die sich um eine Gerade, die mit der Einstellebene zusammenfällt, herumschlängelt. Die Abweichung der Kurve von der Geraden ergibt für die einzelnen Zonen die Größe der Aberration, unterkorrigiert nach links, überkorrigiert nach rechts. Bei der Aberration Null ist volle Behebung des Kugelgestaltsfehlers für die betreffende Objektivzone gegeben.

Aus der Tatsache, daß auch für ein korrigiertes System noch Zonenfehler vorhanden sein können, erklärt sich auch die sog. Blendendifferenz. Sehr oft zeichnet ein Objektiv, sobald mit voller Öffnung eingestellt wird, mit mittlerer Blende schärfer als mit sehr kleiner, was besonders bei lichtstarken Anastigmaten zu beobachten ist. Der Grund hierfür ist darin zu suchen, daß bei der Korrektur nicht alle Zonen restlos auskorrigiert werden konnten. Ziel jeder guten sphärischen Korrektur muß es sein, die Restaberrationen so klein wie möglich zu halten. Man läßt deshalb meist nicht den Randstrahl, sondern einen in einem gewissen Abstand vom Rand einfallenden Strahl mit dem Achsenstrahl zusammenfallen. Dann haben die Zonen in der Mitte des Objektives Unterkorrektion, am Randteil Überkorrektion. Für jedes Objektiv gibt es eine sog.

günstige Blende, bei der die Abbildung am schärfsten wird. Für moderne Anastigmate ist wegen der geringen Größe der sphärischen Restfehler die Einstelldifferenz praktisch Null, bei älteren Objektiven ist sie jedoch noch in ziemlicher Größe vorhanden.
Beheben läßt sich die sphärische Aberration ferner dadurch, daß man eine Linsenoberfläche nicht mehr kuglig, sphärisch, sondern asphärisch, beispielsweise parabolisch, krümmt. Asphärische Flächen sind jedoch in der für Photoobjektive notwendigen sehr eng tolerierten Fertigungsweise nur mit größten Schwierigkeiten herstellbar. Aus diesem Grunde entfällt diese Korrektionsmöglichkeit bei Photoobjektiven und ist nur bei Beleuchtungslinsen gebräuchlich, die wegen der bei Beleuchtungssystemen geringeren Anforderungen an Genauigkeit und Oberflächenbearbeitung in asphärischer Form gepreßt werden können.

3. Die Sinusbedingung

Zwar kann nach Behebung der sphärischen Aberration ein beliebiger Achsenpunkt aus dem Objektraum praktisch fehlerfrei in einen dazu gehörigen Bildpunkt im Bildraum abgebildet werden. Doch ist damit noch nicht die wirklichkeitsgetreue Abbildung etwa eines achsensenkrechten Objektes gegeben, selbst wenn das Objekt sehr klein ist und sich auf der optischen Achse befindet.
Bei behobener sphärischer Abweichung liegen die von den einzelnen Linsenzonen entworfenen Bilder zwar auf derselben Stelle, sind aber unterschiedlich in ihrer Größe. Erst wenn für alle Zonen der gleiche Abbildungsmaßstab besteht, läßt sich von einem ausgedehnten Gegenstand ein wirklich scharfes Gesamtbild erreichen. Die Verwirklichung dieser Forderung setzt voraus, daß für alle Zonen die Brennweite dieselbe und gleich der Brennweite im paraxialen Raum ist.
Abbe ist es gelungen, eine Bedingung, die Sinusbedingung, aufzustellen, deren Erfüllung eine fehlerfreie Abbildung wenigstens eines unendlich kleinen achsensenkrechten Objektes ermöglicht.
Bei allen guten Objektiven ist die Sinusbedingung erfüllt. Je nach Bauart des Objektives kann durch geeignete Wahl der Glasarten, Linsendicken oder durch ähnliche konstruktive Mittel der Verstoß gegen die Sinusbedingung beseitigt werden. Allerdings läßt sich die Sinusbedingung ebensowenig wie die sphärische Aberration für alle Zonen streng erfüllen. Immer sind Zonenrestfehler vorhanden, die man den Restfehlern der sphärischen Aberration anzugleichen sucht.
Konjugierte Punkte, für die bereits sphärische Korrektion erreicht und die Sinusbedingung erfüllt ist, heißen nach einem Vorschlag *Abbes* aplanatisch.
So hat jede abbildende Kugelfläche ein aplanatisches Punktepaar, d.h. einen Objektpunkt und einen ihm zugeordneten Bildpunkt, bei denen der letztere frei von sphärischer Aberration ist und nicht gegen die Sinusbedingung verstößt.
Auch Linsen, bei denen gleichzeitig die sphärische Aberration auf der Achse korrigiert und die Sinusbedingung erfüllt ist, werden aplanatisch genannt. Sie sind nicht zu verwechseln mit den Doppelobjektiven gleichen Namens, die an anderer Stelle Erwähnung finden.

Ist σ der Winkel, den der von einem in endlicher Entfernung liegenden Punkt ausgehende Strahl mit der optischen Achse bildet, σ' der entsprechende Winkel zwischen bildseitigem Strahl und Achse, so lautet die Sinusbedingung

$$\frac{\sin \sigma}{\sin \sigma'} = \frac{n'}{n} \cdot \beta ,$$

worin n und n' die Brechzahlen im Objekt- bzw. Bildraum sind und $\beta = \frac{y'}{y}$ der Abbildungsmaßstab ist.
Für alle das Objektiv durchsetzenden Strahlen ist also das Verhältnis der Sinusse der objektseitigen und bildseitigen Strahlenneigungen gegen die Achse von einem Punkt P ausgehender und durch einen Punkt P' hindurchgehender Strahlen konstant.
Eine besonders einfache Form nimmt die Sinusbedingung für den Fall eines unendlich großen Objektabstandes an. Wie rechnerisch leicht nachzuprüfen, muß dann für alle in beliebiger Höhe h einfallenden achsenparallelen Strahlen der Quotient

$$\frac{h}{\sin \sigma'}$$

konstant und gleich der Brennweite sein.
$\frac{h}{\sin \sigma'} = f' = \text{const}$ ist die Bedingung dafür, daß die Sinusbedingung für ein unendlich fernes Objekt erfüllt ist (Fehler gegen die Sinusbedingung).
Die Formel besagt, daß jeder von der Hauptebene nach dem Brennpunkt bzw. Bildpunkt gehende Strahl eine konstante Länge hat. Das ist nur möglich, wenn die Hauptebene keine Ebene mehr ist, sondern eine Kugelschale mit dem Radius f'. Es ist deshalb richtiger, von einer Hauptfläche statt von einer Hauptebene zu sprechen.

4. Der Astigmatismus

Bisher haben wir nur Abbildungsfehler kennengelernt, die sich auf Bildpunkte in der optischen Achse, in der Bildmitte, beziehen und deren Beseitigung sich noch mit verhältnismäßig einfachen Mitteln erzielen ließ. In allen diesen Fällen ist das auf das Objektiv auffallende, von einem auf der Achse oder im paraxialen Gebiet liegenden Objektpunkt kommende Strahlenbündel symmetrisch um die optische Achse verteilt. Für sämtliche Schnitte, die durch die Achse und einen beliebigen Strahl gelegt werden können, sind die für die Brechung in Betracht kommenden Krümmungsradien gleich groß.
Anders wird es, wenn wir auch seitlich der Achse gelegene Punkte abbilden wollen. Das ist aber unumgänglich, haben wir es in der Photographie doch stets mit der Wiedergabe von Gegenständen endlicher Ausdehnung zu tun. Hier treten neue Schwierigkeiten auf. Von einem seitlich der optischen Achse gelegenen Punkt fällt das abbildende Strahlenbündel schräg auf das Objektiv und bildet einen schiefen Lichtkegel, dessen Grundfläche durch die Größe der Blendenöffnung des Objektives bestimmt ist. Für die verschiedenen Schnitte durch die Mittelstrahlen herrscht keine Symmetrie mehr.
Nach *Abbe* nennen wir die Mittellinie eines Lichtkegels einen Hauptstrahl. Wird ein seitwärts der optischen Achse liegender Objektpunkt längs eines Hauptstrahles von einer einfachen Linse abgebildet, entsteht im allgemeinen kein einheitliches Bild, der Objektpunkt wird nicht wieder als Punkt abgebildet. Auch die Richtung des Hauptstrahles hat sich geändert. Fiel bisher der Hauptstrahl jedes Lichtbündels mit der optischen Achse, die zugleich die Symmetrieachse des Bündels war, zusammen, ist das nun nicht mehr der Fall. Der Verlauf der Strahlen in den verschiedenen durch den Hauptstrahl gelegten Ebenen ist unterschiedlich geworden. Bisher genügte es, den Strahlenverlauf nur in einer einzigen Ebene zu verfolgen; jetzt muß die genaue räumliche Lage des Strahlenbündels in den verschiedenen Schnittrichtungen untersucht werden.

Zwei bevorzugte Richtungen sind bei einem schief auffallenden unendlich schmalen Strahlenbündel zu unterscheiden: eine Ebene, die durch den Hauptstrahl und die optische Achse festgelegt ist und bei der zeichnerischen Darstellung als Zeichenebene gewählt wird, sowie eine zweite, die zu dieser Ebene senkrecht steht. Man bezeichnet die erste Ebene als ersten Hauptschnitt oder Meridional- bzw. Tangentialschnitt (in Bild 23 schraffiert gezeichnet), die in ihr verlaufenden Strahlen werden Meridionalstrahlen genannt. Wegen der

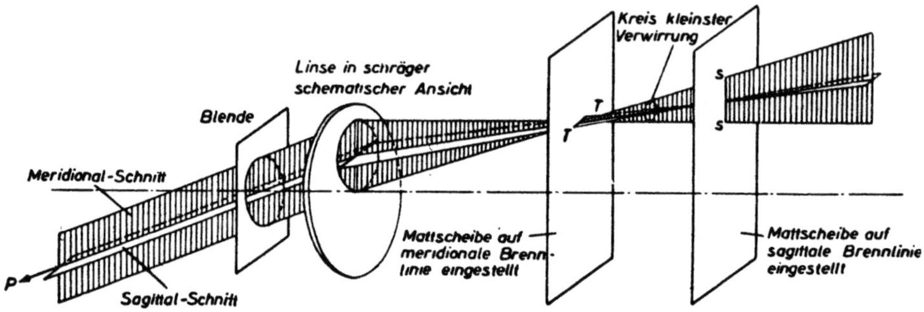

Bild 23. Der Astigmatismus. Die von einem außerhalb der optischen Achse gelegenen Punkt herkommenden Strahlen schneiden sich nicht in einem Punkt, sondern vereinigen sich längs zweier getrennt liegender, zueinander senkrechter Linienstücke (der sagittalen und meridionalen Brennlinie)

unterschiedlichen Neigung der Linsenoberfläche werden sie beim Auftreffen nicht symmetrisch zum Hauptstrahl gebrochen. Anders die Lichtstrahlen des in der zweiten Ebene, zweiter Hauptschnitt, Sagittal- oder Äquatorialschnitt genannt, verlaufenden Büschels. Sie werden symmetrisch zum Mittelstrahl gebrochen. An jeder Linsenfläche erfährt die Sagittalebene einen Knick. Während im Meridionalschnitt der in diesem Schnitt liegende Krümmungsradius der Linsenoberfläche seinen Wert behält, trifft dies beim Sagittalschnitt nicht mehr zu. Dieser Schnitt geht nicht durch den Krümmungsmittelpunkt, infolgedessen hat der Krümmungsradius auch einen anderen Wert. Das bedeutet aber, daß für die in den beiden Hauptschnitten verlaufenden Lichtstrahlen die Abbildung mit verschiedenen Brennweiten stattfindet. An Stelle eines Bildpunktes entstehen zwei linienartige Bilder SS und TT, die an verschiedenen Orten liegen und windschief zueinander stehen. Eines der beiden, das tangentiale oder meridionale, liegt tangential zur Achse und im allgemeinen näher zur Linse, das sagittale oder äquatoriale steht dagegen radial zur Achse. Ein vom Punkte P ausgehendes und schräg auf die Linse fallendes Lichtbündel wird nach Durchgang durch das abbildende System in der Höhe stärker als in der Breite zusammengeschnürt, so daß der Querschnitt die Form einer Ellipse annimmt; schließlich schrumpft die senkrechte kleine Ellipsenachse zu einem Punkt zusammen. Bringt man an diese Stelle eine Mattscheibe, beobachtet man einen waagerecht liegenden Lichtstrich der Länge TT von mäßiger Helligkeit.

Der Querschnitt des Lichtbündels nimmt nun wieder die Form einer liegenden Ellipse an, doch wird die große Achse ständig kleiner, die kleine dagegen nimmt zu. So kommt schließlich eine Stelle, an der beide Ellipsenachsen gleich groß geworden sind, aus der Ellipse ist ein Kreis geworden. An diesem Punkt hat das Lichtbündel die kleinste Einschnürung (Kreis kleinster Verwirrung). Jetzt ändert sich der Querschnitt so, daß aus der liegenden Ellipse eine stehende wird. Dabei nimmt die waagerechte Achse, die nun die kleine Ellipsenachse geworden ist, ständig weiter ab und schrumpft schließlich zu einem Punkt zusammen. Eine Mattscheibe, an dieser Stelle in den Strahlengang eingebracht, zeigt einen leuchtenden Strich der Länge *SS*. Hinter dieser Ebene erweitert sich der Querschnitt des Lichtbündels wieder zu einer Ellipse, deren kleine Achse in dem Sagittalschnitt liegt.

Diese eigentümliche Verformung des unendlich schmalen schiefen Lichtbündels nennt man astigmatische Deformation, der Linsenfehler wird wegen des Fehlens eines punktförmigen Bildes Astigmatismus oder Punktlosigkeit genannt (a = nicht, stigma = Punkt). Der Abstand der beiden gekreuzten Bildlinien *SS* und *TT* voneinander heißt astigmatische Differenz. Ungefähr in der Mitte dieser Strecke entsteht der Kreis kleinster Verwirrung, auf den einzustellen ist.

Der Astigmatismus wird um so größer, je weiter der abzubildende Gegenstand von der optischen Achse entfernt ist. Nähert sich der Objektpunkt der Achse, rücken die astigmatischen Bildpunkte enger zusammen. Bei symmetrischer Lage des Objektpunktes zum Objektiv, also genau auf der Achse, fallen die beiden Bildpunkte zusammen.

Die zu den verschiedenen Neigungswinkeln des Hauptstrahles gegen die optische Achse in der meridionalen und sagittalen Ebene gehörenden Bildpunkte lassen sich durch einen Kurvenzug miteinander verbinden und ergeben die astigmatischen Bildkurven oder im Raum die Bildschalen, die symmetrisch zur Achse liegen. Sie sind nicht identisch mit der normalen Einstellebene. Bei einer gewöhnlichen Linse sind sie hohl gegen die Linse gekrümmt, die tangentiale stärker als die sagittale. In der Achse berühren sie sich und liegen dort auch der Platten- bzw. Filmebene an.

Der Abstand zwischen den beiden Bildschalen, längs des Hauptstrahles oder auch parallel zur optischen Achse gemessen, gibt die Größe des Astigmatismus an. Er ist bei einer einfachen Linse vom Blendenort und Durchbiegungszustand der Linse abhängig. Um ihn zu beheben, müssen beide Bildschalen zusammenfallen. Linsen, die frei von Astigmatismus sind, bezeichnet man als anastigmatisch oder auch als stigmatisch.

Durch das Durchbiegen einer Linse zu einem Meniskus läßt sich der Astigmatismus im großen Maße beseitigen. Bei richtig gestellter Blende verschwindet er für einen bestimmten Meniskus fast vollständig. Für eine flache Linsenform ist er um so besser korrigiert, je größer der Blendenabstand gewählt wird. Richtige Kombination von Durchbiegung und Blendenstellung sind also neben der Kombination mehrerer Linsen von entgegengesetzten Astigmatismusbeträgen ein geeignetes Korrektionsmittel. Völlig beheben läßt sich der Astigmatismus immer nur für bestimmte Neigungswinkel. Nur an Stellen, an denen die beiden Bildschalen zusammenfallen, ist das Objektiv anastigmatisch; an allen anderen Punkten verbleiben Restfehler. Sie sind um so unwirksamer, je stärker abgeblendet wird. Ihre Größe ist ein Maß für die durch den Astigmatismus verursachten Unschärfe.

5. Die Bildfeldwölbung

Auch wenn der Astigmatismus behoben ist, die tangentiale und die sagittale Bildschale zusammenfallen bzw. die Zonenrestfehler klein geworden sind, liegt das Bild des abzubildenden Gegenstandes nicht auf einer Ebene, sondern im

allgemeinen auf einer Rotationsfläche um die optische Achse herum vor der eigentlichen Auffangebene mit einem Berührungspunkt in der Achse. Wird auf diese Auffangebene eingestellt, weist das Bild eine von der Bildmitte zu den Rändern immer stärker werdende Unschärfe auf, die erst bei Krümmung der Auffangfläche fortfallen würde. Diese Abweichung der Bildfläche von der Auffangebene wird Bildfeldwölbung genannt. Nach Möglichkeit wird sie mit dem Astigmatismus zusammen beseitigt. Behoben ist sie, wenn der anastigmatische Punkt einer bestimmten Zone in die senkrecht zur optischen Achse stehende Auffangebene zu liegen kommt.
Durch die Einführung hochbrechender Gläser mit geringer Farbzerstreuung ist eine Bildfeldebnung allgemein möglich geworden. Ein Objektiv mit anastigmatischer Bildebnung, kurz Anastigmat genannt, ist neben behobenem Astigmatismus und Bildfeldwölbung auch frei von sphärischen und chromatischen Bildfehlern und bildet ein sehr genau berechnetes mehrgliedriges optisches System.
Bereits 1843 ist es *J. Petzval* gelungen, für die Ebnung eines anastigmatischen Bildes eine allgemeine Bedingung aufzustellen, die für beliebig dicke Linsengruppen Gültigkeit hat.
Allerdings läßt sich nicht für alle Zonen eine vollständige Bildebnung erreichen. Für verschiedene Hauptstrahlneigungen verbleiben Restfehler der Bildfeldwölbung, die positiv oder negativ zu rechnen sind, je nachdem, ob die Bildschale sich hinter oder vor der Einstellebene befindet. Auf jeden Fall muß das anastigmatische Bild in allen Teilen des Bildfeldes so nahe an die Einstellebene gelegt werden, daß die durch die Restfehler auftretenden Zerstreuungskreise in ihrer Größe unterhalb der Wahrnehmbarkeitsgrenze bleiben.
Im allgemeinen hängt die Beantwortung der Frage, für welche Bildfeldteile Astigmatismus und Bildfeldwölbung streng zu beheben sind, von der relativen Öffnung des Objektives ab. Je lichtstärker es ist, um so mehr müssen die anastigmatischen Kurven der Auffangebene angenähert werden. Zweckmäßig ist es immer, die anastigmatische Korrektion nicht für die Bildränder durchzuführen, sondern für Punkte kleinerer Hauptstrahlenneigung, um die Zonen in der Bildmitte möglichst zurückzuhalten. Bei Abblendung kann dann ein wesentlich größeres anastigmatisch korrigiertes und geebnetes Bildfeld erhalten werden.

6. Die Koma

Die Betrachtungen, die wir zur Deutung des Astigmatismus anstellten, gingen von der Annahme aus, daß das die Linse durchstrahlende schiefe Lichtbündel nur einen sehr kleinen Querschnitt, ähnlich wie das Strahlenbündel im paraxialen Raum, hat. Nur ist hier an die Stelle der optischen Achse der Hauptstrahl getreten. Verwirklicht wird diese Art der Abbildung bei sehr starker Abblendung des Objektives. Wird nicht oder nur wenig abgeblendet, ist das Lichtbündel so breit, daß es außer dem Hauptstrahl auch noch Zonen- und Randstrahlen enthält. In einem derartigen Fall treten Abweichungen in bezug auf die Bildung der beiden astigmatischen Bildlinien auf, die als sphärische Aberration außeraxialer oder schiefer Bündel bezeichnet werden. Zu ihrer Erklärung hat man, wie beim Astigmatismus, die Strahlengänge in den beiden

Hauptschnitten, dem meridionalen und äquatorialen, zu untersuchen. Dabei ist der erstere der wesentliche. Im äquatorialen oder sagittalen Schnitt, in dem nur der Hauptstrahl die Achse schneidet, die seitlich davon verlaufenden Strahlen aber symmetrisch zum Hauptstrahl an der Achse vorbeigehen – sie werden windschiefe Strahlen genannt –, treten zwar auch Abweichungen auf, doch sind sie von untergeordneter Bedeutung und verschwinden im wesentlichen, sobald Astigmatismus und tangentiale sphärische Aberration außeraxialer Bündel korrigiert sind. Ihre rechnerische Verfolgung ist im übrigen

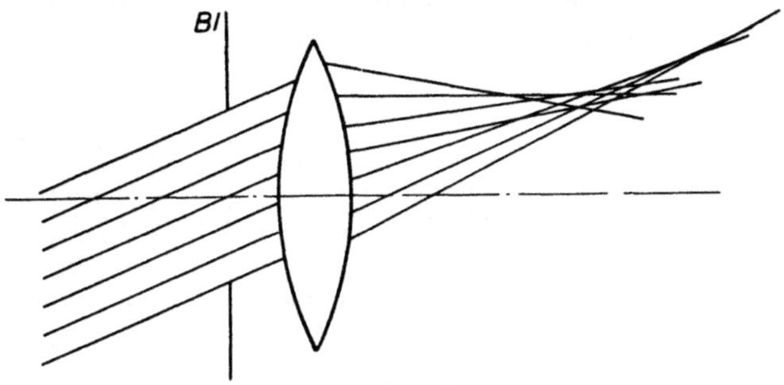

Bild 24. Die Koma

sehr umständlich und langwierig und erfordert die trigonometrische Durchrechnung. Es genügt deshalb, sich hier auf das meridionale Büschel zu beschränken.

Selbst wenn die sphärische Aberration für einen Achsenpunkt behoben ist, ist der Strahlenverlauf des meridionalen Büschels vollkommen unsymmetrisch. Die schräg auf die Linse fallenden Strahlen werden nicht in einem Punkte gesammelt, sie bilden statt dessen eine Schnittfigur, bei der die Schnittpunkte der verschiedenartigen Strahlen ganz verstreut liegen. Der am obersten Objektivrand einfallende Strahl wird am stärksten gebrochen und schneidet im allgemeinen seinen Nachbarstrahl in einem kürzeren Abstand von der Linse als dieser wieder den nächstfolgenden usw. Durch die vollkommen unsymmetrische Lichtverteilung der meridionalen Strahlen entsteht auf der Auffangebene als Bildpunkt ein ovaler Fleck, der aus einem einigermaßen scharf erscheinenden leuchtenden Punkt und einem davon ausgehenden weniger hellen Schleier, ähnlich einem Kometenschweif, besteht. Diese Bildform führte dazu, den Abbildungsfehler mit dem Namen Koma zu belegen.

Koma äußert sich in Kontrastlosigkeit und mangelnder Bildschärfe; ihre Beseitigung muß für jedes photographische Objektiv unbedingt gefordert werden. Da die Koma mit der sphärischen Aberration zusammenhängt, läßt sie sich in gewissem Umfang zusammen mit diesem Fehler beheben. Die Sinusbedingung für die Randstrahlen ist dann allerdings noch zu erfüllen, was einige Schwierigkeiten bereitet. Besonders bei lichtstarken Objektiven verlangt die Komakorrektion einen beträchtlichen Aufwand. Für die Doppelobjektive – zwei Objektivhälften liegen symmetrisch zu einer Mittelblende – verschwindet die Koma infolge dieser Anordnung fast völlig, so daß sie für den Gebrauch als behoben bezeichnet werden kann. Nur wird durch die Symmetrie allein noch nicht die sphärische Aberration beseitigt. Dazu ist bei Doppelobjektiven die

Zusammensetzung jeder Objektivhälfte aus zwei verschiedenen Gläsern mit einer zerstreuenden Kittfläche notwendig.
Auch bei durchgeführter Korrektion der sphärischen Abweichung außeraxialer Bündel bleiben gewisse Zonen- oder Restfehler übrig.

7. Die Verzeichnung

Ein weiterer Fehler, die Verzeichnung, liegt vor, wenn das von einem optischen System entworfene Bild eines Gegenstandes diesem nicht in allen Teilen geometrisch ähnlich ist. Dabei können sehr wohl alle bisher besprochenen

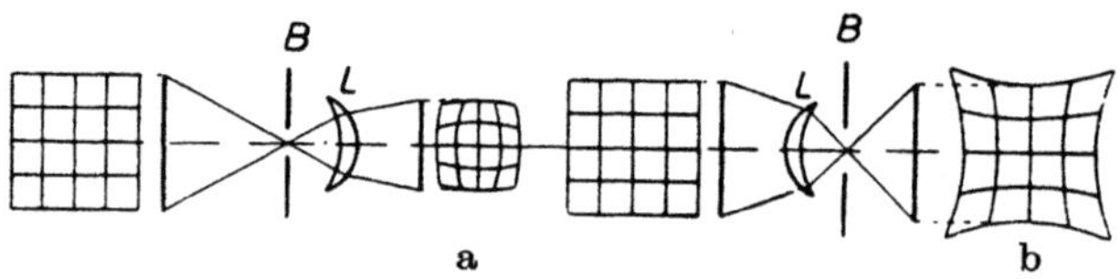

Bild 25. Die Verzeichnung. a) Tonnenförmige, b) Kissenförmige Verzeichnung. B = Blende, L = Linse

Abbildungsfehler im Rahmen des Möglichen behoben, vor allem auch die für lichtstarke Objektive besonders wichtige Beseitigung des Astigmatismus, der Bildfeldwölbung und der Koma durchgeführt sein.
Ein Objektiv ist verzeichnungsfrei, wenn die Vergrößerung bzw. Verkleinerung für alle Bildpunkte gleich groß ist oder mathematisch ausgedrückt, wenn (siehe S. 20) für alle Hauptstrahlneigungen des Gesichtfeldwinkels

$$\frac{y'}{y} = \beta = \text{const} \quad \text{ist.}$$

Ist diese Beziehung nicht erfüllt, β nicht konstant, lassen sich zwei Fälle von Verzeichnung unterscheiden. Allgemein ist der Vergrößerungsmaßstab variabel und von der Hauptstrahlneigung abhängig. In der Nähe der optischen Achse hat die Vergrößerung einen anderen Wert als am Rande des Gesichtsfeldes. Nehmen wir als Objekt eine weit entfernte, zur optischen Achse senkrechte quadratische Fläche an, durch deren Mitte die Achse geht. Dann bilden die Strahlen von den Quadratecken nach der Blendenmitte gegen die optische Achse einen größeren Winkel als diejenigen, die von der Mitte der Quadratseiten kommen. Ist nun die Richtungsänderung dieser Strahlen für größere Winkel anders als für kleine, so wird das Quadrat nicht wieder als Quadrat abgebildet, sondern als eine Figur mit nach innen oder nach außen gekrümmten Kanten.
Wächst die Vergrößerung von der Mitte nach dem Rande zu, tritt kissenförmige Verzeichnung auf, das Quadrat wird so abgebildet, daß seine Seiten nach innen gewölbt erscheinen. Bei dieser Art von Verzeichnung steht die Blende hinter dem Objektiv. Nimmt dagegen die Vergrößerung mit zunehmender Objektgröße ab, tritt tonnenförmige Verzeichnung ein, das Quadrat wird mit gegen die Mitte zu hohlen Seiten abgebildet. Derartige Verzeichnung nimmt man bei Objektiven mit Vorderblende wahr.
Durch symmetrische Anordnung zweier Systeme in einem Vorder- und Hinterglied zu einer Mittelblende läßt sich die Verzeichnung weitgehend beheben. Bei

unsymmetrischen Objektiven wird sie beseitigt, indem man für die Blendenabbildung im Vorder- und Hinterglied die sphärischen Aberrationen gleich macht.
Systeme, die frei von Verzeichnung sind, heißen orthoskopisch.

8. Auflösung und Kontrast

Auch bei bester Scharfeinstellung und unter der Annahme, daß alle vorkommenden Abbildungsfehler sich völlig korrigieren ließen, kann im allgemeinen keine strenge punktförmige Abbildung zustande kommen. Durch Beugung, infolge restlicher Zonenfehler und nicht vermeidbarer kleinerer Fertigungsfehler verlaufen die abbildenden Strahlen nicht so ideal, daß jedem Objektpunkt ein genau zugehöriger Bildpunkt entspricht.
Wie bekannt, setzt sich das Licht aus einer Vielzahl von Strahlen zusammen. Wollte man versuchen, durch Abblenden einen einzelnen Strahl auszusondern, müßte die Blendenöffnung so klein gewählt werden, daß das Licht am Rand der kleinen Blendenöffnung gebeugt wird. Eine Verbreiterung des Bildpunktes zu einem größeren Lichtfleck wäre die Folge. Statt aus einzelnen Punkten setzt sich dann das Bild aus Beugungsscheibchen zusammen, deren Ränder übereinandergreifen. Bildelemente, die einen Abstand voneinander haben, der kleiner als der Durchmesser dieser Beugungsscheibchen ist, können nicht mehr getrennt wiedergegeben werden.
Der Durchmesser der Beugungsscheibchen ist folglich abhängig von der Blendenöffnung. Je größer sie bzw. das Öffnungsverhältnis des Objektives ist, um so kleiner werden die Beugungsscheibchen sein. Je kleiner aber die Beugungsscheibchen sind, desto feiner ist die Bildauflösung. Die durch das größere Öffnungsverhältnis erzielte Verkleinerung der Beugungsscheibchen ergibt eine bessere punktförmige Abbildung des Objektes und damit eine Steigerung des Auflösungsvermögens, wenn darunter die Eigenschaft des Objektives verstanden wird, zwei dicht benachbarte Objektpunkte in zwei getrennten Bildpunkten abzubilden.
Andererseits wird durch das größere Öffnungsverhältnis die Korrektion der Bildfehler erschwert. Wir sahen schon, daß bei bester Scharfstellung nur ein Bruchteil aller abbildenden Strahlen ein einwandfrei scharfes Bild mit sehr kleinen Streukreisen ergibt. Wegen der nicht für alle Zonen gleichmäßig durchzuführenden Korrektur der Bildfehler liefern dagegen alle anderen Strahlen, vor allem die Reststrahlen der außeraxialen sphärischen Aberration, kein scharfes Bild, sie ergeben größere Streukreise, die Einzelheiten nicht mehr auflösen. Das scharfe Bild ist von einem gleichmäßig grauen Schein überzogen. Der Kontrast zwischen Hell und Dunkel, zwischen Schwarz und Weiß, wird dadurch gemindert. Statt schwarz und weiß erscheint das Bild dunkelgrau auf hellgrau. Je kleiner die Einzelheiten eines Objektes abgebildet werden, um so geringer wird auch der Kontrast. Würde man z.B. ein Strichgitter mit hellen und dunklen Strichen und Feldern abbilden, ginge die Feinheit der Strichzeichnung verloren, d.h. das Auflösungsvermögen dieser kleinen Objekte, die obendrein nur geringen Kontrast aufweisen, ist schlechter geworden (Grauauflösung). Bei geringer Grauauflösung sinken die Einzelheiten im Bilde unter die Abbildungsschwelle des photographischen Aufnahmematerials, während sich bei mittleren Korrekturen eine Kontrastverminderung im Bilde bemerkbar

macht. Es tritt eine Verwaschung der Details vor allem in den Bildkanten und Bildecken ein. Erst Objektive mit gesteigerter Grauauflösung erlauben durch die Beseitigung der Restfehler eine einwandfreie Bildwiedergabe an allen Kontrastkanten.

Da bei großen Blendenöffnungen die restlichen Abbildungsfehler, bei kleinen die Beugungserscheinungen das Bild verschlechtern, ist die beste Bildleistung bei einer dazwischen liegenden Blendenöffnung zu erzielen. Diese kritische Blende liegt bei Kleinbildobjektiven der Lichtstärke 1:2 etwa bei 1:2,8 bis 1:4, bei Objektiven der Lichtstärke 1:3,5 liegt sie etwa bei den Blendenstellungen 5,6–8.

Als Maß für die Auflösung eines Objektives gilt der Abstand zweier benachbarter noch deutlich getrennt erscheinender Bildpunkte. Bei gut korrigierten Objektiven liegt der Wert in der Achse etwa bei $^1/_{6000}$ bis $^1/_{8000}$ der Brennweite, am Bildrand ist er geringer.

BAUARTEN DER PHOTOGRAPHISCHEN OBJEKTIVE

A. ASTIGMATE

1. Allgemeines über photographische Objektive

Ein Photoobjektiv soll von dem abzubildenden Gegenstand ein möglichst über das ganze Bildfeld gleichmäßig scharfes, ebenes, perspektivisch richtiges und helles Bild entwerfen. Diese recht umfassende Forderung läßt sich wegen der jeder Linse eigenen Linsenfehler durch eine Einzellinse allerdings nicht erfüllen. Nur unter bestimmten Voraussetzungen können durch geeignete Glaswahl und günstigste Linsenform auch mit Einzellinsen verschiedene Abbildungsfehler verbessert werden. Erst die Kombination mehrerer Linsen zu einem zusammenhängenden Abbildungssystem, einem Objektiv, ermöglicht durch die Verminderung der Abbildungsfehler und damit einer Verbesserung der Bildleistung eine den modernen Anforderungen an Bildqualität und Abbildungsgüte entsprechende zufriedenstellende Bildwiedergabe. Selbstverständlich läßt sich dabei je nach dem Grad der Anforderungen, die hinsichtlich Bildschärfe, Lichtstärke, Größe des Bildfeldes und Freiheit von Abbildungsfehlern gestellt werden, eine ausreichende Abbildungsgüte durch die verschiedenartigsten Kombinationen von Einzellinsen erzielen. Werden die Anforderungen nicht zu hoch gestellt, genügt meistens schon ein mehr oder weniger einfach aufgebautes Linsensystem. Spezialobjektive, vor allem auch die neuzeitlichen lichtstarken Objektive, erfordern ein kompliziert aufgebautes und sehr sorgfältig korrigiertes Abbildungssystem.

Bei ihnen sind vor allem die seitlichen schräg auf das optische System fallenden Strahlen von Bedeutung, die eine einwandfreie Korrektion der außerhalb der Achse liegenden Bildzonen besonders wesentlich erscheinen lassen.

Entsprechend ihrer Bauart und Fehlerbehebung werden die Objektive in die verschiedensten Typen und Klassifizierungen eingeteilt. In der Hauptsache wird dabei, gemäß dem Korrektionszustand für Astigmatismus und Bildfeldwölbung eine Gliederung in Astigmate und Anastigmate vorgenommen. Die erste Gruppe, die Astigmate, sind überwiegend schon von sphärischen und chromatischen Fehlern im paraxialen Gebiet frei, aber noch nicht für Bildfehler durch schräg zur Achse einfallende Strahlen korrigiert. Diese Korrektion ist erst bei den Anastigmaten durchgeführt, bei denen eine befriedigende Korrektion aller Bildfehler über das ganze Bildfeld hinweg vorgenommen wurde.

2. Einfache Sammellinsen

Eine einfache Sammellinse ist als Photoobjektiv sehr unvollkommen. Da als Konstruktionsmittel zur Verringerung der Abbildungsfehler allein die Brechzahl des Glases, die Krümmung der beiden Linsenoberflächen, die Dicke der

Linse sowie die Blende in ihrer Stellung als Vorder- oder Hinterblende zur Verfügung stehen, hat man kaum Möglichkeiten, die Abbildungsfehler wirksam zu beseitigen. So läßt sich der Farbfehler durch die Linsenform nur ganz unwesentlich beeinflussen, er ist in der Hauptsache von den optischen Eigenschaften des Glases abhängig; behoben kann er nur durch die Kombination von mindestens zwei Linsen verschiedener Glasart werden. Allenfalls läßt er sich durch Abblenden klein halten.

Wie wir auf S. 34 sahen, ist es auch unmöglich, eine einfache Sammellinse sphärisch zu korrigieren. Die an dieser Stelle erwähnte „Linse geringster Aberration" ergibt wegen ihrer Form zwar ein Minimum der sphärischen Abweichung, ist aber für photographische Zwecke ungeeignet. Auch bei Abblendung auf 1 : 11 und stärker ergibt sich für sie nur in der Mitte des Bildfeldes eine ausreichende Bildschärfe, eine Beseitigung des sphärischen Fehlers ist genau wie die Behebung der chromatischen Aberration erst durch Kombinierung mehrerer Linsen möglich.

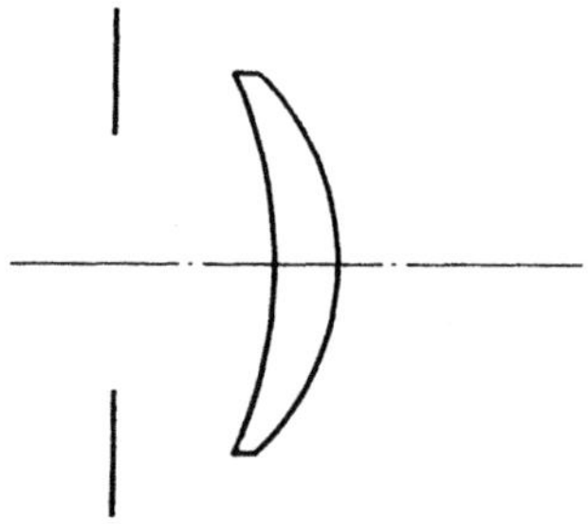

Bild 26. Einfache Sammellinse mit Vorderblende

Farb- und sphärische Fehler können also bei einfachen Sammellinsen nur durch starkes Abblenden auf ein erträgliches Maß reduziert werden. Biegt man unter Einhaltung der Brennweite die Linse so stark durch, daß sie die Form eines gegen das einfallende Licht zu hohlen Meniskus annimmt, lassen sich Astigmatismus und Bildfeldwölbung bis zu einem gewissen Grad verringern, allerdings auf Kosten der sphärischen Abweichung auf der Achse und damit einer Verschlechterung der Mittelschärfe. Die Unschärfe der Bildmitte wird jedoch nicht größer als die an den Bildrändern durch Koma verursachte. Bei stärkerer Abblendung und entsprechender Blendenstellung erreicht man über das ganze Bildfeld eine für manche Zwecke ausreichende gleichmäßige Schärfeverteilung. Auch die Verzeichnung wird hierbei gebessert. Meniskus- oder M o n o k e l l i n s e n, auch mit umgekehrter Durchbiegung, werden als Vorsatzlinsen zur Änderung der Brennweite und als Weichzeichner benutzt, auch finden sie häufig Verwendung als Objektiv in einfachsten Boxkameras. Bei größerer Öffnung als 1 : 11 läßt die Schärfe sehr zu wünschen.

3. Achromatische Sammellinsen

Eine der störenden Fehlereigenschaften der einfachen Sammellinse ist ihre fehlende Freiheit von chromatischen und sphärischen Aberrationen. Zur Beseitigung des Farbfehlers wurde der Meniskus des Bildes 26 in zwei Linsen, eine zerstreuende bikonkave und eine sammelnde bikonvexe, aufgespalten, deren Innenradien, vom Vorzeichen abgesehen, gleich gekrümmt waren, so daß die beiden Einzellinsen miteinander verkittet werden konnten. Ein derartiges, bereits früher als Fernrohrobjektiv verwendetes, achromatisches System ist als Photoobjektiv unter dem Namen L a n d s c h a f t s l i n s e bekannt geworden. In den Anfangszeiten der Photographie fand es in den Lichtstärken 1 : 14 bis 1 : 18 für Landschaftsaufnahmen Verwendung. Die Mittenschärfe ist mäßig; wie jedes eingliedrige Objektiv verzeichnet es und ist nicht frei von Koma, Bildfeldwölbung und sphärischer Aberration, während der Astigmatismus durch die durchgebogene Linsenform in erträglichen Grenzen gehalten wurde.

Vor allem zur Verbesserung der sphärischen Abweichung wurde aus diesem Altachromaten 1857 eine Objektivform der Lichtstärke 1:12,5 entwickelt, bei der die Reihenfolge der Einzellinsen vertauscht wurde. Auf einen positiven Meniskus aus Kronglas folgt, mit ihm verkittet, ein negativer Flintglasmeniskus.

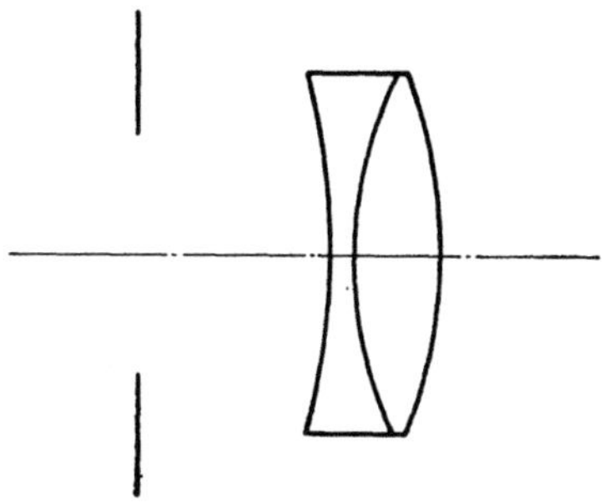

Bild 27. Altachromat mit Vorderblende

Wesentlich für den mechanischen Aufbau ist die Stellung der Blende zum Objektiv. Der Vorderblende vorzuziehen ist die Verwendung einer Hinterblende, bei der die Blende geschützt im Innern der Kamera liegt und die Baulänge der Kamera verkürzt wird. Unter dem Namen **Frontar** brachte die Firma *C. P. Goerz* den ersten Achromaten mit Hinterblende in der Lichtstärke 1 : 9 auf den Markt. Er besteht aus einer konvexen Kron- und einer bikonkaven Flintglaslinse und findet heute noch Verwendung als Objektiv für Boxkameras. In diesem lichtschwachen Objektiv lassen sich durch geeignete Wahl der Radien und günstige Glaswahl der Farbfehler fast beseitigen, sphärische Aberration und Verzeichnung sowie Astigmatismus und Bildfeldwölbung wesentlich vermindern. Auch der Komafehler kann durch richtige Linsenkrümmung und Abblendung klein gehalten werden.

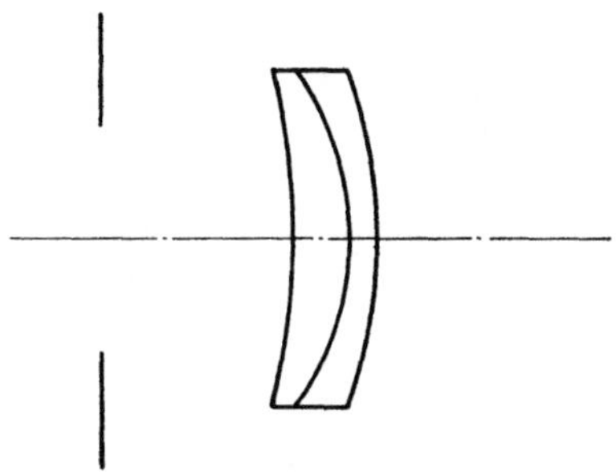

Bild 28. Achromatische Sammellinse zweiter Art

Im Gegensatz zu den verkitteten Achromaten hat sich der Bau unverkitteter Achromate trotz der bei ihnen recht guten anastigmatischen Fehlerkorrektion nicht durchgesetzt.

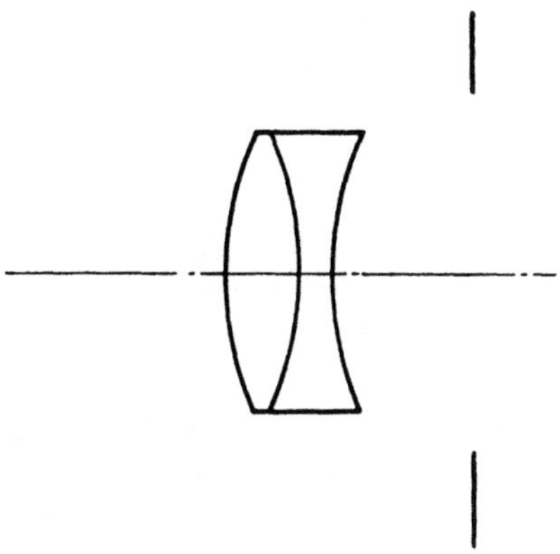

Bild 29. Das Frontar

4. Symmetrische Objektive einfachster Art

Eine wesentliche Verbesserung der Abbildungsfehler läßt sich durch eine symmetrische Anordnung zweier gleichartiger Linsen oder Linsengruppen um eine dazwischenliegende Blende erreichen. Schon der Aufbau eines Objektives aus zwei einfachen oder achromatischen Sammellinsen bringt eine Behebung verschiedener Abbildungsfehler; besonders sind es Koma, Verzeichnung und der Farbenvergrößerungsfehler, die durch eine derartige Linsenkombination günstig beeinflußt werden können.

So kam es zum Bau der Periskope und Aplanate, von Objektiven, die jeweils aus zwei zur gemeinsamen Mittelblende symmetrischen Menisken oder Achromaten bestehen und die einfachste Form eines vollkommen symmetrischen Objektives darstellen.

Das erste **Periskop** mit der Öffnung 1 : 12 brachte *Steinheil* im Jahre 1865 auf den Markt. Für gleiche Größe von Objekt und Bild ist dieses Objektiv streng verzeichnungsfrei, aber auch für jeden beliebigen Objektabstand ist die Verzeichnung praktisch behoben, da die restlichen Zonenfehler nur klein bleiben. Ebenso ist bei der Abbildung in natürlicher Größe das System frei von Koma, die auch bei Abbildung in einem anderen Maßstab verhältnismäßig klein bleibt, so daß sie für den Gebrauch als behoben bezeichnet werden kann. Astigmatismus und Bildfeldwölbung sind gering, dagegen sind durch die symmetrische Anordnung zweier Menisken um eine Mittelblende weder die sphärischen noch die chromatischen Fehler in irgendeiner Weise gebessert. Wegen der durch die mangelnde Achromasie bedingten Fokusdifferenz fallen die Strahlen bester Schärfe bei visueller und photographischer Einstellung nicht zusammen. Objektive von der Bauart des Periskops sind nur mit kleiner Öffnung verwendbar.

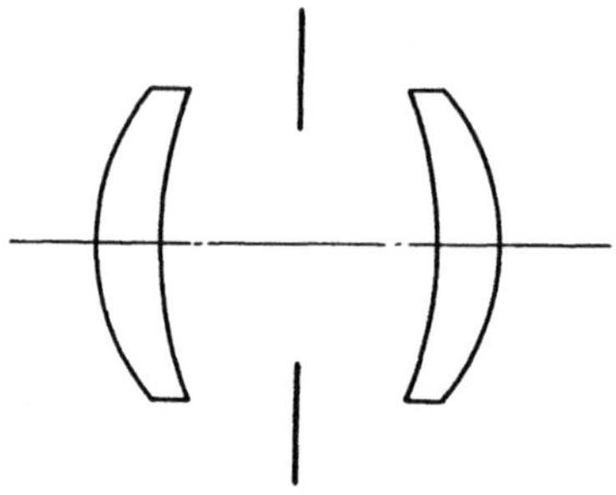

Bild 30. Das Periskop

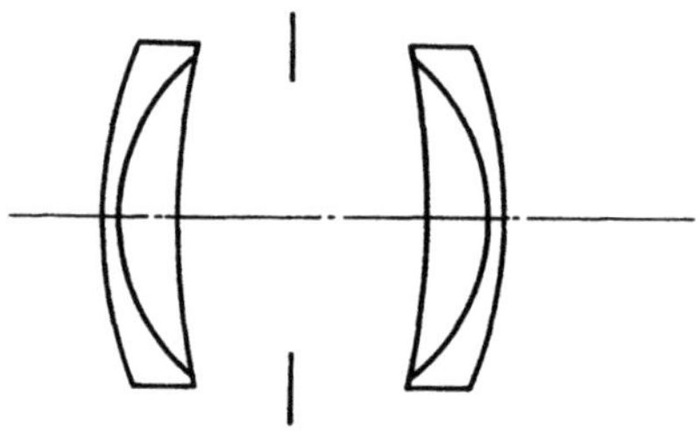

Bild 31. Der Aplanat

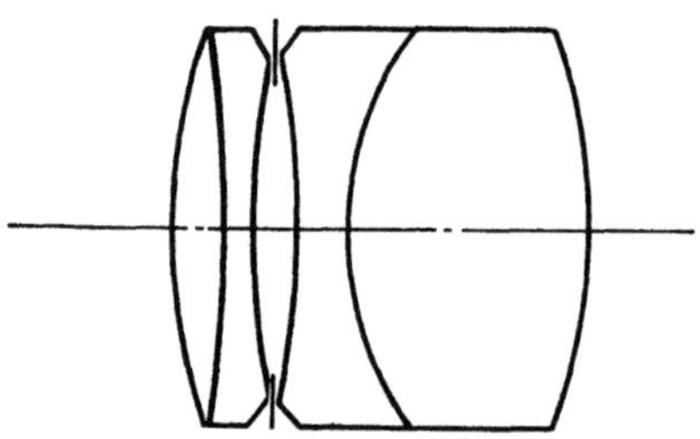

Bild 32. Gruppen-Antiplanet

Als lichtschwaches Objektiv mit fester Einstellung unter Berücksichtigung der Fokusdifferenz findet das Periskop heute noch in billigen Boxkameras Verwendung. Mit höheren Lichtstärken 1 : 9 wurde es in längeren Brennweiten wegen der dann auftretenden Weichheit in einzelnen Fällen als Weichzeichner für künstlerische Aufnahmen verwendet.

Wesentlich bessere Korrektionsmöglichkeiten, vor allem der chromatischen und sphärischen Fehler, lassen sich gegenüber dem Periskop erreichen, wenn an die Stelle des Menisken Achromate treten. Man erhält dann ein System, bei dem das Vorderglied aus einem Achromaten mit Hinterblende, das Hinterglied aus einem Achromaten mit Vorderblende gebildet wird. Objektive, die aus zwei symmetrischen, getrennt stehenden achromatischen Linsen, deren Einzelglieder miteinander verkittet sind, bestehen, werden **Aplanate** genannt. Bei ihnen sind außer der chromatischen und sphärischen Aberration sowie der Sinusbedingung auch Koma und Verzeichnung korrigiert. Nur die Bildfeldwölbung und der Astigmatismus bleiben als Abbildungsfehler bestehen, da die Objektivhälften in der äußeren Form nicht genügend durchgebogen werden können und die beiden astigmatischen Bildschalen durch die zerstreuend wirkende Kittfläche auseinander gebogen werden.

Bereits 1866 wurde von *A. Steinheil* der erste Aplanat berechnet und auf den

Markt gebracht, der mit voller Öffnung 1 : 8 eine gute Schärfe über ein Gesichtsfeld von ungefähr 20° ergab. Er bestand aus zwei gleichen Objektivhälften, die symmetrisch zur Blende angeordnet waren und sich je aus einem der Blende zugekehrten sammelnden Meniskus und einem mit ihm verkitteten nach außen stehenden zerstreuenden Meniskus zusammensetzten.

Durch leichte Abweichung von der streng symmetrischen Bauart und durch Verwendung verschiedener Glassorten in den beiden Objektivhälften versuchte man, die Leistung des Aplanaten zu steigern, jedoch ohne größeren nennenswerten Erfolg. So setzt sich der von *A. Steinheil* 1881 herausgebrachte lichtstarke **Porträt-Antiplanet** mit der relativen Öffnung 1:4 aus einem verkitteten, aus einer Sammellinse aus Kronglas und einer Zerstreuungslinse aus Flintglas bestehenden Vorderglied und aus einem zweilinsigen, unverkitteten Hinterglied mit einer Zerstreuungs- und einer Sammellinse zusammen. Die Fehler des Vordergliedes können dabei durch die entsprechenden Fehler entgegengesetzten Vorzeichens im Hinterglied aufgehoben werden.

Bei dem **Gruppen-Antiplaneten** der Lichtstärke 1 : 6 sind zwar Vorder- und Hinterglied je aus einer Sammel- und einer Zerstreuungslinse bestehende Kittglieder, aber das Hinterglied ist gegenüber dem Vorderglied ungewöhnlich dick, das ganze Objektiv damit wieder unsymmetrisch gebaut.

Die Objektivhälften des Aplanaten können auch einzeln zur Abbildung benutzt werden. In einem streng symmetrisch gebauten Aplanaten ist die Brennweite der Einzelglieder etwa doppelt so groß, die Lichtstärke etwa halb so groß wie die des Gesamtsystems. Selbstverständlich sind die Einzelhälften des Objektives nur im stark abgeblendeten Zustand brauchbar.

Heute sind die Aplanate fast gänzlich vom Markt verschwunden und durch die Anastigmate ersetzt worden, die bessere Korrektur, größere Lichtstärke und dabei billigere Herstellung ermöglichen.

5. Das *Petzval*-Objektiv

Eines der ältesten, auch heute noch verwendeten Photoobjektive ist das 1840 von dem Wiener Mathematikprofessor *Josef Petzval* berechnete und von *Fr. Voigtländer* gebaute unsymmetrische vierlinsige Porträtobjektiv, das nach seinem Erfinder den Namen ***Petzval*-Objektiv** erhielt. Mit seiner für die damalige Zeit außerordentlichen Lichtstärke von 1 : 3,4 ist es das erste Objektiv, dessen Konstruktion nach mathematischen Berechnungen durchgeführt wurde. Bis zu *Petzval* waren die bereits vorhandenen Objektive nicht das Ergebnis einer exakten wissenschaftlichen Durchrechnung, sondern nach rein empirischen Erkenntnissen aufgebaut worden.

Das *Petzval*sche Porträtobjektiv besteht aus vier Linsen, die zu zwei durch einen verhältnismäßig langen Luftabstand getrennten und für sich achromatisierten Linsenpaaren zusammengefaßt sind. Zwischen den beiden Linsengruppen befindet sich die Blende. Während das objektseitige Linsenpaar in der Reihenfolge Kron–Flint aus zwei verkitteten Linsen besteht, setzt sich das Hinterglied aus zwei unverkitteten Linsen, aus Flint und Kron, zusammen. Zwecks Verbesserung der sphärischen Aberration wurde später die Reihenfolge der Linsen des hinteren Gliedes in Kron–Flint geändert.

Durch den sehr langen Bau des Objektives konnten die astigmatischen Bildflächen etwas gestreckt werden, so daß eine für die Aufgaben der Porträtphotographie genügende Ausdehnung des scharfen Bildfeldes erreicht wurde; jedoch kann starke Vignettierung auftreten, so daß der nutzbare Bildwinkel nur etwa 20° beträgt.

Dank der ausgezeichneten sphärischen Korrektion und Beseitigung der Koma ist die Schärfe und Brillanz dieses Objektives in der Bildmitte und deren Umgebung sehr gut. Auch Farbfehler und Verzeichnung sind gut korrigiert; anfangs besaßen allerdings die Objektive chemischen Fokus, die chemisch wirksamen Strahlen fielen nicht mit den optisch wirksamen zusammen. Durch Um-

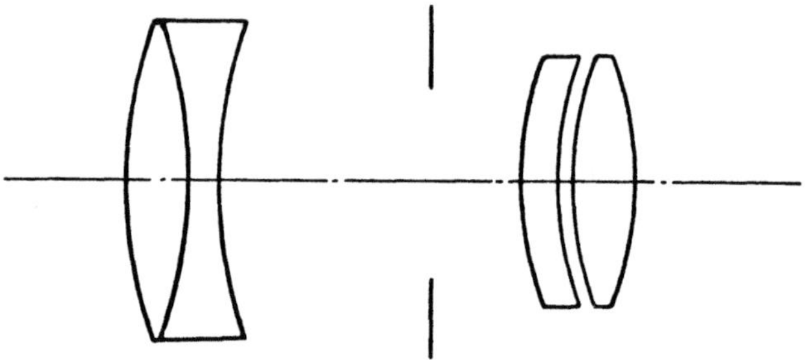

Bild 33. *Petzval*-Objektiv

rechnung hat *Petzval* selber schon diesen Fehler abstellen können. Astigmatismus und Bildfeldwölbung sind nur gemildert, die Schärfe des Bildrandes wird geringer als die Mittenschärfe. Bei Abblendung nimmt das brauchbare Bildfeld nur wenig zu; durch Zuziehen der Blende wird allein die Tiefenschärfe vergrößert.

Als reines Porträtobjektiv mit langer Brennweite war das *Petzval*-Objektiv in den Lichtstärken 1:3 bis 1:5 viele Jahrzehnte lang das ideale Objektiv des Berufsphotographen, bis es durch die lichtstarken Anastigmate abgelöst wurde. Heute findet das *Petzval*-Objektiv fast ausschließlich als Projektionsobjektiv für die Kinofilm- und Diapositivprojektion mit Öffnungsverhältnissen bis 1:1,5 Verwendung. Teilweise sind bei diesen Projektionsobjektiven die beiden Linsen des Hintergliedes ebenfalls verkittet.

B. ANASTIGMATE

Bei allen bisher besprochenen Objektivtypen war die Korrektur von Astigmatismus und Bildfeldwölbung recht mangelhaft. Nur bei geringer Hauptstrahlneigung gegen die Achse war eine einigermaßen befriedigende Abbildungsleistung zu erreichen. Besonders wirkte die für die Beseitigung der sphärischen und chromatischen Fehler notwendige Zusammensetzung und Verkittung zweier Linsen aus einem Kron- und einem Flintglas der Verringerung des Astigmatismus und der Bildfeldwölbung entgegen. Aus diesem Grunde war es unmöglich, mit einem sphärisch korrigierten, achromatischen Objektiv aus den zur damaligen Zeit zur Verfügung stehenden optischen Gläsern, bei dem die Sammellinse weniger bricht und eine geringere Farbzerstreuung als die Zerstreuungslinse hat, eine Korrektion des Astigmatismus zu erzielen.

Die Forderung, ohne Aufhebung der Achromasie mit einem Objektiv, wie es etwa in den Objektivhälften des Aplanaten vorlag, auch die astigmatischen Bildflächen zur Vereinigung zu bringen, ließ sich nur erfüllen, wenn die Sammellinse aus einem höher brechendem Glas als die Zerstreuungslinse herzustellen war.
Auf Anregung *Abbes*, des Mitbegründers der *Zeiß-Werke*, gelang es seit 1886 in dem Jenaer Glaswerk *Schott und Genossen* Gläser mit bis dahin nicht erzielbaren Brechzahlen und Farbenzerstreuungen zu erschmelzen. Mit ihrer Verwendung wurde es möglich, praktisch alle Linsenfehler in einem Objektiv zu beseitigen bzw. zu vermindern und optische Systeme zu konstruieren, die als **Anastigmate** die Krone aller Objektivtypen darstellen. Bei größerer Lichtstärke weisen die Anastigmate gleichzeitig eine anastigmatische Bildfeldebnung über ein ausreichend großes Bildfeld auf.
Als Material für die Linsen eines Achromaten verwandt, machten diese neueren optischen Gläser aus dem bisherigen Altachromaten einen Neuachromaten, bei dem das Kronglas einen größeren Brechwert, aber kleinere Farbenzerstreuung als das Flintglas hatte. Die Kittfläche eines Neuachromaten mußte entsprechend der Glaswahl eine sammelnde sein; die sphärische Aberration konnte nicht mehr korrigiert werden im Gegensatz zum Altachromaten, bei dem bei durchgeführter Korrektion des sphärischen Fehlers eine astigmatische Fehlerbehebung unmöglich war.
Später erkannte man, daß die Beseitigung von Bildfeldwölbung und Astigmatismus, also der Bau von Anastigmaten, auch mit anderen Mitteln als der Verwendung bestimmter Glassorten zu erreichen ist.

1. Einfache Anastigmate

Zu den ersten anastigmatisch korrigierten Objektiven sind die ab 1890 von der Firma *Zeiß* nach Berechnungen *P. Rudolphs* in den Handel gebrachten **Protare** zu zählen. Aus einem Alt- und einem Neuachromaten zusammengesetzt, konnte bei ihnen sowohl die sphärische Aberration wie der Astigmatismus beseitigt werden. Auch die Bildfeldwölbung ließ sich bei entsprechendem Abstand der beiden Linsengruppen beheben.

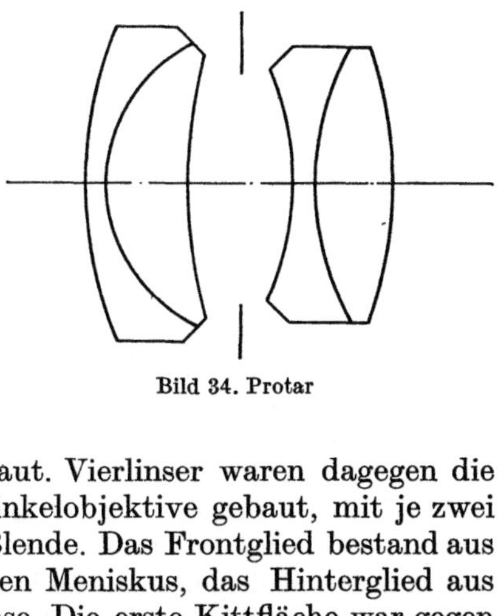

Bild 34. Protar

Protare sind unsymmetrische, aus zwei Gruppen verkitteter Linsen bestehende Objektive mit Mittelblende, bei denen je nach Verwendungszweck die einzelne Gruppe aus zwei oder drei Einzellinsen zusammengesetzt ist. Die Serien mit Lichtstärken 1:4,5, 1:6,3, 1:7 und 1:8 waren Fünflinser, aus einem zweilinsigen Vorder- und einem dreilinsigen Hinterglied aufgebaut. Vierlinser waren dagegen die Protare 1 : 9 und 1 : 18, letztere als Weitwinkelobjektive gebaut, mit je zwei verkitteten Linsengliedern beiderseits der Blende. Das Frontglied bestand aus einem zerstreuenden und einem sammelnden Meniskus, das Hinterglied aus einer bikonkaven und einer bikonvexen Linse. Die erste Kittfläche war gegen die Blende zu hohl und zerstreuend, die zweite sammelnd. Als Material für

den zerstreuenden Meniskus im Vorderglied und die Sammellinse des Hintergliedes wurde Glas höherer Brechzahl genommen.
Auch bei einem sphärisch korrigierten Einzelobjektiv mit Vorderblende, wie es sich in dem Hinterglied des *Steinheil*schen Aplanaten darstellt, läßt sich durch die Kombination dreier Linsen entsprechender Glaswahl Astigmatismus und Bildfeldwölbung beheben. Man spaltet hierfür die Flintlinse auf und ersetzt sie so durch einen Neuachromaten, daß dessen vordere zerstreuende Linse mit dem zur Blende zu stehenden sammelnden Meniskus ihrerseits einen Altachromaten bildet. Das bedeutet, daß der Brechwert der drei Linsen, von der Blende aus gerechnet, von Linse zu Linse größer wird. Die meniskenförmige Sammellinse besteht aus einem Glas niedriger Brechzahl und geringer Farbzerstreuung, die mittlere Bikonkavlinse aus einem Flintglas mittlerer Brechung und sehr großer Farbzerstreuung, während für die äußere bikonvexe Linse als Material sehr schweres Kronglas hoher Brechung, aber kleiner Farbzerstreuung, gewählt wird. Ein so aufgebautes anastigmatisch korrigiertes Objektiv mit Vorderblende wurde von *Rudolph* in seinem Anastigmatsatz verwendet, während *E. v. Hoegh* es als Hälfte eines anastigmatischen symmetrischen Doppelobjektives benutzte.

2. Doppelanastigmate

Anastigmate können in ihrem Aufbau sehr verschieden sein. Von dem einfachen Dreilinser – eine Kombination von mindestens drei Linsen ist zur Behebung der astigmatischen Fehler notwendig – reicht die Skala der Anastigmate bis zu den kompliziert aufgebauten lichtstarken Systemen von 7 bis 8 und noch mehr Linsen. Nach ihrer Anordnung unterscheidet man symmetrische, halbsymmetrische oder völlig unsymmetrische Anastigmate, die aus Vorder-, Mittel- und Hinterglied zusammengesetzt sind. Diese Objektivglieder bestehen aus Verbindungen verkitteter und freistehender oder auch nur aus freistehenden Linsen. Wegen ihrer universellen Verwendbarkeit und besten Korrektureigenschaften werden Anastigmate in allen Lichtstärken und für alle Zwecke hergestellt.

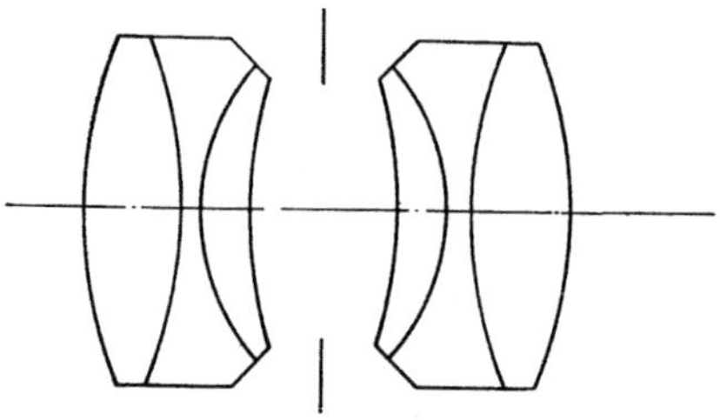

Bild 35. Dagor von *Goerz*

Ist nicht nur das Objektiv in seiner Gesamtheit, sondern auch jede der durch die Mittelblende getrennten Objektivhälften anastigmatisch korrigiert, gibt man dem Objektiv die Bezeichnung Doppelanastigmat. *E. v. Hoegh*, der sich sehr um die Steigerung der Leistungsfähigkeit der symmetrischen Doppelobjektive bemühte, schuf mit dem **Dagor** einen der bekanntesten älteren Doppelanastigmate.
Das Dagor ist vollständig symmetrisch aufgebaut. Seine beiden Hälften, aus je drei verkitteten Linsen nach Art der *Rudolph*schen Anastigmatlinse bestehend, sind für sich schon weitgehend korrigiert. Der positive Meniskus als innerste Linse ist von niedrigerer, die äußere bikonvexe Linse von höherer Brechzahl als die von ihnen beiden eingeschlossene mittlere bikonkave Linse. Seit dem Jahre 1901 wird das Dagor mit der Öffnung 1 : 6,8, vorher mit 1 : 7,7, ausgeführt.

Der Bildwinkel beträgt rund 70°, bei Abblendung ist er leicht auf 90 bis 100° zu bringen, so daß sich das Dagor auch als Weitwinkelobjektiv verwenden läßt. Mit nur vier Glas-Luft-Flächen ist es weitgehend frei von Spiegelbildern, seine Bilder besitzen besonders gute Brillanz

Die Verwendung neuerer Glassorten mit gesteigertem Unterschied der Brechwerte der einzelnen Linsen sowie die Vergrößerung der Linsendicke erlaubte eine Erhöhung der Lichtstärke der Doppelobjektive vorzunehmen, ohne dadurch ihre Korrektionseigenschaften zu verringern.

Fast zu gleicher Zeit wie die Firma *Goerz* mit dem Dagor schufen *Voigtländer und Sohn* in Braunschweig sowie *C. A. Steinheil und Söhne* in München symmetrische Objektive, die in Leistung und Aufbau dem Dagor ähnlich waren, sich jedoch von ihm durch eine andere Anordnung der Kittflächen unterschieden.

Bild 36. Apochromat-Collinear 1 : 9 bis 1 : 12,5 von *Voigtländer*

Bei dem **Orthostigmat** von *Steinheil* und dem **Collinear** *Voigtländers*, das in mehreren Ausführungsformen herausgebracht wurde, ist jede Objektivhälfte von der Blende aus gerechnet aus einer bikonkaven Linse mittlerer Brechung, aber größerer Dispersion, einem sammelnden Meniskus kleinerer Brechung und Farbzerstreuung und einer Bikonvexlinse aus schwerstem Barytkron aufgebaut. Die gegenüber der Blende konvexe Wölbung der sammelnden Kittfläche sorgt für die anastigmatische Bildfeldebnung. Eine Spezialausführung des Collinears mit apochromatischen Eigenschaften, das **Apochromat-Collinear,** wurde für Zwecke der Reproduktionsphotographie und des Farbendruckes geschaffen.

Die heute noch auf dem Markt befindlichen Doppelanastigmate, wie der ***Meyer*-Doppelanastigmat** 1 : 6,8, $f = 180$ bis 240 mm, des *VEB Feinoptischen Werkes*, Görlitz, oder das in den Brennweiten von 210 bis 900 mm, Lichtstärke 1 : 9, vorliegende **Ultraplast** der optischen Werke *Staeble, Friedl und Co.*, Altenstadt, finden vor allem in Reproduktionskameras und Photokopiergeräten Verwendung, da sie besonders für Aufnahmen in natürlicher Größe vorzüglich geeignet sind.

3. Satzobjektive

Mit Vorteil finden Doppelanastigmate in Kameras mit langem Auszug Verwendung. Da die Einzelhälften dieser Objektive schon recht gut für sich allein korrigiert sind, lassen sie sich ohne weiteres als Objektive mit der doppelten

Brennweite des Gesamtsystems benutzen. Damit sind in einem Objektiv mehrere Brennweiten und folglich auch mehrere Darstellungsmaßstäbe zusammengefaßt, das Objektiv enthält einen Satz verschiedener Einzelobjektive. Derartige Objektive bezeichnet man als **Satzobjektive.**

Selbstverständlich sind die Lichtstärken der Einzelglieder eines solchen Satzobjektives kleiner als die des Gesamtobjektives. Beispielsweise hat ein Doppelobjektiv, das aus zwei Protaren der Lichtstärke 1 : 12,5 zusammengebaut ist, die Lichtstärke 1 : 6,3. Auch die Fehlerbeseitigung in den Objektivhälften ist weniger weit getrieben als bei dem Gesamtobjektiv. So ist die Randschärfe der Einzelglieder meist etwas weicher als die des zusammengesetzten Systems.

Der Aufbau der Einzelglieder eines Satzobjektives kann an sich beliebig sein. Es ist nicht nötig, daß ein Satzobjektiv völlig symmetrisch aufgebaut ist, also Vorder- und Hinterglied gleichmäßig zur Mittelblende angeordnet sind.

Auch bei halbsymmetrischen Satzobjektiven, bei denen die beiden Einzelhälften von verschiedener Größe und Brennweite sind, können die Objektivhälften für sich als Einzelobjektive Verwendung finden. Ein halbsymmetrisches Satzobjektiv vereinigt dann sogar drei Brennweiten in sich, die des Gesamtsystems und die der beiden Einzelglieder.

Geeignet sind Satzobjektive für technische, industrielle, Architektur- und Innenaufnahmen. Sie waren früher wegen ihrer Eigenschaften sehr geschätzt, sind jedoch heute für den allgemeinen Gebrauch durch die Anwendung von Vorsatzlinsen an den Objektiven abgelöst worden und spielen nur noch bei bestimmten technischen Arbeiten eine Rolle.

4. Doppelobjektive mit vier freistehenden Linsen

Jede Objektivhälfte des Collinears und des Orthostigmaten setzt sich aus einer bikonkaven und einer bikonvexen Linse zusammen, die einen sammelnden Meniskus niedrigerer Brechzahl als die Außenlinsen einschließen. Ersetzt man diesen Meniskus durch eine Linse der Brechzahl 1, also durch Luft, erhält man ein Objektiv, dessen Hälften aus nur zwei Bilinsen mit einer dazwischenliegenden Luftlinse in Form eines sammelnden Meniskus bestehen. Diese Objektivform aus vier freistehenden Linsen, paarweise symmetrisch um eine Mittelblende angeordnet, kann man sich auch aus einem Aplanaten durch Aufspalten der Kittflächen entstanden denken.

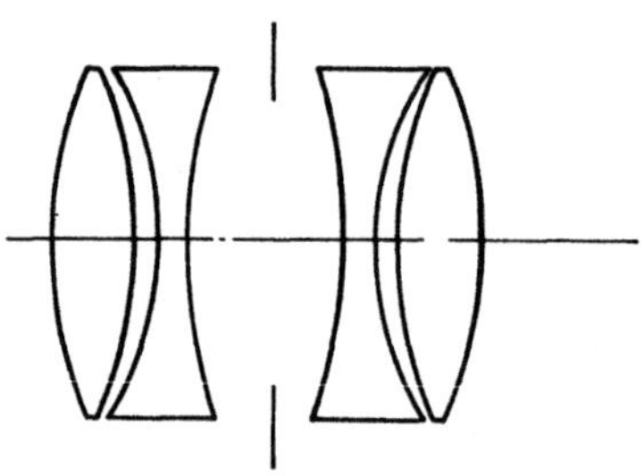

Bild 37. Celor von *Goerz*

Objektive dieser Bauform weisen neben guter anastigmatischer Bildfeldebnung nur sehr geringe Zonenfehler und eine recht gute Farbkorrektion auf. Dagegen sind beträchtliche Komafehler vorhanden, da sich eine aus zwei einzelnen freistehenden Linsen bestehende Objektivhälfte eines Doppelobjektives, sofern die astigmatischen Fehler und die Bildfeldwölbung behoben sein sollen, im allgemeinen nicht auf Koma korrigieren läßt. Durch stärkeres Abblenden kann die Koma zwar auf ein erträgliches Maß heruntergedrückt werden, doch wird sie nie soweit zu reduzieren sein, wie es bei den verkitteten Objektivhälften der Doppelobjektive möglich ist.

1901 brachte die Firma *Goerz* zwei symmetrische, aus vier freistehenden Bilinsen aufgebaute Doppelobjektive auf den Markt: das **Celor** der Lichtstärke 1 : 4,5 und das nach derselben Konstruktion gebaute lichtschwächere **Syntor** 1 : 6,3, die beide starke Komafehler aufwiesen. Diesen Nachteil, den die nach Konstruktionen *E. v. Hoeghs* erstellten, wegen ihres einfachen und gedrungenen Baues und ihrer übrigen guten Korrektureigenschaften ansprechenden Objektive besaßen, versuchte *W. Zschokke* durch Abweichen von der Symmetrie zu beheben. In seinem **Dogmar** 1: 4,5, 1: 5,5 und 1: 6,3 wurde der gedrängte Bau des Celors beibehalten; die einzelnen Objektivfehler ließen sich so gut beheben, daß das Dogmar nicht nur eine Verbesserung dieses Objektives darstellte, sondern daß es sogar möglich wurde, die beiden in ihrer Brennweite verschieden langen Objektivhälften mit kleiner Blende auch einzeln zu verwenden. Für Sport- und Luftbildaufnahmen wurde das Dogmar mit einer Lichtstärke 1:3,5 ausgeführt.

Eine Zusammenstellung zweier durch passende Glaswahl achromatisierter und durch geeignete Durchbiegung und entsprechenden Abstand sphärisch korrigierter Objektive aus je einer unverkitteten Bikonvex- und Bikonkavlinse zu einem vierlinsigen symmetrischen Doppelobjektiv ergab das **Unofokal** *Steinheils*, das frei von Verzeichnung und Farbvergrößerungsfehler bei nicht zu großen Lichtstärken nur unbedeutende Komafehler besaß. Bei Aufgabe der strengen Symmetrie durch Verwendung verschiedener Glassorten für die entsprechenden Linsen und Veränderung der Linsenabstände, aber Beibehaltung aller Radien und Linsendicken, ließ sich die Koma sogar vollkommen beseitigen.

Ersetzt man in dem unverkitteten Vierlinser die bikonvexen und bikonkaven Linsen durch sammelnde und zerstreuende Menisken, erhält man ein Objektiv des ***Gauß*-Typs,** das sich in seiner Form einem von *K. F. Gauß* angegebenen Fernrohrobjektiv anlehnt. Es bildet eine der beiden Grundformen moderner Anastigmate und findet sich in modifizierter Form in zahlreichen lichtstarken Objektiven neuerer Bauart wieder. Als symmetrisches oder halbsymmetrisches Objektiv besteht es aus vier freistehenden Menisken, zwei äußeren sammelnden und zwei inneren zerstreuenden. Der zwischen den beiden Linsen jeder Objektivhälfte befindliche Luftraum hat die Gestalt eines zerstreuenden Meniskus. Bis auf Koma lassen sich alle anderen Bildfehler bei merklich großem Bildwinkel gut beheben.

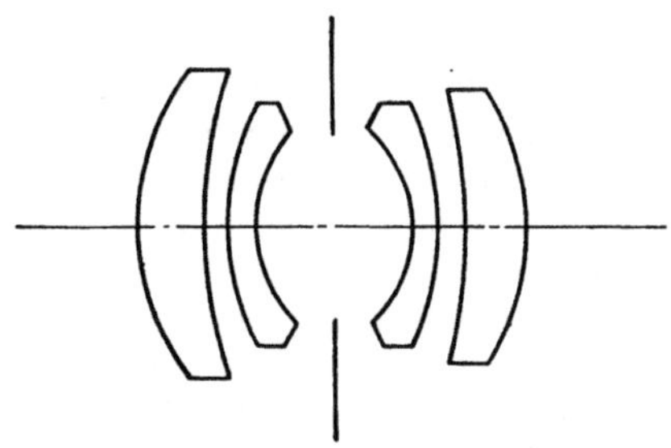

Bild 38. *Gauß*-Typ

Entgegen anfänglichen Schwierigkeiten in der Achromatisierung dieses Objektivtyps, die von *Rudolph* in seinem 1896 erschienenen sechslinsigen **Planar** durch Verkitten der zwei inneren zerstreuenden Menisken aus zwei Linsen behoben wurden, konnte *F. Kollmorgen* nachweisen, daß es sehr wohl möglich ist, auch ohne Erhöhung der Linsenzahl das *Gauß*-Objektiv unter Beibehaltung der anastigmatischen Korrektion zu achromatisieren. Bedingung hierfür ist, daß der Brechwert des sammelnden Meniskus bei kleinerer Dispersion mindestens so groß wie der des zerstreuenden sein muß.

Ein Objektiv dieser Art, das in der äußeren Form dem Planar ähnlich war, jedoch unter Fortfall der Kittflächen aus nur vier einzelnen Menisken bestand, ist der **Aristostigmat** *Hugo Meyers* mit bemerkenswerter Bildfeldebnung, dem ähnliche Objektive anderer Firmen folgten. Es zeigte sich, daß in diesem Objektivtyp auch mit alten, seit langem bekannten Glassorten ein genügend lichtstarker Anastigmat herstellbar ist. Beispiel hierfür ist das **Omnar** der *Emil Busch AG.* in Rathenow, das auf Rechnungen *K. Martins* zurückgeht und in Lichtstärken 1 : 7, später auch 1 : 5,5 und 1 : 4,5, gebaut wurde.

5. Die *Cooke*-Linse von *Taylor*

Neben dem vierlinsigen, in seinen Gliedern symmetrisch zur Blende angeordneten *Gauß*-Objektiv bildet die unsymmetrisch aufgebaute ***Cooke*-Linse** oder das **Triplet,** das 1894 von *H. Dennis Taylor,* dem wissenschaftlichen Leiter der optischen Werkstätte *T. Cooke & Sons* in York (England), geschaffen wurde, die zweite Grundform moderner anastigmatischer Objektive. Drei einzelne freistehende Linsen sind zu einem dreigliedrigen System kombiniert, bei dem Vorder- und Hinterglied aus je einer Sammellinse bestehen, während eine Zerstreuungslinse, von ihnen durch merklich lange Luftabstände getrennt, das Mittelglied bildet. Zwischen Mittel- und Hinterglied, in der Nähe des ersteren, befindet sich die Blende. Dieses einfach aufgebaute und relativ billig herstellbare Objektiv ist für die wesentlichen Bildfehler bis zu mittleren Öffnungen mit wenigen Ausnahmen gut zu korrigieren, auch frei von Koma zu halten.

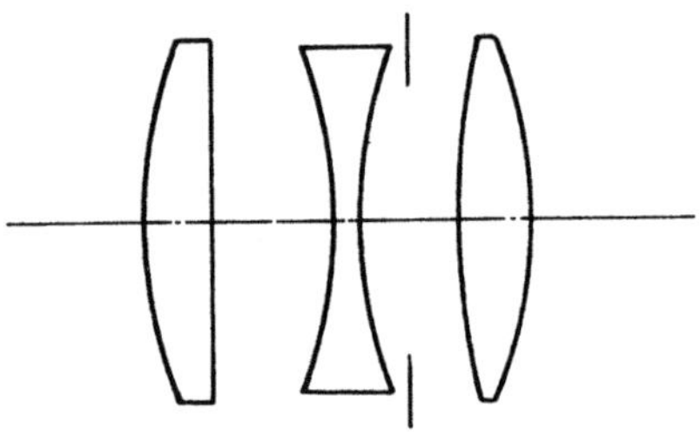

Bild 39. Das Triplet

Die *Voigtländer*schen **Triple-Anastigmaten,** die Ende des vorigen Jahrhunderts als Universal-Anastigmate für Aufnahmen von Gruppen, Landschaften und Architektur in Lichtstärken von 1 : 6,8 und 1 : 7,7, durch Variation in der Glaswahl als **Porträt-Anastigmate** der höheren Lichtstärke 1 : 4,5, gebaut wurden, gehören diesem Objektivtyp an und verdrängten mit ähnlich gebauten Objektiven anderer Hersteller die Aplanate restlos.

Größere Verbreitung hat jedoch das Triplet in seiner einfachsten Form erst ab Mitte der zwanziger Jahre gefunden, seit welchem Zeitpunkt fast alle optischen Firmen in verschiedensten Brennweiten und Lichtstärken billigere Anastigmate dieses Typs mit guter bis mittlerer Bildleistung herstellen. Im allgemeinen liegen die Lichtstärken um 1 : 3,5 und darunter, doch sind in den letzten Jahren auch Dreilinser der Lichtstärke 1 : 2,8 mit einer für diesen Objektivtyp beachtlichen Leistung auf dem Markt erschienen.

Außer als Objektiv in preisgünstigen Amateurkameras hat der einfache unverkittete Dreilinser besonders auch in der Projektionsoptik Verwendung gefunden (siehe Seiten 62 und 103).

Eine Steigerung der Leistungsfähigkeit der *Cooke*-Linse wurde bald nach ihrem Erscheinen durch Aufspaltung der Einzellinsen und Einführung von Kittgliedern ermöglicht. Derartige Tripletvariationen, die in ihren diversen Ausführungsformen an anderer Stelle ausführlich gewürdigt werden, erlauben bei Verbesserung der restlichen Zonenfehler eine beachtliche Erhöhung der Lichtstärke.

Ein Vorteil des dreigliedrigen Triplets besteht in der Möglichkeit, an Stelle der Schneckengangeinstellung bei Kameras mit festem Auszug die Frontlinseneinstellung anzubringen. Während zur Überbrückung des Einstellbereiches von Unendlich bis Nah bei ersterer das ganze Objektiv weiter aus der Kamera herausgeführt werden muß, genügt bei der Frontlinseneinstellung eine geringe Verschiebung der Vorderlinse des Triplets. Diese Frontlinse hat eine wesentlich kürzere Brennweite als das Gesamtobjektiv, eine geringe Verschiebung ändert die Bildweite des Triplets erheblich. Zur Naheinstellung wird der Abstand der Vorderlinse von der Mittellinse vergrößert, die Vorderlinse in ihrer Fassung etwas herausgedreht, so daß das von ihr entworfene Bild wieder an die gleiche Stelle im Objektiv zu liegen kommt wie bei einer Einstellung auf die Ferne. Selbstverständlich verschlechtert sich durch die Verschiebung der Frontlinse der Korrekturzustand des Gesamtobjektivs, so daß Frontlinseneinstellung nur bis zu Öffnungen von 1 : 3,5 oder 1 : 4,5 tragbar ist.

6. Weitwinkelobjektive

Bei normalen Aufnahmeobjektiven, auch Universalobjektive genannt, ist die Diagonale des Bildwinkels etwa gleich der Brennweite des Objektives. Sie erscheint daher vom Objektiv aus für alle Normalobjektive unter einem bestimmten, annähernd gleichgroßen Winkel, dem Bildwinkel, der entsprechend der Bauart des Objektives rund 40 bis 60° beträgt. Wird die Brennweite kürzer als normal, rückt die Bildebene näher an das Objektiv heran. Der zur Auszeichnung des Formats benötigte Bildwinkel wird in diesem Falle größer. Objektive mit besonders großem Bildwinkel werden Weitwinkelobjektive genannt.

Ihr Bildwinkel beträgt bei offener Blende meist 70 bis 80°, durch Abblenden wird er auf 100° und mehr vergrößert. Besondere Weitwinkelkonstruktionen weisen noch größere Bildwinkel auf, die sogar 180° übersteigen können.

Überall dort, wo einerseits der Aufnahmestandpunkt nicht weit entfernt vom Aufnahmegegenstand gewählt werden kann, andererseits aber Wert darauf gelegt wird, das Objekt in seiner Ganzheit oder wenigstens zu einem möglichst großen Teil abzubilden, z.B. bei Architekturaufnahmen, Aufnahmen in engen Straßen, in Innenräumen usw., werden Weitwinkelobjektive benötigt und sind dem Photographen für diese speziellen Aufgabengebiete unerläßlich. Da sie mit ihrem großen Bildwinkel viel erfassen, muß bei ihnen der Darstellungsmaßstab kleiner als bei gewöhnlichen Universalobjektiven sein.

Unter Verzicht auf eine größere Lichtstärke lassen sich von den bisher besprochenen Objektivtypen fast die meisten symmetrisch und halbsymmetrisch aufgebauten Objektive als Weitwinkel verwenden. Ihre Lichtstärke beträgt etwa 1 : 6,8 bis 1 : 12 und weniger. So stellte die Firma *Emil Busch AG.* in Rathenow Weitwinkelobjektive der Lichtstärke 1 : 15 in den Brennweiten von 10,5 bis 24 cm her, die in ihrem Aufbau zu den Aplanaten zu rechnen sind.

Ebenso waren die *Rudolph*schen Protare der Lichtstärken 1:9 und 1:18 bekannte Weitwinkel. Ähnlich wie das Periskop aufgebaut ist das von *Emil v. Hoegh* berechnete, im Jahre 1900 von der Firma *Goerz* herausgebrachte und später von *Zeiß* gebaute Weitwinkelobjektiv **Hypergon** mit einem Bildwinkel von 140°. Aus nur zwei Menisken aus schwerstem Barytkon bestehend, besaß es ein in seiner ganzen Ausdehnung geebnetes Bildfeld, war aber nicht frei von sphärischer und chromatischer Aberration. Allerdings hat die sphärische Abweichung bei der für dieses Objektiv gebräuchlichen Lichtstärke von 1 : 22 auf die Schärfe keinen Einfluß mehr, für die Aufnahme wurde sogar auf 1 : 31 abgeblendet, so daß auch die Fokusdifferenz behoben war. Zur Verminderung des bei dem großen Bildfelde unvermeidlichen Lichtabfalles zum Rande hin – alle Weitwinkelobjektive mit extrem großem Bildwinkel weisen starken Lichtabfall von der Mitte zum Rande hin auf – war das Hypergon mit einer rotierenden Sternblende ausgerüstet, die während eines Teiles der Belichtungszeit dem Objektiv vorgeschaltet wurde und eine Überstrahlung der Bildmitte gegenüber den Rändern verhinderte.

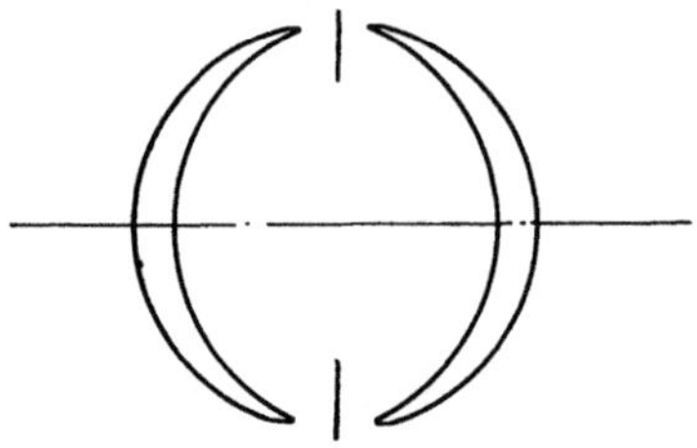
Bild 40. Das Hypergon

Auch wesentliche der heute auf dem Markt befindlichen Weitwinkelobjektive sind als Doppelobjektive gebaut (siehe Seite 85).

Neben diesen symmetrisch aufgebauten Weitwinkelobjektiven finden sich speziell für Kleinbildkameras einige hochgezüchtete unsymmetrische Weitwinkelkonstruktionen, die bei guter Bildleistung Lichtstärken von 1 : 3,5 und höher aufweisen. Charakteristisch ist für sie ein stark durchgebogener negativer Meniskus großen Durchmessers als Frontlinse, der ein virtuelles Bild entwirft, das von den nachfolgenden als mehrgliedriges Sammelsystem ausgebildeten Linsen des Objektives in der Filmebene abgebildet wird. Bei nicht zu starker Weitwinkelwirkung ergeben derartig aufgebaute Objektive Aufnahmen, die allen heute an die Leistungen eines Weitwinkelobjektives zu stellenden Anforderungen gerecht werden.

Sie sind abgeleitet von Weitwinkelkonstruktionen, die für besondere wissenschaftliche Zwecke, wie Luftbild- und Astrophotographie, geschaffen wurden. Mit diesen Überweitwinkeln können Bildwinkel bis zu 180° und darüber erfaßt werden, natürlich ohne Beseitigung der zu den Bildrändern immer stärker werdenden Verzeichnung. Aus Korrekturgründen ist bei ihnen die Frontlinse in mehrere Glieder aufgespalten.

7. Teleobjektive

Zur Abbildung eines weit entfernten Gegenstandes in größerem Maßstab benötigt man nach den Abbildungsgesetzen ein Objektiv langer Brennweite, das gegenüber den kurzbrennweitigen Objektiven auch eine größere Bildweite besitzt. Sie macht aber die Benutzung einer Kamera mit sehr langem Auszug erforderlich, die einmal schwer und unhandlich, zum andern auch teuer ist.

Teleobjektive, das Gegenstück zu den Weitwinkelobjektiven, vermeiden einen großen Auszug. Im Gegensatz zu Normalobjektiven, bei denen die hintere Hauptebene des Gesamtsystems innerhalb oder sehr nahe an den Linsen des Objektives steht, so daß der Kameraauszug praktisch ebenso groß wie die Brennweite sein muß, liegen bei Teleobjektiven die Hauptebenen vor den Objektivgliedern. Die Entfernung des letzten Linsenscheitels von der Auffangebene verkürzt sich dadurch erheblich, der Kameraauszug bleibt kurz und entspricht dem eines bedeutend kürzerbrennweitigen Normalobjektives.

Ein sammelndes Vorderglied ist mit einem hinter der Blende gelegenen und durch einen größeren Luftabstand getrennten negativen Hinterglied kombiniert, das sich innerhalb der Brennweite des Vordergliedes befindet. Das Negativglied wirkt wie eine Lupe, es vergrößert das vom Vorderglied erfaßte Bild. Durch das Vorrücken der Hauptpunktslage des Gesamtsystems vor die erste Linse und durch die Verlängerung der Schnittweite vergrößert sich auch die Brennweite. Obwohl nur weniger als der halbe normale Kameraauszug erforderlich ist, erhält man so bei kleinem Bildwinkel von rund 20 bis 30° einen großen Darstellungsmaßstab.

Für Zwecke der Fernrohrbeobachtung war eine derartige Kombination einer Sammel- und einer Zerstreuungslinse mit größerem Luftabstand zwischen den Gliedern im astronomischen Fernrohr seit langem bekannt. Als Teleobjektiv zur photographischen Aufnahme entfernter Objekte wurde es erstmalig 1851 von *J. Porro* vorgeschlagen. Ende der achtziger Jahre des vorigen Jahrhunderts berechnete *A. Steinheil* ein Teleobjektiv für astronomische, wenig später eines für terrestrische Aufnahmen. Zur selben Zeit errechneten andere optische Konstrukteure, wie *Dallmeyer* und *Miethe*, weitere ähnlich gebaute Teleobjektive.

Allen diesen älteren Teleobjektiven gemeinsam war der Aufbau aus einem für sich schon korrigierten negativen Hinterglied und einem vorgeschalteten Positivglied, dessen Abstand zum Negativglied variabel war. Dadurch ergaben sich gegenüber dem Normalobjektiv bei kurzem Balgenauszug die Vorteile einer veränderlichen Brennweite und Bildgröße. Ein großer Nachteil dieser Objektive lag in ihrer geringen Lichtstärke und in ihrer im Verhältnis zu den Normalobjektiven schwächeren Bildleistung.

Da es unmöglich ist, für mehr als einen Abstand zwischen Vorder- und Hinterglied auf Bildschärfe zu korrigieren, verzichtete man bald auf die Veränderlichkeit der Vergrößerung und begnügte sich mit dem Vorteil des kurzen Balgenauszuges. An Stelle eines Objektives mit veränderlichem Tubus baute man nun Teleobjektive mit festem Tubus, die dann auch ohne weiteres in Kameras mit festem Auszug einbaubar waren und gegenüber den älteren Objektiven dieser Art eine ganz erheblich bessere Bildleistung ergaben. Die sphärische Abweichung ließ sich unter gleichzeitiger Erfüllung der Sinusbedingung und der Komafreiheit verhältnismäßig leicht beseitigen. Schwieriger war schon die

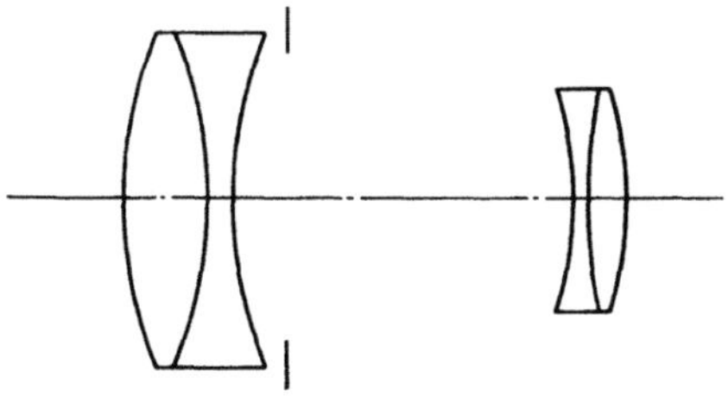

Bild 41. Bis-Telar von *Busch*

Korrektur von Astigmatismus, Bildfeldwölbung und Verzeichnung. Da aber jetzt das System als Einheit – Positiv- und Negativglied zusammen – errechnet wurde, konnten auch diese Bildfehler gemindert bzw. behoben werden. Gleichzeitig wurde die Lichtstärke der Teleobjektive vergrößert.

Eines der ersten Teleobjektive verbesserter Art ist das **Bis-Telar** der Firma *Busch* (Errechner *K. Martin*) aus dem Jahre 1901 mit der Öffnung 1 : 9, später

1 : 7. Bei einer Brennweite von 240 mm und einem Auszug von 140 mm zeichnete es das Format 9 × 12 cm aus. Leistungsmäßig kam es einem Aplanaten gleicher Öffnung nahe.

Von der Firma *Zeiß* in Jena wurde kurze Zeit danach das **Magnar** 1 : 10 entwickelt, das ein unverzeichnetes Bildfeld von 15° ergab. Eine Bikonvexlinse mit einer Plankonkavlinse verkittet bildeten das Vorderglied, während das ebenfalls verkittete Hinterglied dreilinsig war und aus einer Bikonvexlinse, einer davorstehenden Bikonkavlinse und als letzter Linse einer Plankonkavlinse bestand. Der Abstand vom Scheitel der Frontlinse bis zur Auffangebene betrug nur etwa die Hälfte der Brennweite, der Abstand zwischen letztem Linsenscheitel und Auffangebene war nur unwesentlich länger als ein Viertel der Brennweite.

Aus je zwei freistehenden Linsenpaaren als Vorder- und Hinterglied aufgebaut war das **Telegor** von *Goerz* (Errechner *Fr. Weidert*), das eine Steigerung der Lichtstärke auf 1 : 6,3 brachte. Das Bildfeld von 25° war fast frei von Verzeichnung, die mittlere Schärfe sehr gut. Gut behoben waren chromatische und sphärische Aberration sowie die Koma. Bis zu 8° Bildwinkel war dieses Teleobjektiv auch frei von Astigmatismus, bei größeren Bildwinkeln blieb jedoch ein geringer astigmatischer Restfehler.

NEUERE PHOTOGRAPHISCHE OBJEKTIVE

I. Aufnahmeobjektive

Blieb noch zum Ausgang des vorigen Jahrhunderts die Zahl der im Handel befindlichen photographischen Objektive und Kameras auf einige wenige wichtige Typen und Ausführungsformen beschränkt, die mit geringen Ausnahmen fast nur auf die Belange des Berufsphotographen abgestellt waren, trat nach der Jahrhundertwende ein entscheidender Wandel ein. Aus und neben der Berufsphotographie entwickelte sich die Amateurphotographie, aus dem Arbeitsgebiet einer kleinen Berufsgruppe wurde die Liebhaberei von Hunderttausenden und Millionen.

Mit der Verbreiterung des Benutzerkreises über die nur beruflich und technisch an der Photographie Interessierten hinaus wurde im Kamerabau eine Entwicklung eingeleitet, die zu der Vielzahl und dem technischen Hochstand der heute auf dem Markt befindlichen Kameratypen führte. Bedeutenden Einfluß hierauf hatte einmal vor dem ersten Weltkrieg die Erfindung der Klappkamera und zum anderen in den zwanziger Jahren die Einführung der Kleinbildkamera und des 35 mm breiten Kinonormalfilms als Aufnahmematerial.

Daß auch die Objektiventwicklung mit der technischen Weiterentwicklung des Kamerabaues Schritt halten mußte, liegt auf der Hand. Es ergab sich die Notwendigkeit, bereits bewährte ältere Objektivkonstruktionen zu verbessern und sie dem jeweils herrschenden Kamerasystem anzupassen oder aber neue und moderne, vor allem lichtstarke Objektive zu schaffen, die für den dafür vorgesehenen Anwendungszweck ein Optimum an Qualität und Leistung darstellen.

Gerade der mächtige Aufschwung der Kleinbildphotographie machte eine stete Leistungssteigerung in der Objektiventwicklung und -fertigung erforderlich. So gelang es, die Lichtdurchlässigkeit, das Auflösungsvermögen, die farbliche Bildwiedergabe zu verbessern, die restlichen Bildfehler noch weiter zu vermindern. Dabei ging Hand in Hand mit der Steigerung der optischen Qualität eine laufende Verbesserung der mechanischen Konstruktion und Fertigung.

Durch die recht große Spanne in den Güteanforderungen wurde es notwendig, einen und denselben Objektivtyp in verschiedenen Leistungsklassen und von mehreren Herstellern entwickeln und fertigen zu lassen. Besonders bei den Aufnahmeobjektiven führte dies zu einer derartigen Fülle von Objektivkonstruktionen, daß sie alle zu nennen im Rahmen dieses Buches nicht möglich ist. Doch soll versucht werden, für jeden wichtigen Objektivtyp wenigstens einige bekannte und markante Vertreter unter den z. Z. gebräuchlichen Objektivarten herauszustellen und an ihrem Aufbau und ihren Leistungen einen Querschnitt durch den Stand der heutigen Objektiventwicklung zu geben.

A. TRIPLET UND TRIPLETVARIATIONEN

1. Tripletobjektive

Trotz seines einfachen Aufbaues als unverkitteter Dreilinser erfüllt das Triplet bereits erhebliche Anforderungen an Schärfen- und Kontrastleistung. Durch die Verwendung neuer hochbrechender Krongläser für die Sammellinsen und durch den Einsatz moderner Berechnungsmethoden, die eine stark verbesserte Korrektion der verschiedenen Bildfehler ermöglichen, läßt sich bei entsprechender präziser Ausführung eine für diesen Objektivtyp recht gute Bildqualität erzielen. Gegenüber den älteren Dreilinsern weisen die modernen Triplets besonders eine Verbesserung der anastigmatischen Korrektion und eine Verminderung der restlichen sphärischen Fehler auf. Damit ist die Möglichkeit gegeben, vor allem bei den kurzbrennweitigen Kleinbild- und Kleinstbildobjektiven, eine über die für Dreilinser früher im allgemeinen gebräuchliche Lichtstärke von 1 : 3,5 und 1 : 4,5 hinausgehende Steigerung auf 1 : 2,8 vorzunehmen, ohne daß die Bildgüte sichtbar verschlechtert wird. Bei sorgfältiger und genauer Fertigung lassen sich Dreilinser der Lichtstärke 1 : 2,8 herstellen, die bezüglich Brillanz und Auflösungsvermögen, zumindest in den mittleren Bildbereichen, einen Vergleich mit gleichlichtstarken Vierlinsern nicht zu scheuen brauchen.

Als Normalobjektive mit einem Bildwinkel von 40 bis 55° sind unverkittete Dreilinser in den Brennweiten von 35 bis 105 mm in zahlreichen Kleinbildkameras und Kameras der Formate 6×6 und 6×9 cm anzutreffen. Auch für Kameras mit größeren Bildformaten 9×12, 13×18 cm usw. umgerechnet, hat sich das Triplet in Lichtstärken von 1 : 4,5 und 1 : 6,3 als universell verwendbares Objektiv für die in diesen Bildgrößen anfallenden photographischen Aufgaben bewährt.

Gegenüber vier- und mehrlinsigen Objektiven sind im Dreilinser die Korrektionsmöglichkeiten geringer, da dem optischen Konstrukteur nur sechs Linsenflächen als Korrektionsmittel zur Verfügung stehen. Trotzdem ist es der Objektive herstellenden Industrie gelungen, mit dem modernen unverkitteten Dreilinser einen leistungsfähigen, dabei preiswerten Objektivtyp zu schaffen, der mit seinem relativ guten Auflösungsvermögen und hohem Kontrast für die vielseitigen Aufnahmegebiete des Amateurs, wie Landschaften, Innen-, Kunstlicht- und Blitzlichtaufnahmen, einsetzbar ist.

Die Dreilinser werden sowohl als festeingebaute Objektive mit Schneckengangeinstellung wie als Objektive mit Frontlinseneinstellung gefertigt. Letztere haben ihren günstigsten Korrektionszustand bei den gebräuchlichsten Aufnahmeentfernungen von 3 bis 5 m. Für Aufnahmen in näherer oder weiterer Entfernung verschlechtert sich die Bildqualität ein wenig, durch Abblenden kann die Leistungsminderung jedoch ausgeglichen werden.

Mit einem Gesichtsfeld von rund 50° als Normalobjektiv zeigt das einfache Triplet für Strahlenneigungen unter 10 bis 15° gegen die Achse leichten Astigmatismus. Ihn zu beseitigen ist möglich, sobald der Dreilinser als langbrennweitiges Objektiv mit entsprechend kleinerem Bildwinkel, also als einfaches Fernobjektiv leichter Bauart, speziell für Kleinbildkameras, verwendet wird. Objektive längerer Brennweite mildern die oft durch die Normal- oder Standardobjektive übertrieben dargestellte Perspektive. Günstig wirkt sich dieser

Umstand vor allem bei Aufnahmen aus geringerer Entfernung, z. B. bei Porträtaufnahmen, aus, bei denen unerwünschte perspektivische Verzerrungen vermieden werden können. Für reine Fernaufnahmen, wie Landschafts- und Architekturaufnahmen, ist die vergrößernde Darstellung gegenüber dem normalbrennweitigen Objektiv von Bedeutung. Das im Kleinbildformat nur klein und in der Ferne wiedergegebene Motiv wird herangeholt und groß in den Bildraum gesetzt.

Schon eine 1½fache Brennweitenverlängerung gegenüber der Normalbrennweite, wie sie im **Alsetar,** 1 : 3,5/*f* = 75 mm der französischen Firma *Angénieux* (*Éts*), Saint Heand (Loire), für die Kleinbildkameras Alpa-Reflex und Alpa-Prisma-Reflex gegeben ist, erzielt eine merkbare „heranholende" Wirkung. Der Bildwinkel dieses Objektives beträgt 32°.

Länger als normal ist auch die Brennweite des **Triotars** 1 : 4, *f* = 85 mm, Bildwinkel 28°, der Firma *Carl Zeiß*, Oberkochen, für das Kleinbildformat 24 × 36 mm. Beim **Westar** 1 : 2,8, *f* = 80 mm der Firma *Isco* in Göttingen ist der Bildwinkel mit 30° etwas größer. Durch die Verkleinerung des Gesichtsfeldes konnte die Bildschärfe so gesteigert werden, daß das Bildfeld innerhalb des angegebenen Winkelbereiches als geebnet anzusehen ist. Von der gleichen Herstellerin stammt auch das Kleinbildobjektiv **Westar** 1 : 4,5, *f* = 100 mm mit dem kleineren Bildwinkel von 24°.

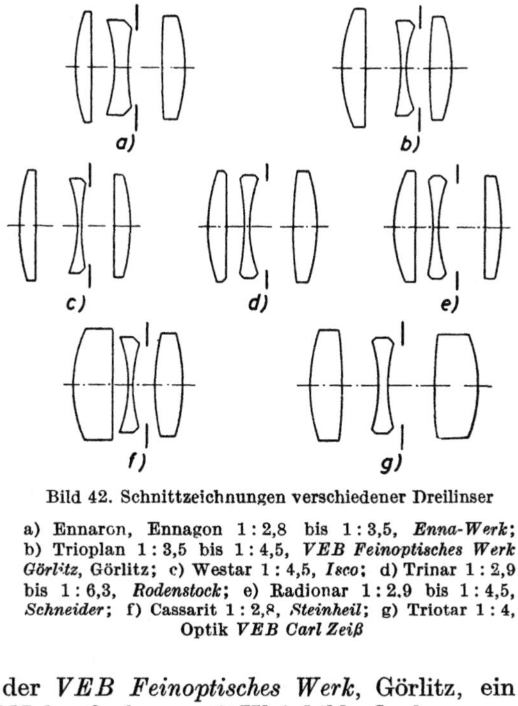

Bild 42. Schnittzeichnungen verschiedener Dreilinser

a) Ennaron, Ennagon 1 : 2,8 bis 1 : 3,5, *Enna-Werk*; b) Trioplan 1 : 3,5 bis 1 : 4,5, *VEB Feinoptisches Werk Görlitz*, Görlitz; c) Westar 1 : 4,5, *Isco*; d) Trinar 1 : 2,9 bis 1 : 6,3, *Rodenstock*; e) Radionar 1 : 2,9 bis 1 : 4,5, *Schneider*; f) Cassarit 1 : 2,8, *Steinheil*; g) Triotar 1 : 4, Optik *VEB Carl Zeiß*

Wegen seiner langen Brennweite und relativ großen Öffnung ist das **Trioplan** 1 : 2,8, *f* = 100 mm der *VEB Feinoptisches Werk*, Görlitz, ein beliebtes Objektiv für Porträt- und Nahaufnahmen mit Kleinbildreflexkameras. Daneben eignet es sich mit seiner Blendenvorwahleinrichtung für die Aufnahme schnell bewegter Objekte aus größerer Entfernung (Sportaufnahmen, Schnappschüsse).

Von noch längerer Brennweite ist das **Triotar** 1 : 4, *f* = 135 mm der Optik *VEB Carl Zeiß* in Jena, mit nur 16° Bildwinkel ein bekanntes einfaches Fernobjektiv für Kleinbildreflexkameras.

In ihrem schematischen Aufbau – drei einzelstehende Linsen, eine Sammel-, eine Zerstreuungs- und eine Sammellinse, meist mit der Blende zwischen der zweiten und dritten Linse – sind alle Dreilinser einander gleich. Die für die einzelnen Fabrikate charakteristischen Unterschiede in Leistung und Lichtstärke ergeben sich aus der Wahl der verwendeten Glasarten, Abstand, Dicke und Oberflächenkrümmung der drei Einzellinsen. Das Bild 42 zeigt eine Zusammenstellung mehrerer Triplets von sieben verschiedenen Herstellerfirmen.

2. Tripletvariationen mit verkittetem Hinterglied

Durch die Aufspaltung einer oder mehrerer Linsen des einfachen Dreilinsers in verschiedene Einzellinsen sowie durch die Einführung von sammelnden Kittflächen läßt sich die Leistungsfähigkeit des Triplets erheblich steigern. Besonders wirkungsvoll zur Verkleinerung der bei einem Dreilinser noch vorhandenen Restfehler ist die Aufspaltung der Hinterlinse in zwei Einzellinsen, die durch eine sammelnde Kittfläche, deren konvexe Seite der Blende zugekehrt ist, verbunden sind. Der unsymmetrische, halbverkittete Vierlinser ist ein dreigliedriges vierlinsiges Objektiv mit zwei vor der Blende angeordneten freistehenden Linsen, einer Sammel- und einer von ihr durch einen Luftabstand getrennten bikonkaven Zerstreuungslinse; sein Hinterglied ist ein Kittglied sammelnder Wirkung aus einer Zerstreuungs- und einer Sammellinse.
Die Zahl der Triplets mit verkitteter Hinterlinse ist groß. Fast alle optischen Firmen haben diesen Objektivtyp in ihr Fertigungsprogramm aufgenommen; er wurde leistungsmäßig so gesteigert und vervollkommnet, daß er heute die weitaus beste Objektivform eines Vierlinsers darstellt.
Der Urtyp dieser Tripletvariation ist das **Tessar,** von *P. Rudolph* errechnet (DRP. Nr. 142294) und erstmalig 1902 von der Firma *Zeiß* mit der relativen Öffnung 1 : 6,3 gebaut. Weitere Ausführungsformen dieses Objektives mit relativen Öffnungen 1 : 4,5 und 1 : 3,5 nach Berechnungen von *P. Rudolph* und *E. Wandersleb* folgten bald. Bei nur geringen sphärischen Zonenfehlern, bester Mittenschärfe und guter komatischer Korrektion waren die Tessare über ein großes Bildfeld praktisch frei von Astigmatismus und Bildfeldwölbung, so daß sie auch bei größeren Öffnungen noch Reproduktionsansprüchen genügten. Für einen Bildwinkel von mehr als 60° war die Verzeichnung behoben.
Ihre Einführung setzte das Leistungsniveau der Objektive mittlerer bis größerer Lichtstärke bedeutend herauf. Als eines der anerkannten Spitzenobjektive wird auch heute nach über 50 Jahren, natürlich dem technischen Fortschritt entsprechend weiterentwickelt, das Tessar mit relativen Öffnungen bis 1 : 2,8 in vielen bekannten Markenkameras als Standard- und Auswechselobjektiv eingebaut. In seinem Aufbau ist das Tessar Vorbild für eine große Reihe von gleich- und ähnlich gebauten Objektiven geworden, so daß mit einer gewissen Berechtigung der Typ einer Tripletvariation mit verkittetem Hinterglied direkt als Tessartyp bezeichnet wird.
Von wesentlichem Einfluß auf die Größe der erreichbaren Steigerung in der Bildleistung, besonders auf die Achromasiebedingung, ist eine geeignete Glaswahl für die einzelnen Objektivglieder. Die Entwicklung, die das Triplet mit verkittetem Hinterglied im letzten Jahrzehnt durchgemacht hat, gibt ein sehr anschauliches Beispiel dafür. Viele moderne Objektive dieses Typs, die hinsichtlich Kontrastleistung, Schärfenzeichnung und gleichguter Eignung für Schwarzweiß- und Farbenphotographie Forderungen erfüllen müssen, die noch vor wenigen Jahren als nicht erreichbar angesehen wurden, sind abgeänderte ältere Konstruktionen, bei denen außer durch vertiefte Erkenntnisse in der Berechnung optischer Systeme vor allem durch den Einsatz neuerer optischer Gläser, Tiefflinte und Schwerkrone Verbesserungen erreicht wurden, die sich insbesondere in einer Behebung der chromatischen Aberrationen der Koma und einer Auflösungssteigerung in den seitlichen Bildfeldteilen auswirken.
Das *Voigtländer*sche **Color-Skopar,** durch *A. W. Tronnier* aus dem älteren Skopar weiterentwickelt und auf ein dem technischen Fortschritt entsprechen-

des Leistungsniveau gebracht, ist das erste Objektiv dieser Art. Es leitete mit seinem Erscheinen nach dem zweiten Weltkrieg eine Reihe von Objektivneu- und -umkonstruktionen ein, die speziell auf die Belange der Farbenphotographie abgestimmt als Hochleistungsobjektive verschiedenster Bauart und Lichtstärke entwickelt wurden. Bei ihm sind einerseits die Farbfehler höherer Art in den seitlichen Bildfeldteilen, die für die Farbenphotographie so wichtigen chromatischen Lateralaberrationen, erheblich verbessert worden, zum andern ließen sich die außeraxialen Kontrast- und Auflösungsleistungen wesentlich steigern. Damit weist das Color-Skopar gegenüber älteren Tripletvariationen mit verkittetem Hinterglied einen augenfälligen technischen Fortschritt auf Die Korrektion der Farbquerfehler in den seitlichen Bildteilen wurde soweit geführt, daß eine strenge Farbvereinigung für drei Hauptfarben erzielt wurde.

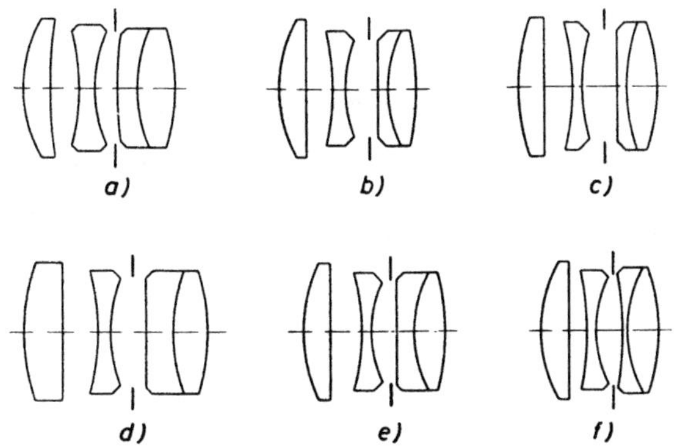

Bild 43. Triplets mit verkittetem Hinterglied

a) *Zeiß* Tessar 1 : 3,5/105 mm; b) *Voigtländer* Color Skopar 1 : 3,5/50 mm; c) *Agfa* Solinar 1 : 2,8/50 mm; d) *Steinheil* Culminon 1 : 4,5/135 mm; e) *Meyer* Primotar 1 : 3,5/85 mm; f) *Rodenstock* Ysar 1 : 3,5/50 mm

In den Lichtstärken 1 : 2,8 und 1 : 3,5 ist das vierlinsige Triplet mit verkitteter Hinterlinse – das **Color-Skopar, Ektar, Elmar, Ennit, Solinar, Tessar, Travenar, Xenar, Ysar,** um nur einige bekannte Markenobjektive dieser Gattung und Lichtstärke zu nennen – für den Besitzer einer Kleinbildkamera oder einer Kamera 6 × 6 cm das ideale Universal- und Standardobjektiv. Für größerformatige Kameras 6 × 9 cm, 9 × 12 cm und hinauf bis zum Bildformat 30 × 40 cm sind Objektive in den Lichtstärken 1 : 3,5 und 1 : 4,5 und in Brennweiten bis 480 mm bestimmt. Die langen Brennweiten sind dabei für die Aufgaben des Berufsphotographen vorgesehen, der wegen ihrer guten optischen Eigenschaften gern mit Triplets mit verkittetem Hinterglied arbeitet. In kürzeren Brennweiten werden die Objektive in Amateurkameras mittlerer bis hoher Preislage eingebaut.

Überall dort, wo auf höchste Lichtstärke verzichtet werden kann, wo aber unter normalen Lichtverhältnissen vollkommene Bildschärfe und Tonwertrichtigkeit, vereint mit feinster Detailzeichnung, wo eine einwandfreie Farbwiedergabe über das ganze Bildfeld bei Farbaufnahmen verlangt wird, ist das Triplet mit verkittetem Hinterglied als Aufnahmeobjektiv bestens geeignet. Landschaftsaufnahmen, Porträts und Stilleben, Architekturaufnahmen, Schnappschüsse, Reproduktionen und Aufnahmen der technischen Photographie lassen sich mit ihm durchführen. Mit einer Brennweite länger als normal holt es als Fernobjektiv bei Porträtaufnahmen, Aufnahmen von Architekturdetails und Stilleben sowie bei Sport- und Tieraufnahmen das Motiv näher heran und bildet es formatfüllend ab.

Für den Einbau in einäugige Spiegelreflexkameras sind einige Objektive verschiedener Hersteller in Fassungen mit Blendenvorwahleinrichtung eingebaut. Die zur Aufnahme gewünschte meist kleinere Blendenöffnung kann vorher fest-

gelegt werden. Die Scharfeinstellung des Objektives nach dem Mattscheibenbild erfolgt bei offener Blende; die bei der größten Blende geringe Tiefenschärfe erleichtert das Einstellen. Zur Aufnahme wird auf die vorher eingestellte Aufnahmeblende automatisch zurückgeschaltet.
Je nach Verwendungszweck, Brennweite, Lichtstärke und Art des Kameraeinbaues werden Triplets mit verkittetem Hinterglied als Frontlinsenobjektive, Objektive in Schneckengangfassung oder in Normalfassung bzw. versenkter Fassung geliefert.

3. Tripletvariationen mit verkittetem Vorderglied

Etwas weniger wirkungsvoll als im Hinterglied ist die Einführung einer Kittfläche im Vorderglied des Triplets. So ist auch gegenüber der Vielzahl von Ausführungsformen einer Tripletvariation mit verkittetem Hinterglied die Zahl der

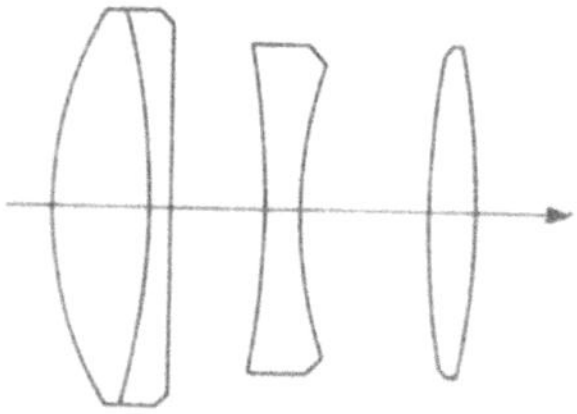

Bild 44. Westanar 1 : 3,5/135 mm

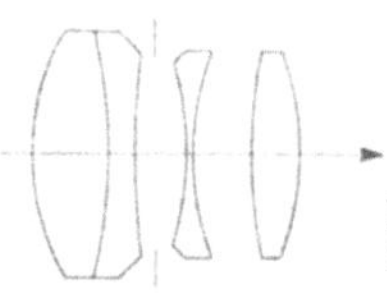

Bild 45. Culminar 1 : 2,8/85 mm

Triplets mit einer Kittfläche im Vorderglied nur gering. 1919 brachte *Voigtländer und Sohn* nach Berechnungen *R. Richters* den **Avus-Anastigmat** 1 : 6,8 heraus, der aus einer verkitteten Doppellinse mit einer gegen die Blende gewölbten sammelnden Kittfläche, einer freistehenden Bikonkavlinse und einer hinter der Blende stehenden Bikonvexlinse aufgebaut war. Auch der für Porträtzwecke in längeren Brennweiten von *H. Deser* berechnete **Heliostigmat** 1 : 2,5 der gleichen Firma aus dem Jahre 1925, bei dem durch entsprechende Glaswahl in der vorderen Doppellinse die Kittfläche zerstreuend wirkte, zeigte den gleichen Systemaufbau.
An neueren Objektiven dieser Bauart sind das **Westanar** 1 : 3,5/135 mm der Firma *Isco* und das **Culminar** 1 : 2,8/85 mm der Firma *Steinheil* zu nennen. Für das Bildformat 24 × 36 mm sind sie mit ihrer langen Brennweite und relativ hohen Lichtstärke bei einem Bildwinkel von 19° (Westanar) bzw. 28° (Culminar) besonders für Architektur-, Sport-, Theater- und Porträtaufnahmen bestimmt; das Westanar ist bereits als ausgesprochenes Fernobjektiv anzusehen. Bei ihm liegt die Blende, als Vorwahlblende ausgeführt, im vorderen Luftraum.

4. Tripletvariationen mit verkittetem Vorder- und Hinterglied

Tripletvariationen mit verkittetem Vorder- und Hinterglied sind vor allem von der Firma *Voigtländer AG.* in Braunschweig entwickelt und auf den Markt gebracht worden. Um die Jahrhundertwende rechnete *H. Harting* den einfachen Dreilinser vollständig um und führte zur Steigerung der Leistungsfähigkeit der Triplets im ersten und letzten Glied sammelnde Kittflächen ein. Nach seinen Angaben entstand das **Heliar,** das seit dem Jahre 1902 als ein wegen seiner günstigen Korrektionseigenschaften von Berufsphotographen und Amateuren sehr geschätztes fünflinsiges dreigliedriges Objektiv hergestellt wird. Vorder- und Hinterglied des Heliars, das in Lichtstärken 1:3,5 und 1:4,5 besonders in längeren Brennweiten gebaut wird, sind sammelnde Kittglieder, die von dem Mittelglied, einer freistehenden Zerstreuungslinse, durch Luftabstände getrennt sind. Die Blende befindet sich im zweiten Luftraum. Bei ausgezeichnetem Auflösungsvermögen feiner Details auch bei offener Blende und starken Kontrasten ermöglicht das Heliar eine plastisch wirkende Bildwiedergabe von hoher Brillanz, wobei eine „knochig" harte Bildschärfe vermieden wird (Mittelding zwischen gestochener Strichschärfe und einer gewissen Weichheit, speziell für Porträtaufnahmen, erwünscht). Fortlaufend ist das Heliar weiterentwickelt, modernisiert, verbessert und den neuesten technischen und wissenschaftlichen Fortschritten angepaßt worden, so daß es auch heute noch zu den beliebtesten Objektiven des Fachphotographen gehört.

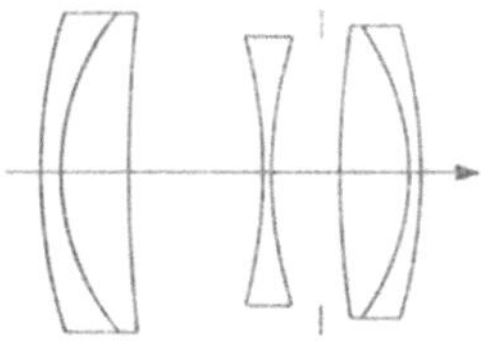

Bild 46. Langbrennweitiges Heliar

Durch geeignete Glaswahl – die beiden im Vorder- und Hinterglied angeordneten Sammellinsen bestehen aus schwerbrechenden Gläsern, die innenstehenden Zerstreuungslinsen dagegen aus leichtbrechenden Gläsern mittlerer Dispersion – sowie durch neuartige Konstruktionsmittel wurde in gleichzeitiger Verbindung mit einer verfeinerten Korrektion der sphärischen, astigmatischen und komatischen Restfehler zunächst durch Weiterentwicklung nach dem zweiten Weltkrieg aus dem Heliar das **Color-Heliar** 1:3,5 für das Bildformat 6 × 9 cm geschaffen. Bei ihm sind die besonders in den seitlichen Bildfeldteilen sich störend bemerkbar machenden Fehler auf ein Minimum reduziert und so sorgfältig auskorrigiert worden, daß mit dem Color-Heliar ein für Schwarzweiß- und Farbaufnahmen gleichgut geeignetes Aufnahmeobjektiv zur Verfügung steht.

Später schuf *Voigtländer* mit dem **Apo-Lanthar** 1:4,5 nach *A. W. Tronnier* ein für die Ferne korrigiertes Aufnahmeobjektiv hoher Lichtstärke, ähnlicher Feinkorrektur der Farbfehler über ein breites Spektralgebiet hinweg, wie sie normalerweise nur bei den ausschließlich auf Nähe korrigierten Apochromaten der Reproduktionstechnik erreicht ist, deren höchste Lichtstärke aber nur bei 1:9 bis 1:12 liegt und die mit hervorragendem Erfolg sowohl für die Repro-Aufnahmen als auch für Vergrößerungen verwendet werden. Erzielt wurde dieser Fortschritt in der starken Verbesserung der chromatischen Korrektion durch die Verwendung neuartiger Spezialgläser extremer Eigenschaften mit Lanthan- und Thoriumverbindungen. Bei einwandfreier Bildausleuchtung für einen Bildwinkel von etwa 55° ergibt die gute Behebung der astigmatischen Bildfehler eine ausgezeichnete feine Bildschärfenleistung über das ganze Bildfeld bis zum äußersten Rand hin. Besonders geeignet sind Apo-Lanthare als Universalobjektive in Präzisionskameras größeren Formates für Farbaufnahmen, Architektur-, Mode- und Werbeaufnahmen.

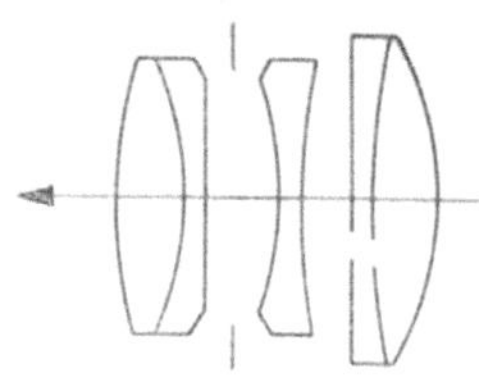

Bild 47. Apo-Lanthar 1:4,5

5. Weitere Tripletvariationen, deren Glieder teils aus einfachen, teils aus verkitteten Linsen bestehen

Als Beispiel eines dreigliedrigen, sechslinsigen Objektives nach dem Triplettyp, bei dem sämtliche Glieder mit einer Kittfläche versehen sind, möge das **Hektor** 1 : 1,9 der Firma *Ernst Leitz*, Wetzlar, aus dem Jahre 1930/31 dienen, das aber im jetzigen Fertigungsprogramm dieser Firma nicht mehr enthalten ist.

In den heute als Zusatzobjektive zur Leica gefertigten **Hektor** 1 : 2,5/125 mm und **Hektor** 1 : 4,5/135 mm ist nur die zerstreuende Mittellinse als Kittglied mit einer zur Blende gewölbten Kittfläche ausgebildet, während Vorder- und Hinterglied einfache freistehende Sammellinsen sind. Beide Objektive, die in Verbindung mit dem Visoflexansatz bzw. dem Balgeneinstellgerät Verwendung finden, sind mit ihrer gegenüber der Normalbrennweite von 50 mm 2,5- bzw. 2,7fach längeren Brennweite ausgesprochene Fernobjektive, für den Reporter und ernsthaften Amateur bestimmt. Wegen seiner größeren Lichtstärke eignet sich das Hektor 1 : 2,5 besonders für Schnappschüsse im Theater, im Variete und für Porträtaufnahmen, während das lichtschwächere Hektor 1 : 4,5 für Architektur-, Landschafts-, Sport- und Tieraufnahmen in freier Wildbahn vorgesehen ist.

Ebenfalls für das Bildformat 24 × 36 mm errechnet ist das **Westanar** 1 : 2,8/ 85 mm, eine Tripletmodifikation der *Isco*, Göttingen, bei der das Hinterglied durch Hinzufügung einer zweiten Sammellinse aus zwei freistehenden Linsen

Bild 48. Hektor 1 : 2,5/125 mm

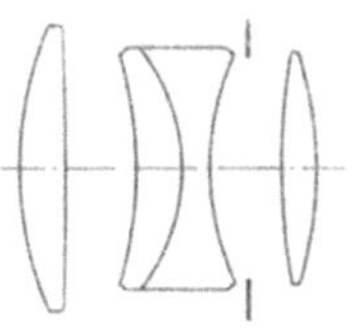

Bild 49. Westanar 1 : 2,8/85 mm

Bild 50. a: Alportar 1 : 2,5/90 mm (*Angénieux* Y 12), b: Alogar 1 : 3,5/135 mm (*Angénieux* Y 2)

Bild 51. Quinar 1 : 2,8/135 mm

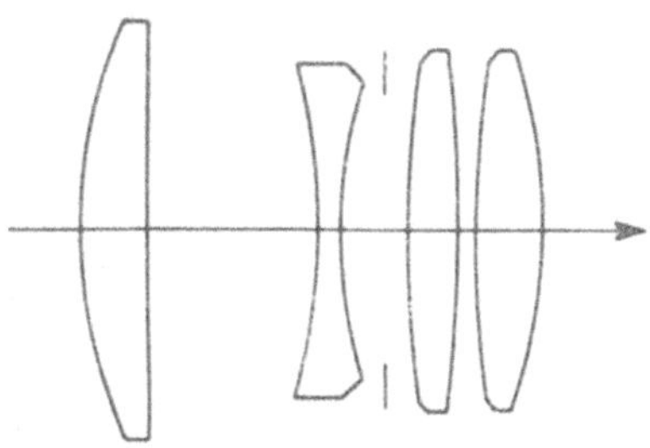

Bild 49

aufgebaut ist. Die Brechkraft der hinteren Sammellinse eines einfachen Triplets wurde damit auf zwei Linsen verteilt; der Einsatz lanthanhaltiger Gläser ermöglichte es, die sphärischen und astigmatischen Zonenfehler klein zu halten. Mit ihrer längeren Brennweite erfaßt diese aus vier einzeln stehenden Linsen aufgebaute Tripletvariation einen Bildwinkel von 28,5°; die im Luftraum hinter der Zerstreuungslinse liegende Blende ist als Vorwahlblende ausgebildet.

Eine Aufspaltung des Frontgliedes in zwei sammelnde Menisken mit einer dazwischen befindlichen Luftlinse zeigen das **Alportar** 1 : 2,5/90 mm und das **Alogar** 1 : 3,5/135 mm, beides Objektive der französischen Firma *Établissements Pierre Angénieux*, Saint

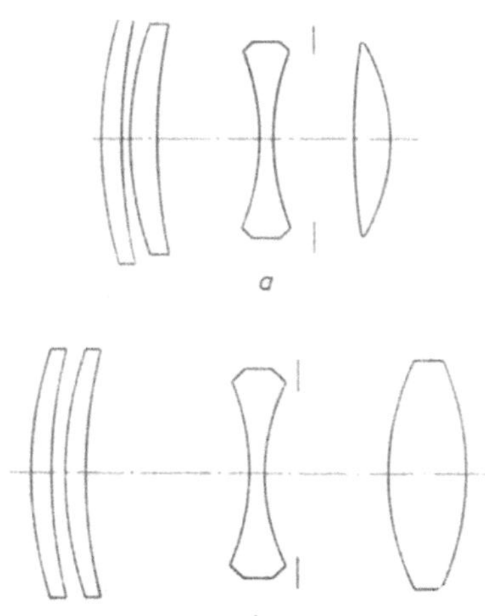

Bild 50

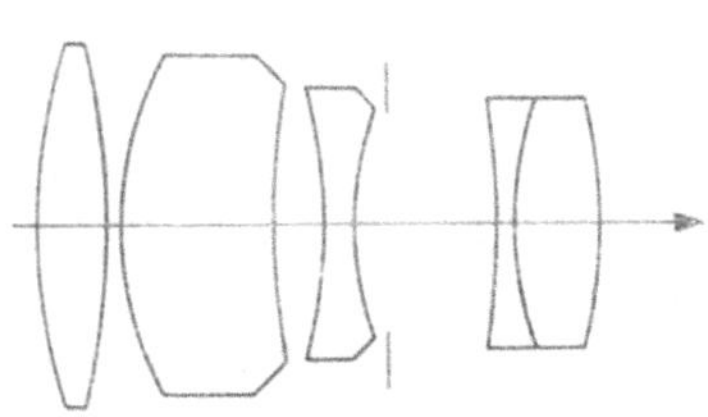

Bild 51

Heand (Loire), für die Schweizer 24 × 36-mm-Kleinbildkamera Alpa Reflex. Bei voller Öffnung zeichnet das Alportar etwas weich und ist deshalb für Porträtzwecke geeignet, bei Abblendung auf mittlere Blenden wird die volle Strichschärfe erreicht (Landschaftsaufnahmen).

Im *Steinheil* **Quinar** 1 : 2,8/135 mm liegt folgende Variation des Triplettyps vor: Das Vorderglied ist in zwei freistehende sammelnde Einzellinsen, eine Bikonvexlinse und einen positiven Meniskus, zerlegt, im Hinterglied ist eine Kittfläche eingeführt. Die zwischen den beiden Gliedern liegende negative Zerstreuungslinse des einfachen Triplets bleibt erhalten. Dieser fünflinsige Anastigmat aus vier freistehenden Gliedern ist als langbrennweitiges Wechselobjektiv für Kleinbild-Spiegelreflexkameras gedacht. In einer Spezialfassung paßt er in die bekannten Spiegelkästen zur Leica. Der Objektivkopf ist abschraubbar und findet Verwendung am Balgengerät (*Leitz, Novoflex, Steinheil* und *Kilfitt*). Eine halbautomatische Vorwahlblende erleichtert den Aufnahmevorgang.

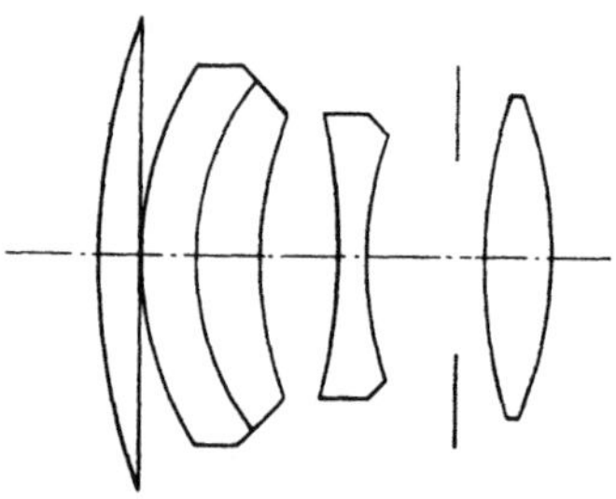

Bild 52. Futura-Evar 1 : 2,0/50 mm

Neben der Aufspaltung der Grundlinien des einfachen Triplets in Kittglieder oder in einzelne freistehende Linsen wurde, vor allem zur Steigerung der Lichtstärke, durch Zufügen einer vierten Linse, die ebenfalls verkittet sein kann, das Schnittbild des ursprünglichen Dreilinsers immer mehr verändert. So zeigt das **Futura-Evar** 1 : 2,0/50 mm des *Futura Kamerawerkes* in Freiburg i. Br., das als Auswechselobjektiv für die Futura-Kleinbildkamera 24 × 36 mm in gekuppelter und ungekuppelter Ausführung hergestellt wird, als Vorderglied eine Kombination von drei Linsen, einer Plankonvexlinse und zwei zu einem Kittglied zusammengefaßten Menisken. Mittel- und Hinterglied sind dagegen wie beim gewöhnlichen Dreilinser eine einfache Zerstreuungs- bzw. Sammellinse.

Die erste bekannter gewordene, heute allerdings schon historische Tripletvariation der Lichtstärke 1 : 2 war das 1923 von den *Ernemann-Werken* in Dresden nach Berechnungen von *A. Klughardt* und *L. Bertele* herausgebrachte sechslinsige, in vier Gliedern mit acht Glas–Luft-Flächen aufgebaute **Ernostar** mit einer Brennweite von 100 mm für das Format 4,5 × 6 cm. Seine ausgezeichneten Korrektionseigenschaften und seine für die damalige Zeit hohe Lichtstärke fanden allgemeine Beachtung und Anerkennung.

Zu der Gruppe der Ernostare gehört das **Primoplan** 1 : 1,9/58 mm der *VEB Feinoptisches Werk*, Görlitz, ein fünflinsiges, viergliedriges Objektiv. Auf eine plankonvexe Frontlinse folgt mit einer zur Blende hohlen Kittfläche ein sammelndes Kittglied, bestehend aus einem negativen und einem positiven Meniskus. Mittel- und Hinterglied stehen als einfache Zerstreuungs- und Sammellinsen hinter der Blende. Über das ganze Bildfeld ist eine gleichmäßige Verteilung der Schärfe und feine Brillanz der Zeichnung vorhanden. In der längeren Brennweite von 75 mm eignet sich das Primoplan wegen seiner großen Lichtstärke vor allem für Innen-, Kunstlicht- und Bühnenaufnahmen. Durch Anbringung einer Blendenvorwahleinrichtung wird die universelle Anwendungsmöglichkeit der Primoplane noch gesteigert.

Ende der zwanziger Jahre errechnete *Bertele* in den **Sonnaren** 1 : 1,5 und 1 : 2 der Brennweite 50 mm Kleinbildobjektive, die bereits bei ihrem Erscheinen zu den Spitzenobjektiven der Firma *Zeiß* gehörten und durch ständige Überarbeitung laufend verbessert wurden, so daß sie heute als lichtstarke Objektive hoher Bildleistung für Kleinbildkameras in den Fertigungsprogrammen von *Carl Zeiß*, Oberkochen, und der Optik *VEB Carl Zeiß*, Jena, einen breiten Raum einnehmen und in der Fabrikation an erster Stelle stehen.

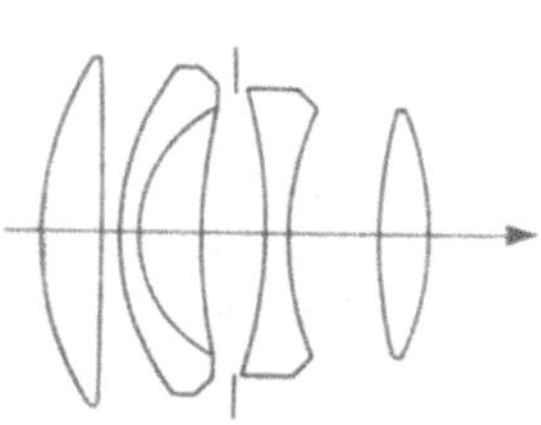

Bild 53. Primoplan 1 : 1,9/58 mm

Haupteigenschaften der Sonnare, die je nach Lichtstärke und Bildwinkel vier bis sieben Linsen aufweisen, die stets in drei Gliedern zusammengefaßt sind, so daß nur sechs Flächen an Luft grenzen, sind ihre gute Schärfe und Brillanz

Bild 54. Sonnare verschiedener Lichtstärke und Brennweite
a) Grundform des Sonnars (Sonnar 1 : 2/10 mm für Movikon 8); b) Sonnar 1 : 2/50 mm
c) Sonnar 1 : 1,5/50 mm; d) Sonnar 1 : 5,6/250 mm

bei höchster Lichtstärke und ausgezeichneter Bildfeldausleuchtung schon bei voller Öffnung. Ihre geringe Baulänge und kurze Schnittweite sind besonders vorteilhaft für den modernen Typ der Kleinbildkamera. Auch für längere Brennweiten und größere Formate hat die Sonnarform ihre Eignung unter Beweis gestellt. Objektive mit Brennweiten des $1\frac{1}{2}$- bis 2fachen der Normalbrennweite sind besonders für Porträtzwecke, Bühnen- und Reportageaufnahmen, Objektive mit noch längeren Brennweiten für Schnappschüsse aus größerer Entfernung, Tieraufnahmen, Sportreportagen und andere Fernaufnahmen vorgesehen. Bei den längeren Brennweiten verringern die dem Sonnar eigene geringe Baulänge und kurze Schnittweite die Gefahr der Vignettierung durch den meist engen Durchlaß in der Kamera.
Wegen des kurzen Abstandes zwischen Hinterlinse und Filmebene und der damit verbundenen Gefahr des Anstoßens des hochklappenden Spiegels können

kurzbrennweitige Sonnare nicht in Kleinbildreflexkameras benutzt werden. Die Sonnare werden daher in Spezialfassungen für Kleinbildkameras mit E-Messer geliefert, längere Brennweiten mit Anpassung an die jeweiligen Kleinbildreflexkameras. Für den Anbau der Sonnare 1 : 2,8/180 mm und 1 : 4/300mm an die Contax-Kameras mit E-Messer ist der Spiegelreflexansatz „Flektometer" erforderlich.

Einen ähnlichen Aufbau wie das Sonnar 1 : 5,6/250 mm zeigt das **Nikkor** 1 : 2,5/105 mm der japanischen Firma *Nippon Kogaku,* Tokio, bestimmt als Auswechselobjektiv für Leica, Contax, Canon und andere Kleinbildkameras. Auf eine Plankonvexlinse als Frontlinsenglied folgt ein dreilinsiges Kittglied als Mittelglied, bestehend aus einem positiven Meniskus, einer sehr dicken Bikonvexlinse und einer vor der Blende stehenden Bikonkavlinse. Im weiteren Abstand von der Blende folgt als Hinterglied eine stärkere Plankonvexlinse.

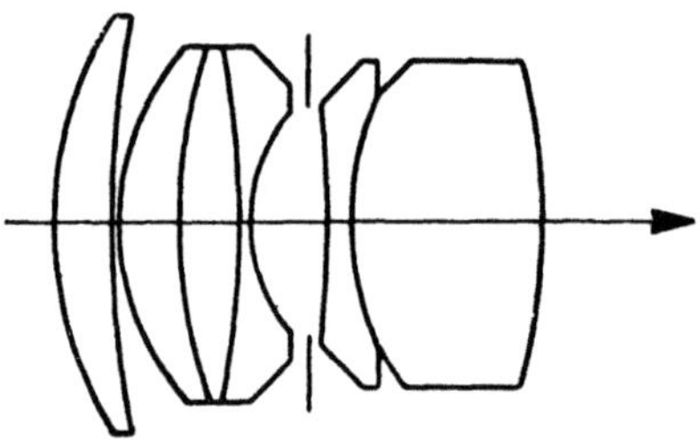

Bild 55. Quinon I 1 : 2,0/50 mm

Wird in dem siebenlinsigen Sonnar 1 : 1,5/50 mm die plankonvexe Mittellinse des ersten Gliedes durch eine Luftlinse ersetzt, erhält man die Schnittfigur des **Futura-Frilon** 1 : 1,5/50 mm und in etwas abgeänderter Form die des Frilons 1 : 1,5 der längeren Brennweite 70 mm. Die zur Blende stehende Plankonkavlinse des Hintergliedes des Sonnars ist beim Frilon durch einen negativen Meniskus ersetzt worden.

Auch das *Steinheil*-**Quinon I** 1 : 2/50 mm mit Rastenblende zählt zu der Familie der Sonnare. Es ist ein hochleistungsfähiges Universalobjektiv, sechslinsig mit drei freistehenden Gliedern für Bildformate 24 × 36 mm, und wird als Wechselobjektiv für Kleinbildkameras, wie Leica, Kardon u. a., geliefert.

B. GAUSS-VARIATIONEN

In der Mehrzahl sind lichtstarke Objektive Variationen eines erstmalig von *Clark* errechneten vierlinsigen Doppelobjektives, das sich aus zwei gleichen, seinerzeit von *Gauß* angegebenen zweilinsigen Fernrohrobjektiven aufbaut (siehe S. 55) und die zweite Grundform moderner Anastigmate bildet. Durch Einführung von Kittflächen, zunächst nur in den positiven, später auch in den negativen Linsen und durch Verlassen des streng oder nahezu streng symmetrischen Aufbaus der Grundform ergaben sich abgewandelte Objektivanordnungen, die heute verallgemeinert unter der Bezeichnung „*Gauß*-Typ" zusammengefaßt werden. Ihre Lichtstärke nahm bei verbesserter Leistung im Laufe der Jahre von 1 : 6,8 laufend zu und erreichte schließlich die Höchstwerte von 1 : 1,5 und 1 : 2,0.

In neueren *Gauß*-Objektiven sind teilweise die Kittflächen wieder aufgespalten, auch sind die einfachen Sammellinsen in zwei Einzellinsen zerlegt. Die hierdurch neu entstandenen Lufträume werden als weitere Korrektionsmittel genutzt, mit der Halbierung der Einzelbrechkraft verringert sich auch die Summe der Restaberrationen. Weiterhin läßt der Einsatz neuartiger Glassorten mit

sehr hoher Brechzahl und geringer Farbdispersion die Fehlerreste auch bei großen Öffnungen nur gering sein. Durch eine verhältnismäßig starke Aberration der schiefen Büschel litt anfangs die Kontrastleistung bei voller Öffnung. Den Firmen, die ihr besonderes Augenmerk auf die Beseitigung dieses Fehlers legten, ist es aber nach intensiven Konstruktions- und umfangreichen Rechenarbeiten gelungen, auch für die schiefen Büschel die sphärische Aberration im Rahmen des Möglichen zu beheben, so daß heute die meisten Objektive des *Gauß*-Typs für Schwarzweiß- und Farbaufnahmen gleich gut den höchsten Anforderungen an gleichmäßige Schärfe, gute Auflösung und Kontrastleistung gerecht werden.
In ihrem Aufbau sind die Objektive vom *Gauß*-Typ vier- oder fünfgliedrig mit insgesamt 5 bis 8, teilweise noch mehr, meist meniskenförmigen Linsen; ihr Einsatz erfolgt überwiegend in der Kleinbildphotographie. Die relative Öffnung beträgt 1 : 1,5 bis 1 : 2,8. In längeren Brennweiten und als Spezialobjektive – Tele- oder Weitwinkelobjektive – ist die Lichtstärke entsprechend geringer.

1. Objektive der Lichtstärke 1:2,8 und geringer

Vier- und fünflinsige Modifikationen des dreilinsigen *Taylor*-Typs, mit denen sich durch Verkittung der Hinterlinse oder der Vorder- und Hinterlinse und geeignete Wahl der Glassorten für die relative Öffnung 1 : 3,5 noch eine ausreichende Verminderung aller Restaberrationen erzielen läßt, geben bei längeren Brennweiten und bei höheren relativen Öffnungen 1 : 2,8 und darüber nur noch geringe Möglichkeiten zur Beseitigung der auftretenden Restfehler. Vor allem sind es Restfehler der sphärischen Abweichung schräg einfallender Strahlenbüschel sowie der Verlauf der astigmatischen Bildschalen, deren Beseitigung durch eine vier- oder fünflinsige Tripletvariation dem Konstrukteur die größten Schwierigkeiten bereitet. In diesem Fall ist wesentlich günstiger der Einsatz des modifizierten *Gauß*schen Doppelobjektives, bei dem die innenstehenden zerstreuenden Menisken verkittet oder teilverkittet sind. Unter Verwendung moderner hochbrechender Glassorten lassen sich derartige *Gauß*-Doppelobjektive in einer viergliedrigen, fünflinsigen Ausführungsform erstellen.

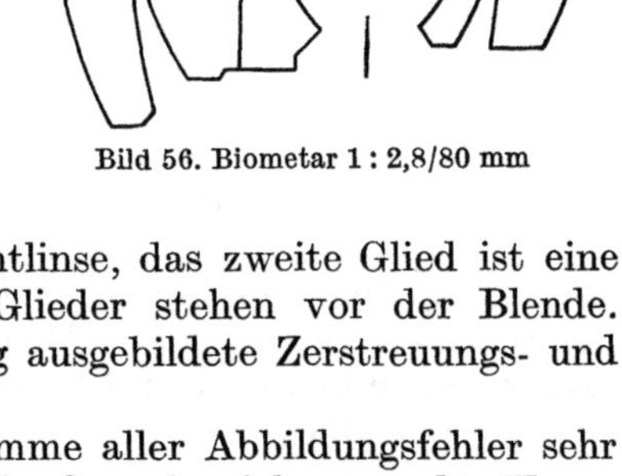

Bild 56. Biometar 1 : 2,8/80 mm

Als erstes Beispiel dieser Variation des *Gauß*-Doppelobjektives diene das **Biometar** 1 : 2,8/80 mm von *Carl Zeiß*, Jena. In seinem Aufbau ähnelt es dem Biotar, einem bekannten lichtstarken *Gauß*-Objektiv nach Rechnung *Mertés*, nur ist der unmittelbar hinter der Blende stehende verkittete Meniskus des Biotars beim Biometar durch einen einfachen Meniskus ersetzt. Eine meniskenförmig durchgebogene Sammellinse bildet die Frontlinse, das zweite Glied ist eine meniskenförmige Zerstreuungslinse. Beide Glieder stehen vor der Blende. Ihr nachfolgend sind je eine meniskenförmig ausgebildete Zerstreuungs- und Sammellinse angeordnet.
Für einen großen Winkelbereich ist die Summe aller Abbildungsfehler sehr klein. So ist der Astigmatismus behoben, die Querabweichungen der Koma

sind nur gering. Mit seiner mittleren Brennweite ist das Biometar für Kleinbildreflexkameras als Sport-, Porträt- und Landschaftsobjektiv gedacht. Auch für das Format 6 × 6 cm findet es Verwendung.

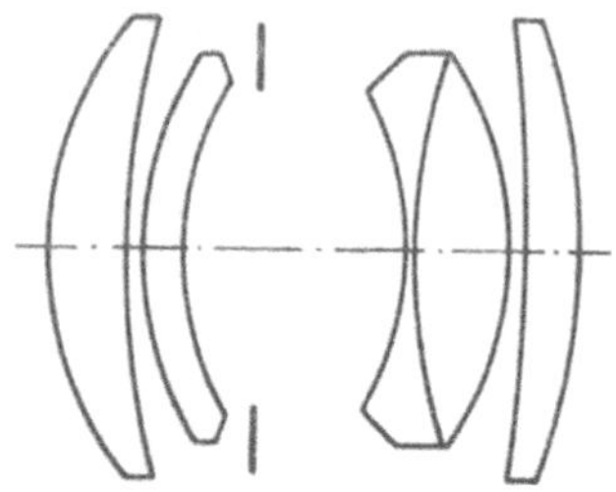

Bild 57. Planar 1 : 2,8/100 mm

Den gleichen schematischen Aufbau wie das Biometar zeigt auch das **Xenotar** 1 : 2,8 der Firma *Jos. Schneider & Co.*, Optische Werke, Kreuznach, das für die Bildformate 6 × 6, 6 × 9 und 9 × 12 cm hergestellt wird. Mit seinen Korrektionseigenschaften, die dank der Verwendung neuester hochbrechender Gläser und durch die Einführung stark gekrümmter Linsenflächen recht hoch getrieben sind, ist das Xenotar ein lichtstarkes Universalobjektiv moderner Bauart. Durch eine stärkere Verminderung der sphärischen Längs-

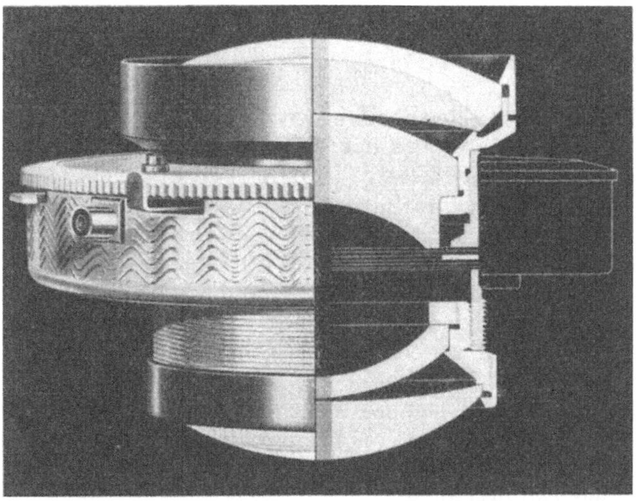

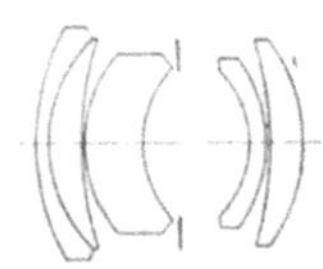

Bild 58. Planar 1 : 2,8/80 mm

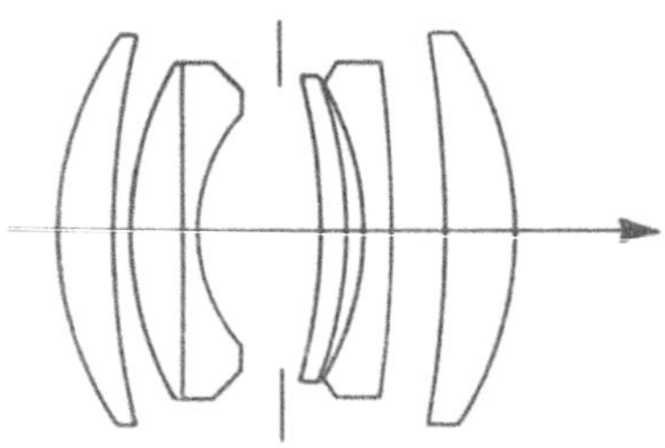

Bild 59. Makro-Plasmat 1 : 2,7/105 mm

aberrationen ist bei ihm für die Bildmitte eine sehr definierte Schärfeneinstellung gegeben. Für das außeraxiale Bildfeld ist die Koma so gut wie behoben, die astigmatische Differenz für die verschiedenen Bildwinkel mehr oder weniger stark verkleinert, in den Bildecken völlig beseitigt. Auch die Bildfeldwölbung wurde entsprechend reduziert, so daß mit dem Xenotar selbst bei längeren Brennweiten sehr gute Auflösungs- und Kontrastleistungen zu erreichen sind.

Eine Aufspaltung des hinter der Blende stehenden Meniskus als Kittglied zeigt die Schemazeichnung vom **Planar** 1 : 2,8/100 mm der Firma *Carl Zeiß*, Oberkochen. Auch hier sind fünf Linsen in vier Gliedern nach der Anordnung eines *Gauß*-Doppelobjektives erster Art – sammelnde Menisken als Außen-, zerstreuende Menisken als Innenglieder – zusammengefaßt. Die sehr geringen

Restaberrationen aller Bildfehler ergeben höchste gleichmäßige Schärfenleistung und einen großen Kontrastreichtum über das gesamte Bildfeld. Ausgezeichnet korrigiert sind Bildfeldebnung, sphärische Aberration, Koma und Farbfehler. Auch das **Planar** 1 : 3,5/35 mm, ein Weitwinkelobjektiv, ist nach derselben Linsenanordnung gebaut.
Seit 1954 ist das **Planar** 1 : 2,8/80 mm für die Rolleiflex auf dem Markt erschienen. Ebenfalls viergliedrig und fünflinsig aufgebaut ist bei ihm das Frontglied als Kittglied mit einer dem Licht zu erhabenen Kittfläche ausgebildet, während alle anderen drei Glieder aus stark durchgebogenen Menisken verschiedener Dicke bestehen. Von besonderer Stärke ist das zweite Glied. An seinem Aufbau und Leistungsstand läßt sich ermessen, daß neben dem alten klassischen Planar *Rudolphs* aus dem Jahre 1896 (siehe S. 55) auch neuere Objektivkonstruktionen, wie die des Topogons, eines von *Richter* errechneten Weitwinkels, bei der Entwicklung dieses zu den neuesten *Zeiß*-Objektiven gehörenden Objektives als Vorbilder gedient haben.
Sechslinsig, mit zehn an Luft grenzenden Flächen, ist der *Meyer*-**Makro-Plasmat** 1 : 2,7/105 mm mit Vorwahlblende für die 6 × 6-cm-Kameras Meister-Korelle und Primar-Reflex. Während der schematische Aufbau der beiden Glieder vor der Blende genau gleich dem des Xenotars ist, ist der dicht hinter der Blende stehende zerstreuende Meniskus hier in zwei durch eine Luftlinse getrennte Menisken zerlegt. Die gegen die Blende zu hohle Luftlinse dient als weiteres Korrektionselement. Raumwirkende Bildplastik und gute Schärfenzeichnung sind dem Makro-Plasmat eigen.

2. Lichtstärkste Objektive

Lichtstärkste Objektive sind Objektive der relativen Öffnung 1 : 2 und 1 : 1,5. Sie sind fast ausschließlich für die Kleinbildphotographie bestimmt. Die notwendig großen Linsendurchmesser, die eine nicht unerhebliche Steigerung des Gesamtgewichtes und der Größe der Objektive zur Folge haben, verbieten den Einsatz lichtstärkster Systeme auch in größeren Formaten. Für Spezialgebiete, wie etwa die Luftbildphotographie, die gerade auf die Entwicklung lichtstärkster Systeme äußert befruchtend eingewirkt hat, gilt diese einschränkende Bedingung nicht.
Höhere Bildleistung und verbesserte Korrektion aller Restfehler sind Forderungen, die an jedes lichtstärkste Objektiv zu stellen sind. Einmal sind optische Systeme der Lichtstärken 1 : 2 und 1 : 1,5 schon allein durch ihre größere Lichtstärke gegenüber Objektiven kleinerer relativer Öffnung korrektionsempfindlicher und erfordern daher eine größere Zahl von Korrektionselementen, als sie bei lichtschwächeren Systemen notwendig ist. Zum andern muß die Kleinbildaufnahme an sich stärker vergrößerungsfähig sein, so daß von vornherein an Kleinbildobjektive strengere Maßstäbe an ein hervorragendes Auflösungsvermögen, guten Kontrast sowie gleichmäßige Lichtverteilung über das ganze Bildfeld zu legen sind. Da ein modernes lichtstarkes Kleinbildobjektiv gleichermaßen für Schwarzweiß- und Farbaufnahmen geeignet sein soll, ist auch eine weitgehende Korrektion aller chromatischen Bildfehler, besonders auch der Farbquerabweichungen, eine unerläßliche Grundbedingung. In den variierten *Gauß*-Doppelobjektiven sind Objektivformen gegeben, die diesen Forderungen gerecht werden. Bei Verwendung moderner Sonder-

gläser, wie sie in den Spezialgläsern extremer Eigenschaften, die unter Benutzung von Verbindungen seltener Erden aufgebaut sind, vorliegen, gestatten sie, ein Maximum an Korrektionsverbesserungen aller Bildfehler zu erreichen.

Ein Beispiel, wie im Laufe der letzten Jahre durch den sinngemäßen Einsatz immer neuerer Konstruktionsmittel und Erkenntnisse über Aufbau und Leistung dieses Objektivtyps Steigerungen und Verbesserungen der Bildqualität erreicht wurden, gibt die Reihe der 1:2-Objektive zur Leica der Firma *Leitz*, die vom Summar, dem ersten lichtstarken Objektiv 1:2 der Leica-Objektivserie, über das Summitar bis zum Summicron reicht.

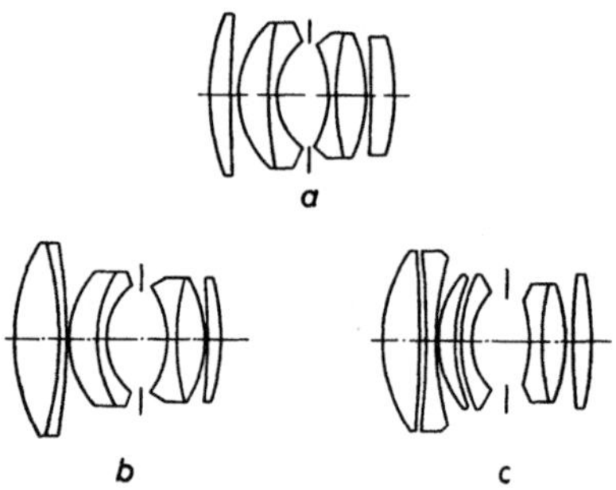

Bild 60. Lichtstarke Leica-Objektive 1 : 2
a) Summar, b) Summitar, c) Summicron

Das **Summar**, Anfang der dreißiger Jahre entstanden, stellt ein Objektiv des normalen, aus der Grundform des *Gauß*-Doppelobjektives entwickelten viergliedrigen sechslinsigen *Gauß*-Typs dar, wie er sich auch in verschiedenen lichtstärkeren Objektiven anderer Hersteller wiederfindet. Zwei einfache sammelnde Außenlinsen schließen zwei zerstreuende verkittete Innenglieder ein. Mit dieser Objektivform lassen sich in besonders vorteilhafter Weise hohe Lichtstärke, großer Bildwinkel und gute Schärfenleistung miteinander verbinden. Allerdings wurde die Qualität des Summars etwas geschmälert durch eine merkliche Vignettierung, die sich vor allem bei Farbaufnahmen störend bemerkbar machte.

Zur Erhöhung der Vignettierungsfreiheit wurde beim **Summitar** die Frontlinse beträchtlich über den durch die Öffnung 1:2 gegebenen Durchmesser hinaus vergrößert. Der Querschnitt der schiefen Strahlenbüschel wurde damit verbreitert, den Bildecken mehr Licht zugeführt. Außerdem wurde das einlinsige Frontglied des Summars beim Summitar in zwei durch eine Kittfläche verbundene Linsen aufgespalten. Die so abgewandelte *Gauß*-Form ergab gegenüber seinem Vorgänger eine Verbesserung der Bildleistung mit gleichmäßigerer Lichtverteilung über das ganze Bildfeld.

Im Summitar aus dem Jahre 1936 konnten noch nicht die Fortschritte in der Glastechnik, die seit den vierziger Jahren erst durch die Erschmelzung der Lanthankrone mit ihrem völlig neuartigen Glasaufbau erzielt wurden, Berücksichtigung finden. Das ist jedoch der Fall im **Summicron,** das die neueste Objektivform 1:2 des Hauses *Leitz* darstellt. Sein hoher Leistungsstand ist im wesentlichen durch die Verwendung dieser neuen Gläser bedingt. Außerdem wurden durch die Einführung von Luftlinsen im ersten und zweiten Glied an Stelle der Kittschichten weitere wichtige Korrektionsmittel gewonnen. Vollendete anastigmatische Bildfeldebnung, weitgehende Beseitigung der sphärischen Aberration in den schiefen Strahlenbündeln und Verbesserung der Korrektion der chromatischen Fehler ergeben ausgezeichnete Abbildungs- und Kontrastleistung bei gleichmäßiger und brillanter Durchzeichnung der Bilddetails über das ganze Bildfeld.

Eines der ältesten bekannten lichtstarken Objektive 1:2 nach dem *Gauß*-Typ ist das schon auf S. 73 erwähnte **Biotar,** das noch heute in Lichtstärken 1:1,5 und 1:2 im Fertigungsprogramm von *Zeiß*, Jena, als das lichtstarke Objektiv für Kleinbildreflexkameras zu finden ist.

Den gleichen Aufbau wie das Biotar zeigen das *Schneider*sche **Xenon** 1 : 2 in Brennweiten von 50 und 80 mm (für Kleinbildkameras mit Zentral- und Schlitzverschlüssen) und das **Heligon** 1 : 2 der Firma *Rodenstock*, München, die beide als Auswechselobjektive oder als festeingebaute lichtstarke Standardobjektive in diversen Kleinbildkameras anzutreffen sind.

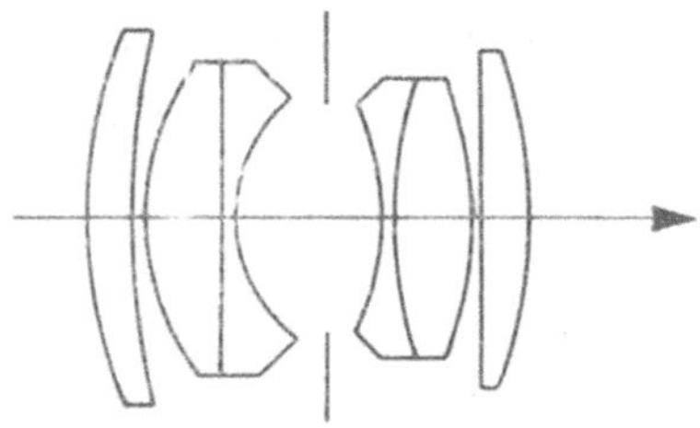

Bild 61. Xenon 1 : 2/50 mm

Bei beiden, schon seit längerer Zeit auf dem Markt befindlichen Objektiven wurden durch die Hersteller laufend Neurechnungen und Verbesserungen, die sich als Folge fortschreitender wissenschaftlicher Erkenntnisse oder als Weiterentwicklungen in der Glastechnik ergaben, durchgeführt, so daß die heute gefertigten Heligone und Xenone dem modernsten Leistungsstand in der Objektiventwicklung entsprechen. Als lichtstarke Universalobjektive gehören sie zu den Spitzenobjektiven, die allen Anforderungen an Schärfe, gesteigerter Kontrastleistung bei guter Lichtverteilung über das ganze Bildformat und naturgetreuer Farbwiedergabe genügen.

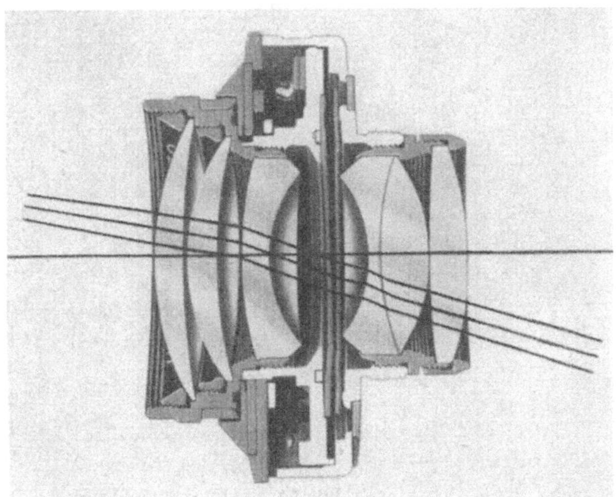

Bild 62. Ultron 1 : 2/50 mm

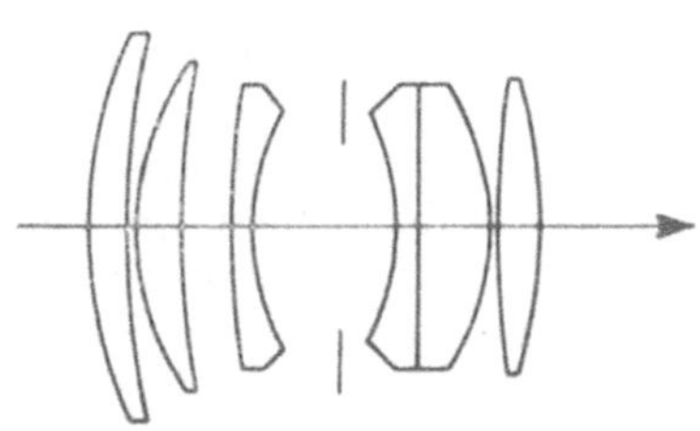

Bild 63. Westagon 1 : 2/50 mm

Eine Erweiterung des *Gauß*-Typs zu einem sechslinsigen, halbverkitteten Doppelanastigmaten, dessen Vorderglied aus zwei meniskenförmigen Einzellinsen entgegengesetzten Vorzeichens besteht, die ihrerseits einen sehr starkdurchgebogenen hochbrechenden Meniskus positiver Brechkraft einschließen, stellt das **Ultron** 1 : 2/50 mm der *Voigtländer AG.*, Braunschweig, nach Rechnung von *A. W. Tronnier* dar. Das ebenfalls dreilinsige Hinterglied ist derart halbverkittet, daß die beiden Einzellinsen des verkitteten Elementes durch eine in der Nähe der Blende stehende, astigmatisch korrigierende, stark sammelnde Kittfläche miteinander vereinigt sind. Dem Kittsystem folgt in Richtung der Bildebene eine ungleichschenklige Positivlinse nach.

Das Ultron ist das erste lichtstarke Photoobjektiv 1 : 2 als modifizierter *Gauß*-Typ, das nach dem zweiten Weltkrieg auf Grund moderner Erkenntnisse in der Objektivberechnung unter Verwendung von Sondergläsern als sphärisch, chromatisch, astigmatisch und komatisch feinkorrigiertes Hochleistungsobjektiv mit bester Schärfen- und Kontrastleistung bei ausgezeichneter Farbkorrektion über den ganzen Bildfeldbereich völlig neu entwickelt wurde.

Von gleichem Aufbau wie das Ultron ist auch das **Xenon** 1 : 1,9/40 mm, bestimmt für Aufnahmen 24 × 24 mm in Schlitzverschlußkameras. Ebenfalls eine sechslinsige *Gauß*-Modifikation, bei der im Hinterglied ein Glied als Kittglied ausgebildet wurde, ist das **Westagon** 1 : 2/50 mm der Göttinger Firma *Isco*. Bei nahezu apochromatischer Farbkorrektion und Einengung der astigmatischen Zonen ergibt es Bilder von bester Kontrastleistung und höchstem Auflösungsvermögen in der Schwarzweiß- und Farbenphotographie. Durch eine vollautomatische Vorwahlblende steht die Blende trotz des zur Aufnahme bestimmten und am Vorwahlring eingestellten Blendenwertes – die kleinste einstellbare Blende ist 16 – stets auf größter Öffnung und gestattet die Einstellung des Bildes mit der ganzen Helligkeit des Objektives. Erst während der Verschlußauslösung schließt sich die Blende auf den vorher eingestellten Wert, um sich nach dem Auslösen wieder voll zu öffnen. Bei Ausschaltung der Blendenautomatik, z. B. für Selbstauslöseraufnahmen, muß der am Objektivsockel befindliche Schaltring so gestellt werden, daß die beiden roten Punkte übereinander stehen, während bei eingeschalteter Automatik dem roten ein grüner Punkt gegenübersteht.

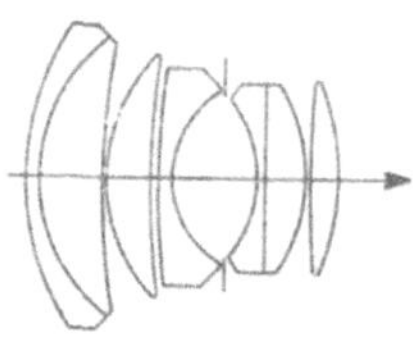

Bild 64. Nokton 1 : 1,5/50 mm

Steigerung der Lichtstärke von 1 : 2 auf noch größere Lichtstärken, etwa 1 : 1,5, macht die Verwendung weiterer Korrektionsmittel, Hinzunahme einer Linse, Einführung neuer Kittglieder usw. erforderlich. So ist das lichtstärkere **Nokton** 1 : 1,5/50 mm aus der Reihe der *Voigtländer*-Hochleistungsanastigmaten ein fünfgliedriges siebenlinsiges System mit zwei Kittgliedern. Dabei bildet die auf der Objektseite stehende vierlinsige Gruppe des Vordergliedes eine neuartige Erweiterung der *Gauß*schen Objektivhälfte. Alle Einzelelemente sind als Menisken ausgebildet, deren Krümmungsradien sämtlich gegen die nachfolgende Blende zu hohl sind. Die der Blende benachbarte letzte Linse des Vordergliedes ist eine Negativlinse aus einem Glas sehr niedriger Brechzahl. Das auf der anderen Blendenseite stehende Hinterglied weist wie das Ultron die normale Form einer zusammengesetzten *Gauß*schen Objektivhälfte auf, deren letzte Linse aus einem Glas sehr hoher Brechzahl besteht.

Durch die Verwendung moderner Sondergläser sowie eine neuartige Verteilung der Brechzahlen der benutzten Gläser innerhalb des Gesamtsystems konnte bei diesem sphärisch, chromatisch und komatisch zonenarm auskorrigierten Anastigmaten die seitliche Feinkorrektur auf ein anastigmatisch geebnetes Bildfeld von mehr als 50° Ausdehnung verteilt werden, wodurch sich eine sehr gute Grauauflösung und ausgezeichnete Farbkorrektion erzielen ließen. Damit ist dieses Objektiv besonders geeignet für die Aufgaben des Bildreporters, bei Bühnenaufnahmen im Theater und Variete, bei abendlichen Sport- und Massenveranstaltungen usw.

Während bei den zuletzt besprochenen Variationen des *Gauß*schen Doppelobjektives das Hinterglied stets die normale Form einer zusammengesetzten *Gauß*schen Objektivhälfte hatte, das Vorderglied dagegen alle möglichen Varianten aufwies, zeigt bei den folgenden Objektiven umgekehrt das Vorderglied den normalen Aufbau, sammelnde Frontlinse mit nachfolgendem zerstreuendem, meniskenförmigem Kittglied, das Hinterglied aber die verschiedensten Modifikationen.

Zunächst wäre hier das **Summarit** 1 : 1,5/50 mm, ein lichtstarkes *Leitz*-Objektiv zur Leica, zu nennen. Als siebenlinsige, fünfgliedrige Objektivkonstruktion nach dieser *Gauß*-Variation ist bei ihm die letzte Linse des Hintergliedes in zwei dünne Einzellinsen positiver Brechkraft zerlegt. Die Kittfläche des dicht hinter der Blende stehenden Kittgliedes im Hinterglied ist zur Blende hin erhaben.

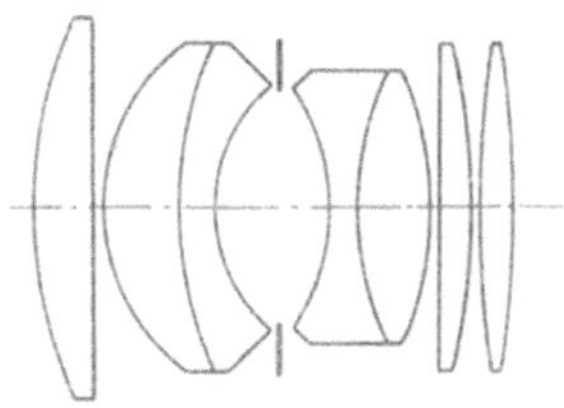

Bild 65. Summarit 1 : 1,5/50 mm

Bei sehr guter Farbkorrektion, ausgezeichnetem Kontrast und Auflösungsvermögen sowie einer beachtlichen Schärfe über das ganze Bildfeld schon bei voller Öffnung erschließt das Summarit mit seiner hohen Lichtstärke besondere Möglichkeiten für Farb- und Schwarzweißaufnahmen unter ungünstigen Lichtverhältnissen.

Höchste Lichtstärke und längere Brennweite lassen sich nicht ohne gewisse Beschränkungen in der Korrektion miteinander vereinbaren. So weist das **Summarex** 1 : 1,5/85 mm, Bildwinkel 28,5°, ein längerbrennweitiges, licht-

Bild 66. Summarex 1 : 1,5/85 mm

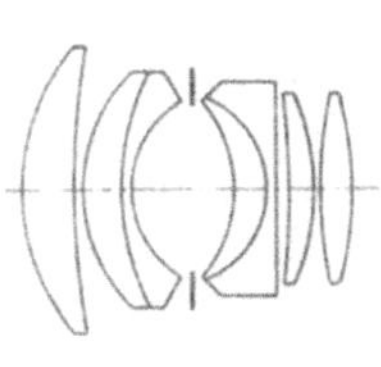

starkes, siebenlinsiges Objektiv zur Leica, bei voller Öffnung infolge der besonderen Lage der axialen und außeraxialen sphärischen Aberrationen eine geringe Schärfenminderung auf, die aber bereits bei leichter Abblendung verschwindet und einer gestochenen Schärfe über das gesamte Bildformat Platz macht. Auch geht sie nicht so weit, daß das Objektiv etwa als ausgesprochener

Weichzeichner anzusehen wäre. Unter den für größte Lichtstärken und längere Brennweiten vorliegenden Bedingungen bietet das Summarex zweifellos äußerst günstige Korrektionseigenschaften. Bei voller Öffnung wird es wegen der angenehmen Weichheit der Zeichnung zu einem idealen Objektiv für die Zwecke der Porträtphotographie, die gute Schärfe und das hohe Auflösungsvermögen bei leichter Abblendung (Optimum etwa bei Blende 4) macht es besonders geeignet für Großaufnahmen, Reportagen, Theateraufnahmen u. a.

Ebenfalls für Bühnen- und Reportageaufnahmen unter ungünstigen Lichtverhältnissen bestimmt ist das **Ennaston** 1 : 1,5/85 mm der *Enna-Werke* in München, ein modifiziertes *Gauß*-Objektiv mit hochbrechenden Gläsern für Kleinbildreflexkameras. In diesem sechslinsigen lichtstärksten Objektiv verhältnismäßig langer Brennweite ist das Hinterglied aus drei freistehenden Linsen aufgebaut. Einer zerstreuenden Negativlinse hinter der Blende folgen zwei Sammellinsen, eine Plankonvex- und eine Bikonvexlinse mit recht flachen Radien. Gestochene Schärfe in der Bildmitte, beste astigmatische Korrektion bei ausgeglichener Bildfeldebnung, behobene komatische Restfehler und günstige Lichtverteilung über das gesamte Bildfeld bei guter chromatischer Korrektion ergeben die optische Leistung dieses Objektives.

Bild 67. Ennaston 1 : 1,5/85 mm

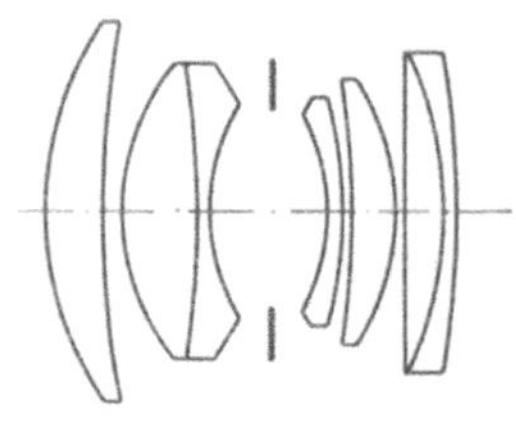

Bild 68. G-Zuiko 1 : 1,9/44 mm

Von wiederum anderer Bauart, dabei siebenlinsig und von der Lichtstärke 1 : 1,9 ist das japanische Kleinbildobjektiv **G-Zuiko** 1 : 1,9/44 mm der *Olympus Optical Co.* in Tokio. Dem als Hälfte eines zusammengesetzten normalen *Gauß*schen Doppelobjektives aufgebauten Vorderglied dieses Objektives steht ein vierlinsiges dreigliedriges Hinterglied aus zwei Einzellinsen und einem Kittglied gegenüber. Einem gegen die Blende zu hohlen negativen Meniskus und einem ebenfalls zur Blende hohlgewölbten positiven Meniskus, durch eine Luftlinse verbunden, folgt ein sammelndes Kittglied, dessen Kittflächen dem einfallenden Lichtstrahlenbündel die hohle Seite zukehrt. Als lichtstarkes Wechselobjektiv ist das Objektiv G-Zuiko für den Einbau in die von der *Olympus Optical Co.* auf den Markt gebrachte Kleinbildkamera Olympus 35 S vorgesehen.

C. DOPPELOBJEKTIVE

Mit der Bezeichnung Doppelobjektive belegt man gemeinhin alle Objektivanordnungen, bei denen zwei gleichartig gebaute Objektivhälften symmetrisch oder annähernd symmetrisch eine gemeinsame Mittelblende einschließen. Dabei können die einzelnen Objektivhälften sowohl aus freistehenden wie aus verkitteten Linsen oder auch aus beiden bestehen. Ist das Vorder- bzw. Hinterglied des Doppelobjektives bereits anastigmatisch korrigiert, spricht man von einem Doppelanastigmaten, dessen Einzelhälften mit längerer Brennweite und geringerer relativer Öffnung als das Gesamtobjektiv auch als Einzelobjektive Verwendung finden können (siehe S. 52–53, Doppelanastigmate).

Bild 69. Eurynar 1 : 4,5/180 mm

Eine bekannte einfache Form eines Doppelobjektives ist das *Gauß*-Doppelobjektiv aus vier freistehenden Menisken, zwei sammelnden und zwei zerstreuenden, die paarweise zu Vorder- und Hinterglied zusammengefaßt sind; es bildet die Grundform der im vorigen Abschnitt besprochenen *Gauß*-Variationen. Je nachdem, ob die positiven Menisken als Außen- oder als Innenlinsen um die Blende herum angeordnet sind, unterscheidet man *Gauß*-Doppelobjektive erster und zweiter Art.

Doppelanastigmate finden, wie schon an dem Beispiel des *Meyer*schen Doppelanastigmaten oder des Ultraplast der optischen Werke *Staeble, Friedl und Co.* erwähnt, heute noch vielfach Verwendung in der Berufsphotographie, die ja an die Aufnahmeobjektive stets die höchsten Anforderungen stellt. In Reproduktions- und Photokopiergeräten, bei technischen und wissenschaftlichen Aufnahmen, müssen die Objektive eine naturgetreue Wiedergabe über das ganze Bildfeld bis in die letzten Feinheiten garantieren, eine Forderung, die sich mit Doppelobjektiven vorteilhaft erfüllen läßt.

Außer als Aufnahmeobjektive, vor allem in größerformatigen Kameras, finden Doppelobjektive als reine Weitwinkelobjektive mittlerer Lichtstärke Verwendung (siehe unter Weitwinkelobjektive).

Als unverkitteter Vierlinser, aus zwei Bikonvex- und zwei Bikonkavlinsen aufgebaut, wird das *Rodenstock*-**Eurynar** 1:4,5 hergestellt. Da es nur in einigen langen Brennweiten gefertigt wird, eignet es sich besonders für Stilleben, Porträtaufnahmen sowie für technische Aufnahmen. In Kameras mit genügend langem Auszug können das Vorder- und Hinterglied auch als Einzelobjektive verwendet werden; ersteres mit 1,95facher, letzteres mit 1,57facher Gesamt-

brennweite. Zur Aufnahme ist dabei natürlich stark abzublenden. Der Bildwinkel des Eurynars beträgt etwa 55°.
Vom gleichen schematischen Aufbau sind u. a. auch das von *Roeschlein* errechnete, vom *VEB Feinoptisches Werk*, Görlitz, hergestellte **Helioplan** 1 : 4,5 in den Brennweiten 40 bis 210 mm sowie das **Isogon** 1 : 4,5/40 mm, das als Objektiv mittlerer Lichtstärke für die verschiedenen Kleinbild-Spiegelreflexkameras von der Firma *Schneider*, Kreuznach, gefertigt wird. Durch seinen gedrungenen Aufbau wird eine hohe Vignettierungsfreiheit bei sehr guter Bildleistung erreicht. Das Isogon ist ein Objektiv mit verhältnismäßig langer Schnittweite, die wegen des Spiegels bei Spiegelreflexkameras erforderlich ist.

Bild 70. Symmar 1 : 5,6

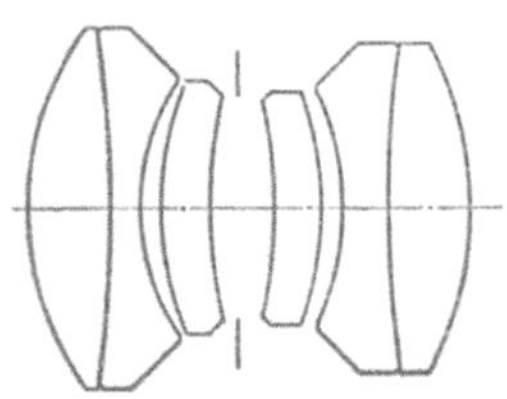

Ein Spezialobjektiv mittlerer Lichtstärke mit großem Bildwinkel (65° bei voller Öffnung, 70° bei Abblendung) für technische Aufnahmen und Reproduktionen stellt das *Schneider* **Symmar** 1 : 5,6 dar, eine unter Ausnutzung modernster Erkenntnisse auf dem Gebiet der optischen Entwicklung durchgeführte, verbessert korrigierte und lichtstärker ausgeführte Neukonstruktion eines älteren Objektives gleichen Namens. Der Brennweitenbereich dieses viergliedrigen, sechslinsigen Doppelobjektives liegt zwischen 135 und 360 mm. Als Einzelobjektiv verwendet, eignet sich das Hinterglied, das bei einem Öffnungsverhältnis 1 : 12 eine 1,75fache Brennweite des Gesamtobjektives besitzt, für Porträtaufnahmen. Sein Bildwinkel beträgt rund 40°.
Mit seinem Aufbau aus zwei den Blendenraum einschließenden sammelnden Menisken und zwei vorgesetzten zerstreuenden Menisken, die verkittet sind, zählt das Symmar zu den *Gauß*-Doppelobjektiven zweiter Art. Die Restaberrationen aller Bildfehler sind äußerst gering, gegenüber der früheren Symmarkonstruktion konnte das Auflösungsvermögen erheblich gesteigert werden. Guter Bildkontrast, gestochene Schärfe und einwandfreie Farbwiedergabe zeichnen das Symmar aus. Durch den nahezu symmetrischen Aufbau sind auch Aufnahmen aus kurzen Objektentfernungen in der Abbildungsleistung noch einwandfrei.

II. Kurzbrennweitige Objektive und Weitwinkel

Objektive, deren Brennweite merklich kürzer als die Bildfelddiagonale ist, haben gegenüber den Standardobjektiven einen größeren Bildwinkel. Diese Weitwinkel genannten Objektive sind erforderlich, sobald von einem gegebenen Aufnahmestandpunkt aus ein größeres Aufnahmefeld erfaßt werden soll, als es mit einem Normalobjektiv von einem Bildwinkel von 45 bis 55° möglich ist.

In den meisten Fällen liegt der Bildwinkel moderner Weitwinkelobjektive zwischen 60 und 90°. Objektive mit noch größerem Bildwinkel, sog. Überweitwinkel, sind Spezialkonstruktionen, beispielsweise für die Luftbildphotographie und Vermessungsaufgaben, und können in diesem Zusammenhang unerwähnt bleiben.

Mängel älterer Weitwinkelobjektive, die nur recht mäßigen Anforderungen genügten, wie geringe Anfangslichtstärke, Lichtabfall zum Bildrand, sichtbare Verzeichnungsfehler, Verminderung der Schärfe von der Bildmitte zu den Randzonen, sind bei den heutigen Weitwinkelkonstruktionen weitgehend behoben. Schon bei voller Öffnung oder leichter Abblendung entsprechen sie in ihrem Leistungsstand den hohen Ansprüchen, die der Fachphotograph und der versierte Amateur an seine Aufnahmeobjektive zu stellen gewohnt ist.

Unter bestimmten Voraussetzungen eignen sich schon einige der bisher besprochenen, für Normalobjektive gebräuchlichen Linsenschemata auch zur Erzielung einer gewissen Weitwinkelwirkung. So ist das **Xenagon** 1:3,5 der Firma *Schneider*, das in Brennweiten von 30 und 35 mm für die Formate 24 × 24 und 24 × 36 mm hergestellt wird und in seinem Aufbau eine Tripletvariation nach dem Tessartyp darstellt (dreigliedrig, vierlinsig mit einer Kittfläche), ein Weitwinkelobjektiv mittlerer Lichtstärke für die besonderen Belange von Auswechselkameras mit nachgesetztem Verschluß. Auch das *Futura*-**Ampligon** 1:4,5/35 mm sowie das **Westron** 1:3,5/35 bzw. 1:4,5/35 der *Isco* zeigen denselben schematischen Aufbau.

Weitwinkelobjektive, die zu der Gruppe der *Gauß*-Typen gehören, sind u. a. das **Weitwinkel-Heligon** 1:2,8/35 von *Rodenstock*, das *Schneider*sche **Xenogon** 1:2,8/35 und das **Summaron** 1:3,5/35 von *Leitz*. In der Anordnung ihrer sechs Linsen zu einem viergliedrigen Doppelobjektiv aus zwei freistehenden äußeren und zwei um den Blendenraum befindlichen Kittgliedern zeigen sie verwandten Aufbau mit dem Standard Heligon, dem Xenon und Symmar. Bei einem Bildwinkel von rund 64° erfassen sie eine beträchtlich breitere und höhere Objektfläche als die entsprechenden Normalobjektive. Alle drei Objektive sind als Weitwinkelobjektive für den Kleinbildphotographen bestimmt.

Das Weitwinkel-Heligon 1:2,8/35 in Leica-Fassung mit Kupplung an den Entfernungsmesser weist bei relativ geringer Vignettierung und vorzüglicher chromatischer Korrektion alle Vorzüge des normalen Heligons auf. Selbst bei voller Öffnung wird das ganze Bildfeld bis in die Ecken hinein scharf ausgezeichnet. Wegen seiner hohen Lichtstärke eignet sich das Weitwinkel-Heligon genau wie das Xenogon, das speziell zur Verwendung an Schlitzverschlußkameras entwickelt wurde, besonders für Innenaufnahmen unter mäßigen Lichtverhältnissen. Auch das Xenogon wird als Zusatzobjektiv mit Entfernungsmesserkupplung ausgeführt.

Zur Minderung der wegen des zunehmenden Bildwinkels bei Weitwinkelobjektiven leicht auftretenden Vignettierung ist beim Summaron die Frontlinse wesentlich überdimensioniert. Aber auch die Hinterlinse ist derart ausgestaltet, daß sie den Querschnitt der schiefen Strahlenbündel zusätzlich vergrößert. Den Bildecken wird so beträchtlich mehr Licht zugeführt, die Vignettierung ist praktisch aufgehoben, was sich vor allem bei Farbaufnahmen auswirkt. Auch bei diesem Weitwinkelobjektiv sind alle optischen Fehler weitgehend behoben, besonders sorgfältig wurde die Farbkorrektur durchgeführt. Große Tiefenschärfe bei einer sich bei leichter Abblendung über das ganze Bildfeld erstreckenden gleichmäßigen Bildschärfe, guter Kontrast und gesteigertes Auflösungsvermögen ergeben eine bemerkenswerte Gesamtbildleistung.

Ein weiteres Weitwinkelobjektiv der Firma *Leitz* mit einem noch größeren Bildwinkel von 76° ist das **Hektor** 1 : 6,3/28, eine fünflinsige Tripletvariation aus zwei sammelnden Kittgliedern und einem dazwischen befindlichen bikonkaven Zerstreuungsglied. Die Kittflächen des Vorder- und Hintergliedes beeinflussen weitgehend die Korrektion des Systems. Mit recht guter Schärfe zeichnet das Objektiv das Kleinbildformat schon bei voller Öffnung völlig verzeichnungsfrei aus, bei Abblendung auf etwa 1 : 11 ergibt sich ein Optimum an Bildqualität. Durch eine Vergrößerung der Linsendurchmesser über das der relativen Öffnung entsprechende Maß hinaus wurde die Vignettierung weitgehend vermindert, bei angemessener Abblendung ergibt sich eine Verbesserung in der Lichtverteilung über das ganze Bildfeld.

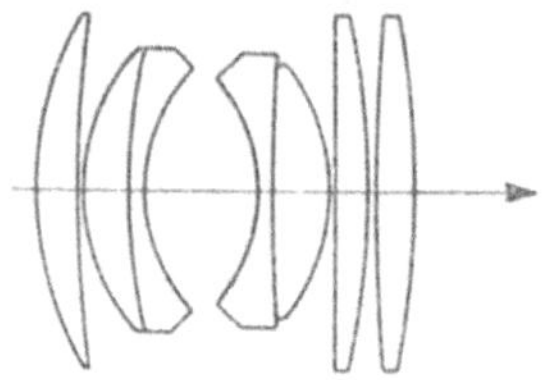

Bild 71. Fujinon 1 : 2/35 mm

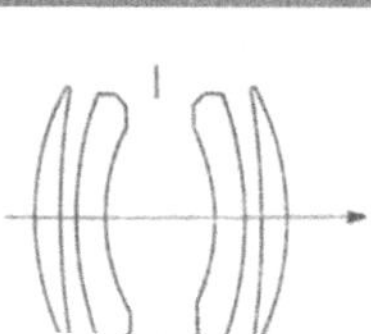

Bild 72. Weitwinkel-Aristostigmat 1 : 6,3/160 mm

Eine Variation des *Gauß*-Typs bildet das japanische Weitwinkelobjektiv **Fujinon** 1 : 2/35 mm von *Fuji Optical Division* mit einem Bildwinkel von 63°. Siebenlinsig in fünf Gliedern aufgebaut sind bei ihm die den Blendenraum einschließenden Glieder Kittglieder mit gegen die Lichtrichtung leicht erhabenen Kittflächen. Als Frontlinse wurde ein schwach durchgebogener Meniskus gewählt, die Hinterlinse des normalen *Gauß*schen Doppelobjektives ist in zwei durch eine Luftlinse voneinander getrennte dünne positive Einzellinsen aufgespalten.

Bei entsprechender Wahl der optischen Konstruktionsmittel kann auch das auf S. 73 erwähnte Biometar als Weitwinkelobjektiv Verwendung finden. So wird von *Zeiß*, Jena, ein **Biometar** 1 : 2,8/35 mm mit Blendenvorwahl hergestellt, das als Weitwinkelobjektiv für die Contax II, IIa, III und IIIa bestimmt ist. Wegen seines kurzen Bildabstandes vom letzten Linsenscheitel kann das sonst als Weitwinkelobjektiv für Kleinbildkameras gebräuchliche Biogon 1 : 2,8/35 mm (siehe S. 88) in diese Kameras nicht eingebaut werden. Diesem Umstand trägt das Biometar 1 : 2,8/35 mm mit seiner längeren Schnittweite Rechnung. Wie bei dem längerbrennweitigen Biometar 1 : 2,8/80 mm sind seine Fehlersummen nur sehr klein, so daß eine gute Allgemeinleistung erreicht wird.

Doppelobjektive mit ihrem symmetrischen oder fast symmetrischen Aufbau zeigen eine besondere Eignung als Weitwinkelobjektive. Viergliedrig, vierlinsig aus freistehenden positiven und negativen Menisken nach der Grundform des *Gauß*-Doppelobjektives erster Art aufgebaut sind die **Weitwinkel-Ektare** 1 : 6,3 in Brennweiten von 80 bis 250 mm der *Eastman Kodak Company*, Rochester (USA), die **Weitwinkel-Aristostigmate** 1 : 6,3/100, 120 und 160 mm der *VEB Feinoptisches Werk*, Görlitz, und das **Rapid-Weitwinkel-Orthar** 1 : 6,8/73 mm des Frankfurter feinmechanisch-optischen Werkes *Plaubel*.

Bild 73. Perigon 1 : 12

Mit Bildwinkeln über 70° sind diese Weitwinkelobjektive zum Einsatz an größerformatigen und Atelierkameras für den ernstschaffenden Lichtbildner bestimmt, der Architektur- und Innenaufnahmen tätigen will. Durch ihre Linsenanordnung und eine spezielle Auswahl der einzelnen Glasarten wurde eine fast vollkommene Korrektion der sphärischen Aberrationen sowie eine größtmögliche Beseitigung aller chromatischen und astigmatischen Fehler erreicht; Schärfe, Auflösungsvermögen und Kontrast sind gleichermaßen gut.

Für größere Formate 9 × 12 bis 13 × 18 ist auch das *Rodenstock*-**Perigon** 1 : 12 mit Brennweiten von 90 bis 120 mm errechnet. Unter Verzicht auf größere Lichtstärke wurde mit ihm ein vierlinsiger Weitwinkel-Anastigmat geschaffen, der sich bei einem Bildwinkel von 85° aus zwei um die Mittelblende angeordneten Kittgliedern aufbaut. Mit einer zur Blende hin hohlen Kittfläche setzt sich das Frontglied aus einem zerstreuenden und einem sammelnden Meniskus zusammen, während das Hinterglied, dessen Kittfläche zur Blende erhaben ist, eine Bikonkav- mit einer Bikonvexlinse vereinigt. Durch die geringe Bauhöhe ist der Lichtabfall über das ganze sonst anastigmatisch und verzeichnungsfrei korrigierte Bildfeld nur minimal.

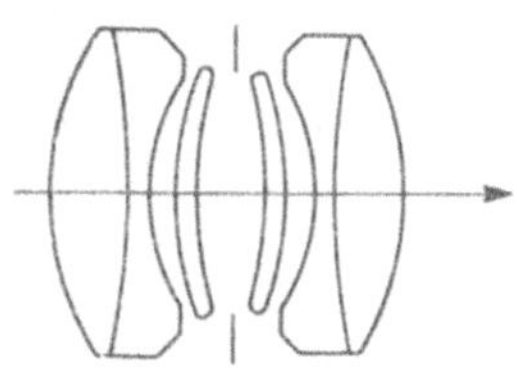

Bild 74. Orthostigmat 1 : 4,5/35 mm

Als Auswechselobjektiv, für Kleinbildkameras wie Leica, Kardon usw., auch für technische, Architektur- und Innenaufnahmen sowie für Farbaufnahmen und Reproduktionen bestimmt ist das *Steinheil*-**Orthostigmat** 1 : 4,5/35 mm, das einen dem Symmar ähnlichen Linsenaufbau zeigt. Sein Bildwinkel von 64° und seine guten Korrektionseigenschaften erlauben seinen Einsatz überall dort, wo es auf einen größeren Bildwinkel und gute Schärfe ankommt. Das Orthostigmat ist mit einer Rasterblende ausgestattet.

Ein modifiziertes *Gauß*-Doppelobjektiv zweiter Art mit einem zweigliedrigen sechslinsigen Aufbau, der sich wegen der besonders geringen Restaberrationen für große Bildwinkel zur Konstruktion von Weitwinkelsystemen eignet, stellt das *Schneider*-**Angulon** 1 : 6,8 in Brennweiten von 65 bis 210 mm für die mittleren

und großen Bildformate 60 × 90 bis 240 × 300 dar. Der relativ kurze Bau und die großen Abmessungen der Außenlinsen sind für den Bildwinkel von etwa 80°, der bei starker Abblendung auf rund 100° vergrößert werden kann, erforderlich. Sechs Linsen sind zu jeweils drei im Vorder- und Hinterglied verkittet zusammengefaßt. Mit seiner hervorragenden Korrektion in und außerhalb der Achse ergibt das Angulon scharfe und brillante Aufnahmen und erfüllt alle Anforderungen, die an derartige Weitwinkelobjektive gestellt werden.
Bei voller Öffnung, bei den längsten Brennweiten jedoch erst bei Abblendung auf 1 : 11, werden die angegebenen Bildformate ausgezeichnet. Stärkere Abblendung auf 1 : 22 vergrößert das Bildfeld und ermöglicht unter Umständen die Auszeichnung des nächstgrößeren Formates. Beschränkt man sich auf die für das Objektiv angegebene Formatgröße, erlaubt bei starker Abblendung das vergrößert ausgezeichnete Bildfeld eine erhebliche Verschiebung des Objektives aus der Kameraachse heraus, wodurch sich erweiterte Aufnahmemöglichkeiten ergeben.

Bild 75. Angulon 1 : 6,8/65 mm

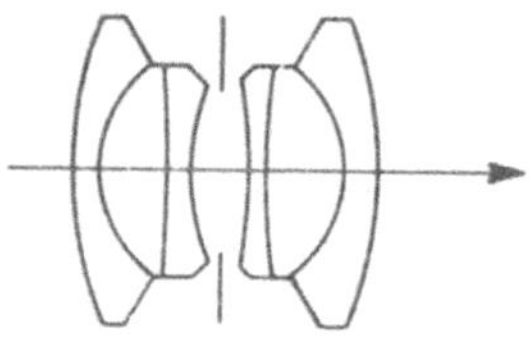

Da gegenüber dem Gesamtobjektiv die Objektivhälften des Angulons unterschiedliche Brennweiten besitzen – es verhalten sich die Brennweiten des Vordergliedes zu den des Hintergliedes bzw. zu der Gesamtbrennweite annähernd wie 2 : 1,5 : 1 –, ist in dem Angulon dem Photographen ein Satzobjektiv in die Hand gegeben, das in seiner Gesamtheit für Architektur-, Innen- und Industrieaufnahmen bestimmt ist, während das Vorderglied allein Porträt- und Landschaftsaufnahmen, das Hinterglied Gruppen- und Landschaftsaufnahmen mit den Lichtstärken 1 : 14 bzw. 1 : 11 zu machen gestattet.
Weitwinkel- und Überweitwinkelkonstruktionen mit einer dem Bildwinkel entsprechenden großen zerstreuenden Frontlinse bilden eine weitere Gruppe von Weitwinkelsystemen. Viergliedrig aus fünf Linsen, also als unsymmetrischer Anastigmat aufgebaut ist das **Skoparon** 1 : 3,5/35 mm von *Voigtländer*, eine Weitwinkelkonstruktion zur Erzielung einer langen Schnittweite. Während die ersten drei Linsen – ein großer negativer Meniskus, im Abstand davon eine Plankonvexlinse und eine Bikonkavlinse – als Einzelglieder frei in Luft stehen, ist das hinter der Blende befindliche letzte Glied ein zweilinsiges Kittglied mit einer stark sammelnden Kittfläche. Hohes Auflösungsvermögen, sehr gute Kontrastleistung und besonders fein durchgeführte chromatische Korrektion in den bildaufbauenden Teilen ermöglichen Schwarzweiß- oder Farbaufnahmen feinster Schärfenzeichnung und guter Brillanz bei einem ausgezeichneten Bildwinkel von 63°.

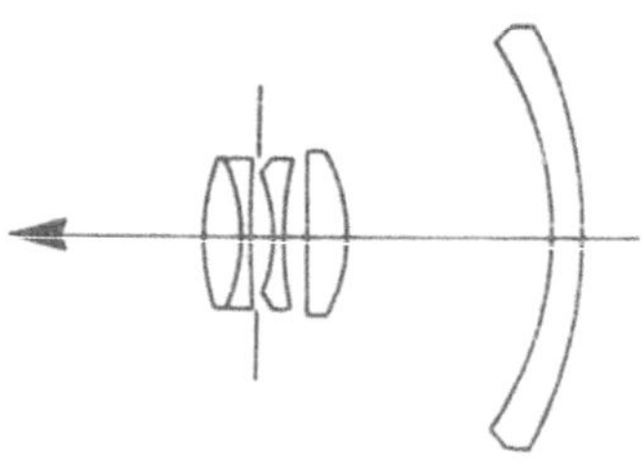

Bild 76. Skoparon 1 : 3,5/35 mm

Mit dem **Lithagon** 1 : 4,5/35 mm schuf das *Enna-Werk* in München ein Weitwinkelobjektiv für einäugige Spiegelreflexkameras 24 × 36, das wie das **Primagon**

1:4,5/35 mm des *VEB Feinoptisches Werk*, Görlitz, vierlinsig aus nur freistehenden Einzellinsen aufgebaut ist. Einem großen negativen Meniskus folgt eine Linsenanordnung, die in ihrem Aufbau und ihrer Gliederung einem normalen gewöhnlichen Triplet entspricht. Gutes Auflösungsvermögen, große Brillanz und trotz des Bildwinkels von 64° einwandfreie Randhelligkeit sind dem Lithagon eigen. In einer lichtstärkeren Ausführung als **Super-Lithagon** 1:2,5/35 mm, ebenfalls für Schlitzverschlußkameras, wurde das letzte Glied verkittet und mit einer stark sammelnden Kittfläche versehen, während das zweite Glied des Objektives in zwei direkt vor der Blende stehende Einzellinsen, eine Plankonvexlinse und einen zur Blende zu hohlen Meniskus, aufgespalten wurde.
Komplizierter aufgebaut ist das viergliedrige **Distagon** 1:5,6/60 der Firma *Zeiß*, Oberkochen, das mit seiner Linsenanordnung von sechs Linsen bei einem Bildwinkel von 65° für das Format 60 × 60 mm bestimmt ist. Auch dieses Weitwinkelobjektiv ist für den Einbau in einäugige Spiegelreflexkameras errechnet. Wegen des im Strahlengang liegenden klappbaren Spiegels darf bei Objektiven für einäugigeSpiegelreflexkameras die Schnittweite, d. h. der freie Abstand zwischen letztem Linsenscheitel und Filmebene, nicht unter einer bestimmten Größe liegen. Beim Distagon ist sie mit 110% der Brennweite länger, während sie bei den gebräuchlichen Objektivkonstruktionen kürzer als die Brennweite ist. Der hintere Hauptpunkt des ganzen Objektives liegt außerhalb des Linsensystems noch hinter der letzten Fläche.
Aufgebaut ist das Distagon aus einem großen zerstreuenden Meniskus als Frontlinse, einer darauffolgenden Sammellinse und als drittem und viertem Glied aus zwei den Blendenraum einschließenden Kittgliedern mit gegen die Blende zu gewölbten Kittflächen.
Von längerer Schnittweite, größer als die Brennweite, sind auch die **Retrofocus R 1** 1:2,5/35 mm und **R 11** 1:3,5/28 mm, Weitwinkelobjektive der französischen Firma *Pierre Angénieux*, zum Einbau in Spiegelreflexkameras 24 × 36 bestimmt. Mit guter Korrektion der verschiedenen Restaberrationen eignen sie sich wegen ihrer großen Öffnung und gleichmäßigen Lichtverteilung über fast das ganze Bildfeld für Schwarzweiß- und Farbaufnahmen. Im schematischen Aufbau sind sie den eben besprochenen Objektiven ähnlich. Einer großen meniskenförmigen zerstreuenden Frontlinse, die beim Retrofocus R 11 in zwei Einzellinsen, einen schwach positiven und einen stark negativen Meniskus, aufgespalten ist, folgt in größerem Abstand ein viergliedriges Linsensystem, das aus vier bzw. fünf Sammel- und Zerstreuungslinsen aufgebaut ist. Das letzte Glied des Retrofocus R 1 ist ein Kittglied mit stark gewölbter Kittfläche.
Von *Zeiß*, Jena, ist als Weitwinkelobjektiv besonderer Bauart und höherer Lichtstärke für Kleinbildreflexkameras das im Schnitt schematisch in Bild 77 dargestellte **Flektogon** 1:2,8/35 mm auf dem Markt erschienen, das sich ebenfalls durch besonders langen Bildabstand vom letzten Linsenscheitel auszeichnet. Der ausgenutzte Bildwinkel des mit Blendenvorwahleinrichtung ausgestatteten Objektives beträgt 62°.
Im Jahre 1933 errechnete *R. Richter* ein aus nur vier freistehenden Menisken aufgebautes Doppelobjektiv als Weitwinkelobjektiv (DRP. 636167 I), das unter der Markenbezeichnung Topogon für Spezialzwecke als Überweitwinkel von *Zeiß* in Jena gebaut wurde. Als Weitwinkelobjektiv kürzester Brennweite für die Contax II a und III a, das wegen seiner großen Tiefenschärfe die Kupplung mit dem Entfernungsmesser überflüssig macht, entwickelte sich aus diesem alten *Richter*schen Objektiv ein neues **Topogon** 1:4/25 mm mit einem

Bildwinkel von 82°. Durch die Verminderung der sphärischen Zonen konnte bei ihm die Lichtstärke gegenüber dem früheren Objektiv gleichen Namens von 1:6,3 auf 1:4 erhöht werden; gute astigmatische Korrektion und praktische Verzeichnungsfreiheit zeichnen das Objektiv weiter aus.

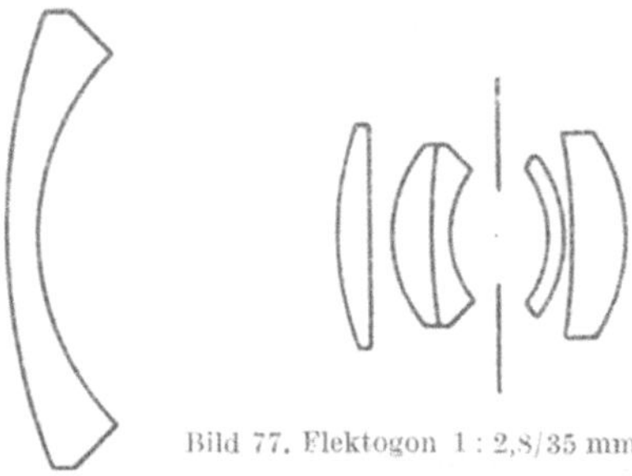

Bild 77. Flektogon 1 : 2,8/35 mm

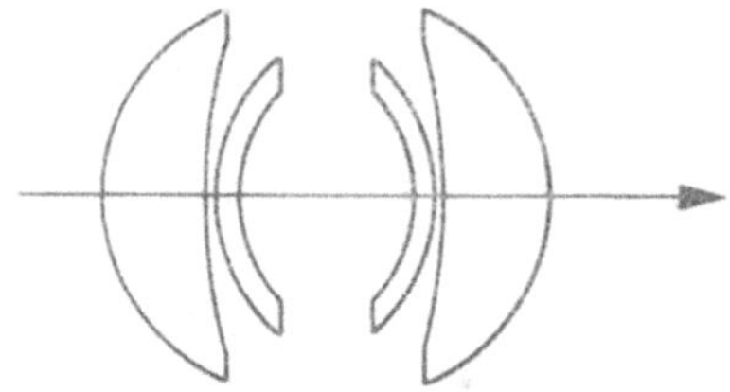

Bild 78. Topogon 1 : 4/25 mm

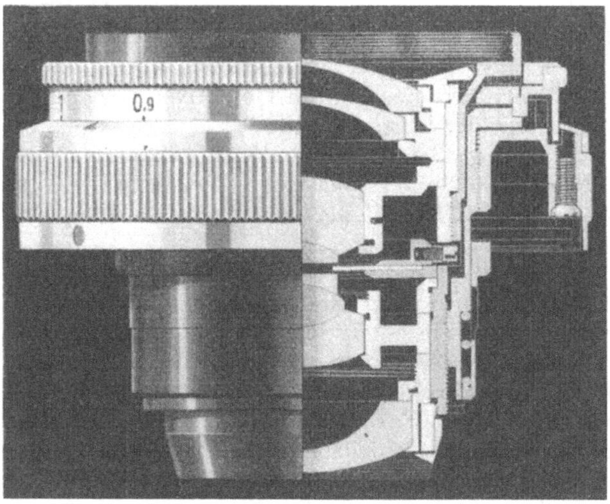

Bild 79. Biogon 1 : 4,5/21 mm

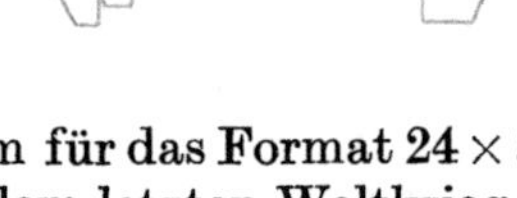

Auf Rechnung *Berteles* basiert das **Biogon** 1:2,8/35 mm für das Format 24 × 36 mit einem Bildwinkel von 63°. Es wurde bereits vor dem letzten Weltkrieg in Jena gefertigt, nach dem Krieg wird es in weiter verbesserter Konstruktion von *Zeiß*, Oberkochen, hergestellt. Bemerkenswert an diesem viergliedrigen, siebenlinsigen Objektiv, dessen zweites bis viertes Glied Kittglieder sind, ist neben der Randhelligkeit schon bei voller Öffnung sowie der praktisch verzeichnungsfreien Wiedergabe eine beachtliche Schärfenleistung bei guter Brillanz. Das Biogon 1 : 2,8/35 mm gehört zu der Klasse der universal verwendbaren Weitwinkelobjektive.

Mit dem **Biogon** 1:4,5/21 mm für das Kleinbildformat 24 × 36 und 1:4,5/38 mm für das größere Format 60 × 60 schuf *Zeiß*, Oberkochen, ein neuartiges Überweitwinkelobjektiv mit dem extremen Bildwinkel von 90° für die Bedürfnisse des Amateurs und die Arbeiten des Fachphotographen.

Achtlinsig aufgebaut, werden bei ihm zwei innere, aus zwei bzw. drei Linsen bestehende sammelnde Kittglieder von zerstreuenden Menisken eingeschlossen;

zwei bilden das Front-, ein Meniskus das Hinterglied. In seiner Bauform unterscheidet sich das Biogon 1:4,5 wesentlich von allen Konstruktionen bisher bekannter Weitwinkelobjektive mit Bildwinkeln über 70°. Das Objektiv ist langgestreckt; in der Ausführung für das Kleinbildformat ist die Baulänge etwa doppelt so groß wie die Brennweite, so daß dieses Objektiv trotz der kurzen Brennweite von nur 21 mm in der Contax Verwendung finden kann, ohne daß durch das Kamerabajonett Vignettierung eintritt. Die Bildfeldausleuchtung ist so gut, daß bei ganz offener Blende nur geringfügige Vignettierung in den Bildecken auftritt. Bedingt durch die besondere Bauform des Objektives vergrößert sich die wirksame Objektivöffnung mit zunehmender Neigung der einfallenden Strahlenbündel, wodurch der natürliche Lichtabfall etwas verringert wird. Die ausgezeichnete Korrektion aller Bildfehler einschließlich der chromatischen ergibt eine für einen Überweitwinkel beachtliche Bildleistung schon bei offener Blende. Trotz der Größe des Bildwinkels ist der Verzeichnungsfehler so weit verringert, daß das Objektiv für die Arbeiten des Fachphotographen und des Amateurs praktisch als verzeichnungsfrei angesehen werden kann. Die relativ hohe Lichtstärke gestattet extreme Weitwinkelaufnahmen, Architekturaufnahmen, Aufnahmen von Innenräumen und technische Aufnahmen bei normaler Beleuchtung auch aus freier Hand, sogar auf dem weniger empfindlichen Farbfilm.
Mit dem Biogon 1:4,5 ist den Konstrukteuren von *Zeiß* die Entwicklung eines extremen Weitwinkelobjektives gelungen, das ein Spitzenerzeugnis seiner Klasse darstellt.
Unter Verzicht auf die Möglichkeit, mit den Einzelhälften zu arbeiten, dafür aber eine verbesserte Korrektion hinsichtlich der Schärfen-, Kontrast- und Ausleuchtungsleistungen zur Verfügung zu haben, entwickelte neuerdings die Firma *Schneider*, ausgehend von dem bisherigen Objektivtyp, ein neuartiges **Angulon** 1 : 8 in den Brennweiten 47 bis 210 mm. Der Aufbau ist sechslinsig in vier Gliedern und ermöglicht gegenüber dem **Angulon** 1:6,8 eine beachtliche Verringerung des Astigmatismus und der Bildfeldwölbung. Die äußeren negativen Linsen, die bei dem bisherigen Typ mit den blendenseitigen Linsen verkittet waren, sind in der Neukonstruktion von den Mittelgliedern durch einen großen Luftabstand getrennt. Sie weisen eine starke innere Krümmung auf. Mit dieser neuen Ausführung kann schon bei der vollen Öffnung 1 : 8 ein Bildwinkel von rund 100° mit sehr guter Schärfe ausgezeichnet werden.

III. Teleobjektive

Unter den modernen Teleobjektiven mit Brennweiten für die verschiedenen Aufnahmeformate, die etwa doppelt so groß wie die Bilddiagonale des jeweiligen Formates sind oder größer, finden sich einmal die „echten" Teleobjektive, aus einem sammelnden Vorderglied und einem im größeren Abstand befindlichen zerstreuenden Hinterglied bestehend. Wie schon an anderer Stelle erklärt, wird durch einen derartigen Systemaufbau das durchtretende Strahlenbündel im Blendenraum stark eingeschnürt, außerdem verkürzt sich die Schnittweite. Das bedeutet aber, daß solche Teleobjektive gegenüber Normalobjektiven gleicher Lichtstärke und Brennweite einen kürzeren Auszug benötigen, leichter in der Kamera untergebracht und in kleinere Verschlüsse eingebaut werden können.

Eine zweite Form von Teleobjektiven bildet der sog. *Gauß*-Tele-Typ, der meist bei Teleobjektiven mit verhältnismäßig großer relativer Öffnung Anwendung findet. Bei diesem Typ ähnelt der vor der Blende befindliche Systemteil in seinem Aufbau der vorderen Hälfte eines modifizierten *Gauß*-Doppelobjektives erster Art, während das Hinterglied ein sammelnder Meniskus ist.
Schließlich wirken auch Normalobjektive gewöhnlicher Bauart, deren Brennweite aber erheblich über der dem Format entsprechenden Mindestbrennweite liegt, als Tele- oder Fernobjektive, wie schon an anderer Stelle gezeigt wurde.
Zu den Teleobjektiven des zweiten Typs gehört u. a. das **Tele-Travenar** 1 : 3,5/135 mm der Firma *Albert Schacht GmbH.*, München, ein mit Vorwahl pringblende versehenes, von *Bertele* errechnetes Teleobjektiv mit einem Bildwinkel

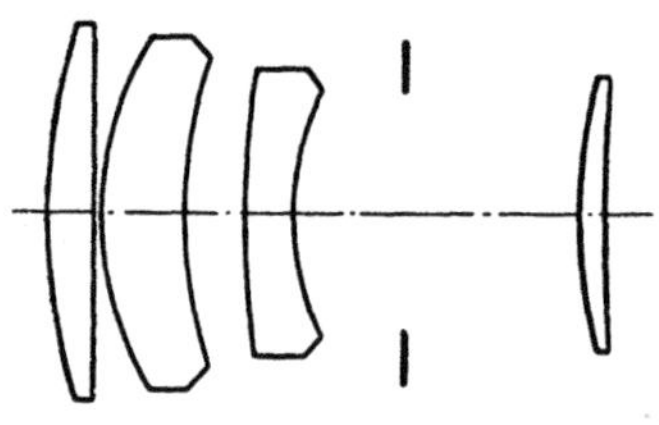

Bild 80. Tele-Travenar 1 : 3,5/135 mm

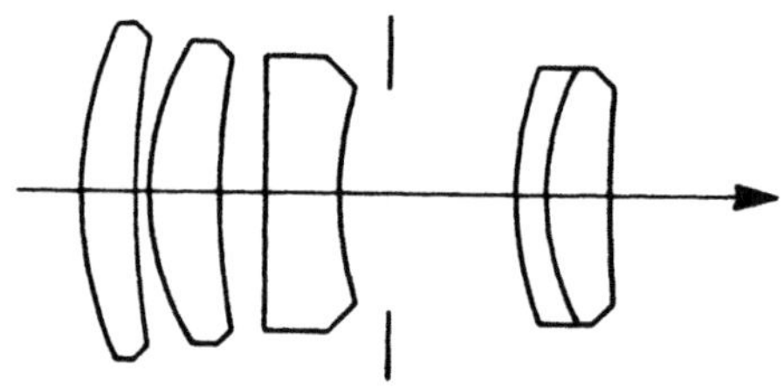

Bild 81. Takumar 1 : 3,5/135 mm

von 19°, bestimmt zum Einbau in Exakta, Praktica und Pentacon. Vier freistehende Linsen, von denen drei Menisken sind, sind so angeordnet, daß sich vor der Blende als Frontglied eine flache Plankonvexlinse befindet, der zunächst ein stark durchgebogener dicker positiver Meniskus, dann, durch eine Luftlinse getrennt, ein stark gewölbter Meniskus folgen. Das Glied hinter der Blende bildet ein flacher, sammelnder Meniskus. Bei brillanter Bildschärfe liefert das Tele-Travenar kontrastreiche Aufnahmen, auf Grund seiner Korrektion ist es bestens für Farbaufnahmen geeignet.
Im japanischen Teleobjektiv **Takumar** 1 : 3,5/135 mm der *Asahi Optical Company Ltd.*, Tokio, ähnelt der schematische Aufbau des Vordergliedes dem des Tele-Travenars. Im Hinterglied ist jedoch eine zur Blende zu stark gewölbte Kittfläche eingeführt, so daß dieses Objektiv zwar auch viergliedrig, aber fünflinsig aufgebaut ist. Dabei sind alle Linsen Menisken.
Bei den **Tele-Xenaren** 1 : 3,8/75 mm für das Bildformat 24 × 24 und 1 : 3,5/90 bzw. 1 : 3,5/135 mm für das Format 24 × 36 der Firma *Schneider* hat der vor der Blende befindliche vordere Objektivteil Ähnlichkeit mit einer Xenonhälfte, das Hinterglied ist ein sammelnder Meniskus. Gleichen schematischen Aufbau wie diese lichtstärkeren Tele-Xenare zeigen auch das **Tele-Elor** 1 : 5,6/90 mm mit einem Bildwinkel von 28° und das **Tele Futar** 1 : 3,8/75 mm, Bildwinkel 34°, beides Teleobjektive des Freiburger Kamerawerkes *Futura* für die Kleinbildkamera gleichen Namens. Diese viergliedrigen Spezialobjektive zur möglichst großen Abbildung entfernter Gegenstände haben keinerlei Kittflächen und bestehen nur aus freistehenden Linsen.
Theateraufnahmen, Aufnahmen von Tieren in freier Wildbahn, Sportaufnahmen, nach Möglichkeit nicht nur in Schwarzweiß, sondern in Farbe, verlangen langbrennweitige oder Teleobjektive, da der Aufnahmeabstand stets groß sein wird, außerdem aber Systeme größerer Lichtstärke, weil die Lichtverhältnisse unter diesen Aufnahmebedingungen oft ungünstig sind. Diesen doppelten For-

derungen sollen Teleobjektive, wie **P 1** 1:1,8/90 und **P 2** 1:2,5/135 mm von *Angénieux*, entsprechen, die fünflinsig in vier Gliedern aufgebaut sind. Der vordere dreigliedrige Objektivteil vor der Blende setzt sich bei ihnen aus einer plankonvexen Frontlinse, der ein Kittglied mit einer zur Lichtrichtung hohlen Kittfläche aus Bikonvex- und Bikonkavlinse folgt, sowie aus einer einfachen Zerstreuungslinse zusammen, während das Hinterglied durch eine Bikonvexlinse gebildet wird.

Außer für die obenerwähnten Aufnahmegebiete eignen sich derartige lichtstarke Teleobjektive auch für Porträts, besonders für Kinderaufnahmen.

Im Gegensatz zu den eben beschriebenen, nach dem *Gauß*-Tele-Typ gestalteten Objektiven sind die **Tele-Xenare** der Lichtstärken 1:4,5 und 1:5,5, Spezial-

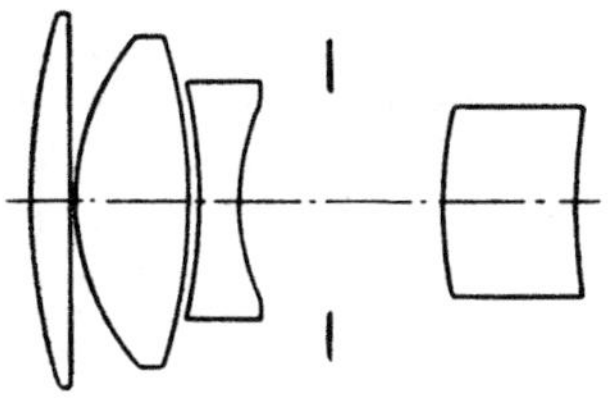

Bild 82. Tele-Elor 1 : 5,6/90 mm

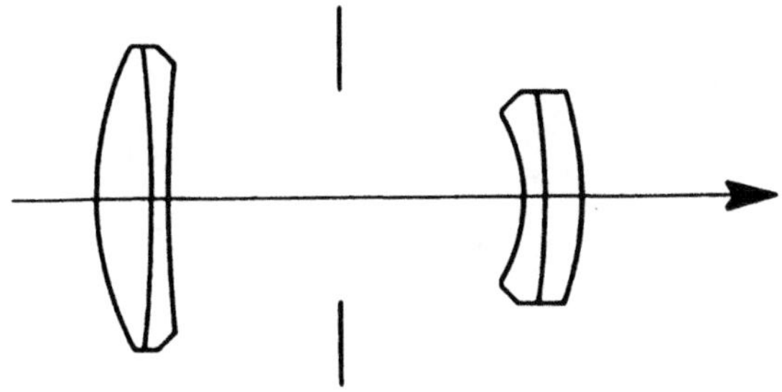

Bild 83. Tele-Xenar 1 : 5,5/180 mm

systeme für das Gebiet der Kleinbild-, Mittel- und Großformatphotographie, echte Teleobjektive. Unter ihnen findet sich, entsprechend den Aufgaben bei den verschiedenen Kameratypen, eine Reihe voneinander abweichender Objektivkonstruktionen, denen aber allen gemeinsam der Aufbau aus einem zweilinsigen sammelnden Vordersystem und einem zerstreuenden Hinterglied ist, das aus zwei bis drei Linsen besteht. Der Brennweitenbereich dieser Tele-Xenare reicht von 150 bis 500 mm für das Großformat 180 × 240 mm.

Auch die schematische Schnittfigur des **Telemegors** 1:5,5/180 mm, eines echten Teleobjektives der *Meyer*-Optik, zeigt denselben Aufbau wie in Bild 83. In Brennweiten von 90 (Lichtstärke 1:4,5) bis 500 mm findet es Anwendung als Kleinbildobjektiv, mit Brennweiten 180 bis 400 mm wird es in Spiegelreflex- und Rollfilmkameras 60 × 60 mm eingebaut. Bei den Telemegoren kürzerer Brennweite ist Blendenvorwahleinrichtung vorhanden; die Objektive der Brennweiten 250 und 400 mm erlauben, ohne daß sie vom Stativ genommen werden müssen, durch einen um die Fassung drehbaren Stativsockel einen Wechsel von Hoch- und Queraufnahme.

Fünflinsig – dem Hinterglied des Tele-Xenars 1:5,5 ist zur Blende hin ein dünner zerstreuender Meniskus zugefügt – ist das **Tele-Makinar** 1:4,8/190 mm, ein Ergänzungsobjektiv zur *Plaubel* Makina, das außer für Fernaufnahmen gern als Porträtobjektiv in dieser Kamera benutzt wird.

Ältere Bauformen der Teleobjektive zeigen das Hinterglied meist in Form des *Gauß*-Typs ausgebildet, während das Vorderglied nach dem *Fraunhofer*schen Objektivtyp aufgebaut ist. Abweichend hiervon ist im **Telomar** 1:5,5 von *Voigtländer* die Form des *Fraunhofer*schen Typs im Vorder- und Hinterglied angewandt. In diesem viergliedrigen Telesystem aus fünf Linsen besteht das zweigliedrige sammelnde Vorderglied aus einer bikonvexen Sammel- und einer nachfolgenden ungleichschenkligen Zerstreuungslinse, während im ebenfalls zweigliedrigen zerstreuenden Hinterglied einer Sammellinse ein zweilinsiges Kittglied folgt.

Das als Auswechselobjektiv in der Brennweite 100 mm für die Prominent in Verbindung mit einem Spiegelkasten bestimmte Telomar – längere Brennweiten bis 340 mm finden als Teleobjektive in Universal- und technischen Kameras Verwendung – zeichnet sich neben allgemeiner ausgezeichneter Schärfenleistung besonders auch durch eine sehr gute Korrektion der Verzeichnung aus.

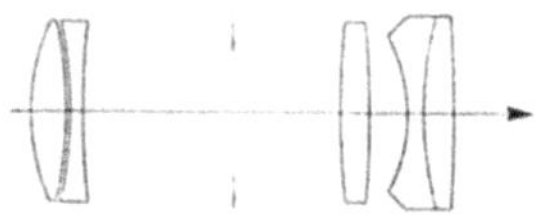

Bild 84. Telomar 1 : 5,5/100 mm

Dreilinsig ist beim *Voigtländer*schen **Dynaron** 1:4,5/100 mm das Vorderglied aufgebaut, während das Hinterglied dem des Telomars gleicht. Einem sammelnden Kittglied mit zur Lichtrichtung hohlen Kittfläche – die Luftlinse des Telomars wurde durch eine Kittfläche ersetzt – folgt durch einen schmalen Luftspalt getrennt, ein schwach gekrümmter negativer Meniskus. Das Dynaron mit einem Bildwinkel von 25° ist zum direkten Ansatz an die Prominent, ohne Benutzung des Spiegelkastens, bestimmt.

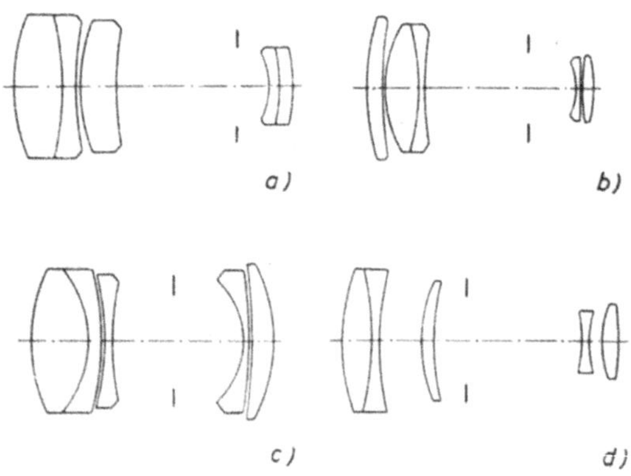

Bild 85. Echte Teleobjektive
a) Tele-Quinar 1 : 4,5/200 mm von *Steinheil*; b) Tele-Ennaston 1 : 3,5/135 mm der *Enna-Werke*; c) Rotelar 1 : 4,5/180 mm von *Rodenstock*; d) Telyt 1 : 4,5/200 mm von *Leitz*

Bild 85 zeigt vier weitere Ausführungsformen echter Teleobjektive. Das *Steinheil*sche fünflinsige **Tele-Quinar** 1:4,5/200 mm mit drei freistehenden Gliedern und einem Bildwinkel von 12° ist ein mit Vorwahlblende versehenes Auswechselobjektiv für Kleinbildkameras, wie Exakta, Praktica, Contax S, Pentacon. Sorgfältige Korrektion aller Bildfehler ergibt bei guter Farbkorrektur eine ausgeglichene Schärfe über das ganze Bildfeld.

Auch fünflinsig, aber in vier Gliedern aufgebaut, von denen das zweite ein sammelndes Kittglied ist, ist das **Tele-Ennaston** 1:3,5/135 mm des *Enna-Werkes*. Bei einem Bildwinkel von 18° bildet es gegenüber einem Normalobjektiv den Gegenstand in 2,75fach linearer Vergrößerung kontrastreich mit gleichmäßiger Schärfe ab.

Bei Teleaufnahmen wächst der Hintergrund im verstärkten Maße und schiebt sich dicht an die näherliegenden Teile des Motivs heran. Die Tiefe erscheint dadurch zusammengedrückt. Wird bei größerer Öffnung die Schärfe genau auf die bildwichtigsten Teile des Aufnahmeraumes gelegt, läßt sich eine besonders wirksame Plastik erzielen; der scharf wiedergegebene Teil hebt sich klar gegen den leicht verschwommenen Hintergrund ab.
Wir hörten schon von der starken Einschnürung des Strahlenganges bei echten Teleobjektiven, die den Einbau des Objektives in kleinere Verschlüsse erlaubt, als es bei Normalobjektiven gleicher Lichtstärke und Brennweite möglich ist. So läßt sich das *Rodenstock*-**Rotelar** 1 : 4,5/180 mm, Bildwinkel 36°, für Format 60 × 90 bestimmt, noch in Zentralverschlüsse der Größe 0 einbauen. Das lichtschwächere **Rotelar** 1 : 5,5/270 mm für Bildgröße 90 × 120 paßt dagegen in Verschlüsse der Größe I. Kontrastreich bis in die Bildecken eignet sich das Rotelar wegen seiner chromatischen Korrektur und geringen Vignettierung gut auch für Farbaufnahmen.
Weitgehende Beseitigung der Farbfehler und völlige Verzeichnungsfreiheit bei günstiger Korrektion der übrigen Bildfehler weist das **Telyt** 1 : 4,5 auf, ein echtes Teleobjektiv der *E. Leitz GmbH.* für die Leica zur Benutzung mit dem *Leitz*-Visoflex-Ansatz. Fünf Linsen in vier Gliedern ergeben den Aufbau dieses Objektives, das in den Brennweiten von 200 mm, Bildwinkel 12°, und 400 mm, Bildwinkel 6° gefertigt wird. 4- bzw. 8fache Vergrößerung bei verkürzter Bauweise gegenüber dem Standardobjektiv ermöglicht Tieraufnahmen, Ausschnitte sonst unzugänglicher Sportszenen und Landschaftsaufnahmen besonders reizvoller Perspektive.

IV. Spezielle Aufnahmeobjektive

1. Objektive mit Wechseloptik

Die bei Schlitzverschlußkameras gegebene Möglichkeit zum Wechseln der Objektive, zum Austausch des für das betreffende Aufnahmeformat erforderlichen normalbrennweitigen Objektives gegen ein Weitwinkel- oder Teleobjektiv, ist bei Kameras mit Zentralverschlüssen im allgemeinen nicht vorhanden. Die Lage des Zentralverschlusses zu den Objektivteilen – in seiner normalen Stellung liegt der Zentralverschluß als Zwischenlinsenverschluß zwischen Vorder- und Hinterglied in der Ebene der Aperturblende oder mindestens in ihrer unmittelbaren Nähe – gestattet die Verwendung von Zentralverschlüssen eigentlich nur bei fest eingebauten Objektiven. Die Aufgabe, auch Auswechselobjektive im Zentralverschluß anzuordnen, ist sehr schwierig zu lösen, sofern alle für gute Korrektion und Abbildungsleistung erforderlichen Forderungen erfüllt werden sollen. Wenn trotzdem heute auf dem Markt verschiedene Kleinbildkameras mit Zentralverschlüssen anzutreffen sind, die auch die Auswechselbarkeit der Objektive erlauben, ließ sich dies nur ermöglichen, indem von vornherein auf die günstigste Verschlußstellung verzichtet und der Zentralverschluß statt dessen dicht hinter das ganze Objektiv in der Kamera eingebaut wurde, was optisch nur durch zusätzlichen konstruktiven Aufwand realisierbar war.
Ein zweiter Weg, auch bei Zentralverschlußkameras Objektive miteinander auswechseln zu können, ohne daß für jedes Objektiv ein eigener Verschluß not-

wendig ist, besteht darin, das Hinterglied des Normalobjektives einschließlich des Verschlusses in der Blendenebene in der Kamera zu belassen und nur den Objektivvorderteil auszuwechseln. Selbstverständlich muß diese „Wechseloptik" dann einen anderen Aufbau aufweisen als er sonst beim gegenseitigen Austausch entsprechender Normal-, Weit- und Teleobjektive erforderlich ist, da ja in diesem Fall für alle drei Aufnahmebedingungen stets dasselbe Hinterglied verwandt wird.

Für die Retina-Modelle schufen die Firmen *Rodenstock*, München, und *Schneider*, Kreuznach, Objektive mit Wechseloptik, die ähnlich den alten Satzobjektiven aufgebaut sind, außerdem auch noch die Bedingung erfüllen, daß beim Auswechseln des Vordergliedes, das zusammen mit dem im Verschluß fest in der Kamera verbleibenden Teil des Objektives das Normalobjektiv von 50 mm Brennweite bildet, die Schnittweite des Gesamtsystems konstant bleibt. Durch ein Bajonett ist die Fassung des Vordergliedes mit dem Verschluß verbunden, durch eine kurze Drehung kann es leicht von ihm gelöst und gegen eine Wechseloptik ausgetauscht werden, so daß sich je nach Wahl ein Weitwinkelsystem der Brennweite 35 mm oder ein längerbrennweitiges Objektiv von 80 mm Brennweite ergibt.

Grundobjektive sind Heligone und Xenone, die in fester Fassung wegen ihrer Leistung und guten Korrektion zu den bekanntesten Kleinbildobjektiven zählen. Als Wechselobjektive – der Buchstabe C kennzeichnet diese Eigenschaft – wird für die Retina IIc das **Retina-Heligon C** 1:2,8/50 mm, für die Retina IIIc das **Retina-Heligon C** 1:2/50 mm oder **Retina-Xenon C** 1:2/50 mm, Bildwinkel 48°, geliefert. Ihre Vorderglieder sind austauschbar gegen das **Retina-Longar Xenon C** oder **Retina-Heligon C** 1:4/80 mm, Bildwinkel 30°, bzw. gegen das **Retina-Curtar Xenon C** oder **Retina-Heligon C** 1 : 5,6/35 mm, Bildwinkel 64°.

Auch die durch die Wechseloptiken neu entstehenden Systeme zeigen wie die Grundobjektive bei einer Gleichmäßigkeit in der Lichtverteilung über das ganze Bildfeld ausgezeichnete Schärfe und Auflösung und sind wegen ihrer guten chromatischen Eigenschaften insbesondere auch als Farbfilmobjektive bestens geeignet.

2. Weichzeichner

Nicht immer ist die gestochene Schärfe unserer hochentwickelten Anastigmate, die mit ihren ausgereiften Konstruktionen ein Höchstmaß an dokumentarischer Abbildungstreue ergeben, erwünscht und unentbehrlich. Beispielsweise kann die Benutzung eines Objektives hervorragender Schärfen- und Kontrastleistung, die für technische und wissenschaftliche Aufnahmen ein selbstverständliches Erfordernis ist, um auch noch feinste Bilddetails getrennt wiedergeben zu können, in anderen Fällen, etwa bei Porträtaufnahmen oder Stimmungsbildern in der Landschaftsphotographie, eher unerwünscht, ja schädlich als nützlich sein. Punktscharfe Abbildung und harte Konturen sind hier weniger am Platze und müssen gemildert werden. Erforderlich ist statt dessen eine Weichzeichnung, bei der die kleineren Einzelheiten, die in ihren Helligkeitswerten von ihrer Umgebung nicht sehr verschieden sind, unterdrückt sind und nur die Bildstellen, die sich durch stärkere tonliche Kontraste voneinander abheben, mit deutlicher Schärfe herausgestellt werden.

Einfach durch unscharfe Einstellung eines an sich scharf zeichnenden Anastigmaten läßt sich dies nicht erreichen. Der Erfolg wäre lediglich eine über das ganze Bildfeld hin gleichmäßige Unschärfe, was jedoch nicht erwünscht ist. Auch bei der Weichzeichnung muß man immer einen scharfen Konturenkern haben, der seitlich mehr oder weniger überstrahlt wird. Einem scharfen, nicht allzu lichtstarken Bild, das die wichtigen, tonlich abgestuften Konturen enthält, überlagert sich dabei ein unscharfes Bild mit Lichtern und Schatten.
Weichzeichnereffekte lassen sich auf die verschiedenste Weise erzielen. Der einfachste Weg ist der des Vorschaltens von feinen Drahtgeweben, Tüll oder gerilltem Glas vor das Objektiv. Die hierdurch auftretenden Beugungserscheinungen ergeben den sog. Softfocus-Effekt – man spricht auch von „soften" statt weichzeichnen –, wobei die Konturen der Spitzlichter, die klar erhalten bleiben, von einer zarten Aureole überstrahlt sind.
Seitens der Industrie werden auch spezielle Weichzeichnervorsatzlinsen gefertigt, die von vorn auf das Objektiv aufgesteckt werden. Der bekannteste dieser Weichzeichnerbehelfe ist die **Duto-Linse,** eine planparallele Glasscheibe mit konzentrisch eingeschliffenen Rillen. Sie kann auf jedes scharfzeichnende Objektiv gesetzt werden, ohne daß dadurch Brennweite und Lichtstärke verändert werden. Das Licht, das zwischen den Rillen Duto-Linse und Objektiv durchsetzt, liefert den Bildkern, an den Rillen selbst wird das Licht abgelenkt und ergibt bei Gegenlicht- und Porträtaufnahmen die gewünschte Weichzeichnung. Da der Weichzeichnungseffekt mit der Abblendung mehr und mehr schwindet – bei kleiner Blende ist nur noch das innere Rillenfeld wirksam –, empfiehlt sich, bei der Aufnahme nicht zu stark abzublenden.
Auch beim Vergrößern normaler Negative mit geringen Lichtkontrasten liefert die Duto-Linse gute Ergebnisse. Sind jedoch starke Kontraste vorhanden, greifen die Schatten in die Lichter über, umgekehrt wie bei der Weichzeichneraufnahme, wo die Lichter die Schatten überstrahlen.
Ausschlaggebend für die Schärfeleistung eines Objektives bei der Bildwiedergabe sind seine Korrektionseigenschaften. Je punktschärfer es zeichnen soll, um so mehr müssen alle Bildfehler, axial und außeraxial, korrigiert und die Restaberrationen kleingehalten werden. Dabei wird der eine oder andere Fehler besonders wirkungsvoll sein. Für den Softfocus-Effekt sind vor allem chromatische und sphärische Aberration von Bedeutung, letztere noch mehr als die chromatische Aberration, die ja immer recht stark von so verschiedenen Faktoren wie Lichtfarbe, Objektfarbe, verwendete Filter, Farbenempfindlichkeit des Aufnahmematerials u. ä. abhängt, während die sphärische Abweichung davon unabhängig ist.
So sind bei der Konstruktion von Weichzeichnerobjektiven chromatische und sphärische Aberration bewußt in den notwendigen Grenzen beibehalten worden, um die Weichzeichnerwirkung zu erreichen. Ein bekanntes Objektiv dieser Art ist das ***Perscheid*-Objektiv,** ein 1922 in Form eines Aplanaten von *Busch*, Rathenow, entwickelter Weichzeichner, der seinen Namen nach dem Porträtphotographen *Nicola Perscheid* erhielt und für Bildnisaufnahmen bestimmt war. Wie leicht einzusehen, läßt sich der Weichheitsgrad durch Abblenden verändern, da bei kleineren Blenden die Randkorrektion zugunsten der Korrektion der Mitte zurücktritt. Bei kleinerer Blende nimmt die Schärfe zu.
Ein Po trätobjektiv, in Amerika als Weichzeichner herausgebracht, ist die ***Smith*-Linse.** Al; Weichzeichnerobjektiv zur Leica gilt das **Thambar** 1 : 2,2/90 mm, eine dreigliedrige vierlinsige Tripletvariante mit 27° Bildwinkel, das bei

großen Blenden eine abstimmbare Weichzeichnung ergibt. Etwa ab Blende 9 zeichnet das Objektiv scharf und ist unterhalb dieses Blendenwertes als scharfzeichnendes Universalobjektiv zu benutzen.

Nach Angaben von *Heinrich Kühn* und *Dr. Staeble* wird von *Rodenstock* der Tiefenbildner **Imagon** 1:4,5 und 1:5,8, Bildwinkel 40°, hergestellt, bei dem durch ein eigenartiges Blendensystem in Form von Siebblenden ein regulierbarer Weichzeichnereffekt bei gleichzeitiger großer Tiefenschärfe erreicht wird. An Stelle der sonst üblichen Irisblende wird eine aufsteckbare Siebblende mit einer großen Mittel- und verschiedenen kleineren Randöffnungen verwandt. Jedem Objektiv liegen drei solcher Siebblenden verschieden großer Öffnungen zwischen H 4,5 (bzw. 5,8) und H 11,5 bei, wobei die Bezeichnung H 4,5 z.B. bedeutet, daß bei Aufnahmen mit dem Imagon und der entsprechenden geöffneten Siebblende so belichtet werden muß wie bei einem scharfzeichnenden Objektiv mit der relativen Öffnung 1:4,5. Durch Wahl der Siebblende und durch beliebige Verkleinerung der Randöffnungen bis zu völliger Schließung läßt sich der Grad der Weichheit bis zu normaler Bildschärfe regeln.

Bei dem **Universal-Heliar** 1:4,5, einem nach dem Heliarschema aufgebauten Porträtanastigmaten von *Voigtländer* für die Aufgaben des Berufsphotographen, ist die Mittellinse verstellbar, die Brennweite wird bei der Verschiebung aus der Normalstellung verkürzt. So verringert sich bei größter Verstellung der Mittellinse die Brennweite des Universal-Heliars 1:4,5/420 auf 350 mm, der Bildwinkel wächst dagegen von 45° auf 54°.

Entsprechend der Beeinflussung der chromatischen und sphärischen Korrektion durch die axiale Verstellung der negativen Mittellinse zwischen dem zweilinsigen Vorder- und zweilinsigem Hinterglied ergeben sich Bilder der verschiedensten, genau einstellbaren Weichheitsgrade, wobei in der Nullstellung volle Heliarschärfe erreicht wird. Wegen der Brennweitenänderung ist nach Verschieben der Mittellinse jedesmal neu auf beste Schärfe einzustellen.

3. Objektive mit veränderlicher Brennweite

Die Brennweite eines aus zwei Linsen oder Linsengruppen bestehenden Systems läßt sich verändern, sobald man den Luftraum zwischen ihnen variiert, also mindestens eine der Linsen längs der optischen Achse verschiebt. Nach der Formel auf S. 20 wird die Gesamtbrennweite kürzer, sobald der Abstand zwischen zwei Linsen verringert wird.

Auch bei einem System von drei Linsen kann man durch Verschiebung der Linsen eine Brennweitenänderung erreichen. Soll das Bild stets scharf eingestellt bleiben, welche Brennweite auch gewählt sein mag, müssen alle drei Linsen längs der Achse verschoben werden, was einen gewissen konstruktiven Aufwand erfordert.

Objektive mit veränderlicher Brennweite, die unter Beibehaltung der Entfernung zwischen Objekt und Bild die Möglichkeit geben, innerhalb gewisser Grenzen die Bildgröße nach Belieben einzustellen, finden überwiegend bei Kinoaufnahme- und -wiedergabegeräten Anwendung. Sowohl für Schmalfilm- wie Normalfilmgeräte werden derartige Objektive gebaut, die Brennweitenintervalle im Verhältnis 1:2 bis 1:4 überbrücken und ohne Objektivwechsel den stetigen Übergang von einer Normalobjektivaufnahme zu einer Teleobjektivaufnahme vorzunehmen gestatten. Dabei darf die Bildschärfe und die Gesamt-

leistung des Objektives sich nicht verschlechtern, auch muß die Belichtungszeit unverändert bleiben, was nur durch eine komplizierte, teilweise die Verschiebungsrichtung ändernde Verstellbarkeit aller Objektivglieder gegeneinander zu erreichen ist.
Ende der dreißiger Jahre brachte *Busch* in Rathenow für die 16-mm-Schmalfilmkamera von *Siemens* das **Vario-Glaukar** 1:2,8 heraus, bei dem die Brennweite im Verhältnis 1:3 von 25 bis 80 mm variiert werden kann. Diese Brennweitenänderung ist auch während der Aufnahme möglich, so daß sich ganz eigenartige Fahreffekte ergeben, die sonst nur durch laufenden Wechsel des Aufnahmestandpunktes durch Heran- oder Fortfahren der Kamera vom Objekt bei gleichzeitigem Nachstellen der Entfernungseinstellung möglich ist. Beim Vario-Glaukar bewegt sich zur Brennweitenänderung das zweite, zerstreuende Linsenglied gleichförmig, während das Frontglied eine ungleichmäßige Hin- und-Her-Bewegung macht. Dieses recht interessante Objektiv fand leider infolge des zweiten Weltkrieges nicht die erhoffte größere Verbreitung.
Ein afokales System mit veränderlicher Vergrößerung, bei dem die Frontlinse festbleibt, ist der von der *Astro GmbH.* in Berlin 1935 entwickelte Vorsatz **Transfokator,** ein dreilinsiges *Galilei*-Fernrohr mit einer verschiebbaren Positivlinse zwischen zwei feststehenden Zerstreuungslinsen, das eine Brennweitenänderung im Bereich 1:2 erlaubt. Zur Verminderung der Verzeichnung ist die Positivlinse zwischen den beiden meniskenförmigen Außenlinsen gleicher Brennweite, die zum Licht hin gekrümmt sind, ungleichmäßig bikonvex mit stärkerer vorderer Krümmung. Das hinter dem Vorsatz befindliche Objektiv darf nicht zu lichtstark sein, um in der Filmebene bei den verschiedenen Einstellungen der Mittellinse eine ausreichende Schärfe zu erhalten.
Von *L. Bergstein* und *F. G. Back* wurden in den Lichtstärken 1:2,8 für 8- und 16-mm-Schmalfilmkameras und in 1:4,5 für 35-mm-Normalfilmkameras Objektive mit veränderlicher Brennweite errechnet, die als **Zoomar** von der gleichnamigen amerikanischen Firma gebaut werden und Brennweitenänderungen von 13–39 mm bei 8-mm-Schmalfilm-, 25 bis 75 mm bei 16-mm-Schmalfilm- und 40 bis 120 mm bei Normalfilmgeräten gestatten. Ein Paar von Linsengliedern, die aus Einzel- oder Kittlinsen bestehen können, wird bei diesen Objektiven gleichförmig hin und her bewegt.
Eine ähnliche Konstruktion wendet die französische Firma *S. O. M. Berthiot* in ihrem **Pan-Cinor** an, das ebenfalls eine Brennweitenänderung im Verhältnis 1:3 ermöglicht.

V. Reproduktionsobjektive

Für die verschiedenen Aufgaben der Reproduktionstechnik, die Strich-, Autotypie- und Mehrfarbenaufnahmen, sind besondere Spezialobjektive geschaffen worden. Es sind dies die Reproduktions-Apochromate mit relativen Öffnungen von etwa 1:8 und 1:9. Bedingt durch die verschärften Anforderungen der Reproduktionstechnik und verwandter Techniken wie der Kartographie an genaueste Strichschärfe und präzise Farbauszüge sind die Korrektionsbedingungen für diese Objektive noch größer und gewichtiger als bei gewöhnlichen Universalobjektiven. Mit besonderer Sorgfalt ist bei ihnen deshalb die Korrektion der chromatischen und sphärischen Bildfehler, von Verzeichnungsfreiheit, Bildfeldwölbung und Astigmatismus durchgeführt. Feinste Strichvorlagen können so bei exakter Auflösung der einzelnen Linien über das ganze Bildfeld bis in die Ecken hinein verzeichnungsfrei mit kräftigem Kontrast wiedergegeben werden.

Die fast völlige Beseitigung der Farbrestfehler ergibt bei Mehrfarbendrucken eine absolute Paßgenauigkeit der Farbauszüge in Größe und Schärfe über einen breiten Spektralbereich hinweg. Damit ist die Gewähr für eine einwandfreie und farblich dem Original entsprechende Wiedergabe farbiger Vorlagen gegeben.

Als Objektive für die Reproduktionstechnik werden vom *VEB Carl Zeiß* in Jena die **Apo-Tessare** 1 : 9 in Brennweiten von 140 bis 900 mm und das Apo-Tessar 1 : 11/1200 mm gebaut. Sie zeichnen sich durch höchste Strichschärfe, beste Farbwiedergabe, Paßgenauigkeit und hohe Verzeichnungsfreiheit aus. Bei den für den Abbildungsmaßstab 1 : 1 bis 1 : 2 – also auf Nähe – korrigierten Objektiven wird durch Abblenden von der vollen Öffnung auf die üblichen Arbeitsblenden von 1 : 22 und weniger das Bildfeld noch etwas erweitert, Schärfe und Abbildungsgüte verbessert, so daß trotz der großen, in der Reproduktionstechnik üblichen Bildformate gestochen scharfe Negative und Farbenauszüge über das ganze Bildfeld erhalten werden. Planspiegel, Prismen und Drehringe für die Bildumkehrung sowie Küvetten, Farbfilter und Steckblenden sind zur Reproduktionseinrichtung notwendige Zubehörteile. Von derselben Herstellerfirma wird außerdem zur Anfertigung von Farbauszügen nach Farbkleinbild-Diapositiven 24 × 36 das **S-Tessar** 1 : 6,3/120 mm geliefert.

a

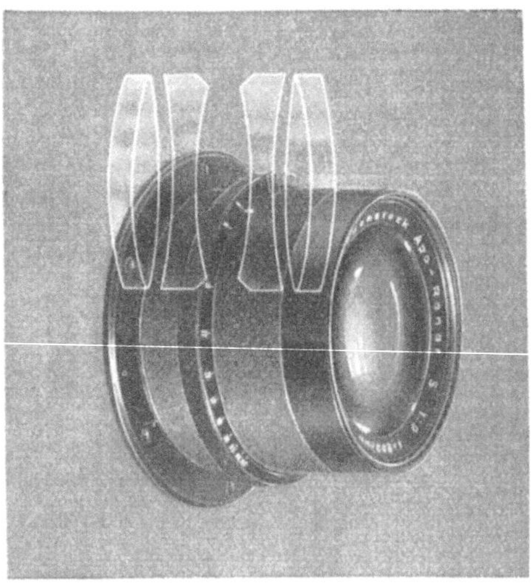

b

Bild 86a) Apo-Ronar 1 : 9 und b) Apo-Ronar S 1 : 9 von *Rodenstock*

Vollkommen symmetrisch in ihrem Aufbau sind die Reproduktionsobjektive von *Rodenstock*, das **Apo-Ronar** 1 : 9 aus vier freistehenden Linsen, in Brennweiten von 150 bis 600 mm und das komplizierter aufgebaute sechslinsige viergliedrige **Apo-Ronar S** 1 : 9/800 mm. Freiheit von Farbvergrößerungsfehlern und Verzeichnungen neben der Möglichkeit, die Objektive ohne Umschrau-

ben für Verkleinerungen und Vergrößerungen benutzen zu können, sind wesentliche Vorteile dieses symmetrischen Aufbaus. Die Verwendung von Spezialgläsern ergab eine weitestgehende Verminderung des sekundären Spektrums, alle anderen Bildfehler sind auf ein Höchstmaß korrigiert.
Apo-Ronare der Brennweite 150 mm lassen sich bis 1:64, diejenigen von 240 mm Brennweite bis 1:90 abblenden, während bei den Apo-Ronaren von 300 mm Brennweite mit der Irisblende bis auf 1:180, bei den Apo-Ronaren längerer Brennweiten sowie dem Apo-Ronar S sogar auf 1:260 abgeblendet werden kann. Zur Herstellung seitenrichtiger Negative dienen aluminisierte Glasspiegel als Umkehrspiegel. Umkehrprismen werden nicht verwandt.
Ähnlich symmetrisch, aber aus vier freistehenden Menisken – zwei inneren zerstreuenden und zwei äußeren sammelnden – aufgebaut ist das **Raptar-Apochromatic-Process** 1:10 der *Wollensak Optical Co.* in Rochester, USA. Der Brennweitenbereich dieses in seiner Leistung ebenfalls sehr guten Reproduktionsapochromaten reicht von 260 bis 635 mm oder von 10¼ bis 25 inches. Die Bildumkehr erfolgt bei diesem Objektiv durch Umkehrprismen, die preislich und gewichtsmäßig wesentlich ungünstiger als Spiegel liegen und gewisse chromatische und astigmatische Aberrationen hervorrufen können, die unkorrigierbar sind.
Die Aufgabe, ein Objektiv so zu berechnen, daß die Bildfehler in und außerhalb der Achse im weitesten Maße für die extrem hohen Schärfeanforderungen der Reproduktionstechnik sphärisch, chromatisch und astigmatisch möglichst saumfehlerfrei auskorrigiert sind, ist bei dem *Voigtländer* **Apo-Skopar** 1:9 in günstigster Weise gelöst. Aus fünf Linsen in drei Gliedern bestehend, erinnert der halbsymmetrische Aufbau an den des Heliars. Astigmatismus und Bildfeldwölbung sind praktisch beseitigt. Der Bildgrößenfehler ist auf so kleine Fehlerreste beschränkt, daß er sich auch bei schärfster Beanspruchung der Feststellung entzieht. Durch den Einsatz von Spezialgläsern besonders günstiger Dispersionsverteilung konnte das sekundäre Spektrum behoben und genaue Übereinstimmung der farbigen Teilbilder über einen breiten Spektralbereich erzielt werden.
Schon beim Einstellen auf der Mattscheibe mit voller Öffnung – bei den Apo-Skoparen der Brennweiten 75 und 150 mm 1:8 – zeichnet sich das Objektiv durch ausgezeichnete Schärfe bis in die Bildecken aus, die beim Abblenden auf die üblichen Aufnahmeblenden noch gesteigert wird. Die Bildfeldgröße beträgt mehr als 40°.
Bei Aufnahmen im geknickten Strahlengang finden Spezialoberflächenspiegel als Umkehrspiegel Verwendung, deren Einsatz zwar keinerlei zusätzliche Aberrationen hervorrufen, die aber etwas das Bildfeld in der Größe beeinträchtigen, wie aus der Tafel 6 zu entnehmen ist.

VI. Vergrößerungsobjektive

Grundsätzlich kann jedes Aufnahmeobjektiv auch als Vergrößerungsobjektiv Verwendung finden. Während bei der Aufnahme das Objektiv die Aufgabe hat, von der Vorlage ein möglichst wirklichkeitsgetreues Bild verkleinert in der Negativebene zu entwerfen, soll das Objektiv beim Vergrößern das so erhaltene

Negativ wiederum in einer zweiten Ebene, der des Vergrößerungspapiers, nun aber mehr oder weniger vergrößert, wiedergeben. Da in diesem zweiten Falle eine Ebene in eine andere abgebildet wird, spielt die Tiefenschärfe, abgesehen von gelegentlichen Unebenheiten des Negativs oder des Vergrößerungspapiers, keine Rolle.

Man benutzt heute zum Vergrößern Anastigmate mäßiger bis mittlerer Lichtstärke, die mit ihrem Korrektions- und Leistungstand wesentlich dazu beitragen, daß die gar nicht geringen Anforderungen, die an gute und befriedigende Vergrößerungen, besonders von kleinen Negativformaten, gestellt werden, auch erfüllt sind und eine Vergrößerung nicht gleich auf den ersten Blick als solche zu erkennen ist.

Ein Vergrößerungsobjektiv soll nicht nur gleichmäßige Schärfe von der Bildmitte bis zum Rande aufweisen, sondern auch frei von Farbfehlern und Verzeichnung, kurz ein Anastigmat mit gut geebnetem Bildfeld und größter Brillanz der Zeichnung sein.

Von den normalen Aufnahmeobjektiven kann man ohne Nachteil besonders die kurzbrennweitigen Kleinbildobjektive für die Vergrößerung benutzen. Aufnahmeobjektive sind auf die Ferne korrigiert, also auf großen Objekt- und kleinen Bildabstand. Beim Vergrößern ist aber umgekehrt die Objektentfernung (Negativ-Objektiv) kleiner als die Bildentfernung (Objektiv-Vergrößerungspapier). Um folglich ein Aufnahmeobjektiv unter den richtigen Bedingungen als Vergrößerungsobjektiv arbeiten zu lassen, muß es beim Vergrößern umgedreht, d.h. mit der Frontlinse gegen das Vergrößerungspapier gerichtet werden. Aber auch dann sind die Benutzungsbedingungen eines normalen Aufnahmeobjektives nicht erfüllt, weil der Abstand Objektiv-Vergrößerungspapier kurz gegenüber üblichen Aufnahmeentfernungen ist. So können bei gewissen Objektivtypen zusätzliche Fehler auftreten, die sich insbesondere bei Verwendung langbrennweitiger Aufnahmeobjektive bemerkbar machen. Um die Restfehler eines voll geöffneten Objektives nicht in Erscheinung treten zu lassen, empfiehlt sich eine leichte Abblendung.

Besser als der Gebrauch eines Aufnahmeobjektives für Vergrößerungszwecke ist die Verwendung auf die Nähe für Abbildungsmaßstäbe 1:5 bis 1:10 korrigierter spezieller Vergrößerungsobjektive, die von den verschiedensten Firmen hergestellt werden.

Bei der Errechnung der Vergrößerungsobjektive ist auf diese besonderen Erfordernisse der Vergrößerungstechnik Rücksicht genommen. In ihrem Aufbau ähneln sehr viele Vergrößerungsobjektive gleichgebauten Aufnahmeobjektiven, teilweise führen sie sogar dieselben Objektivnamen wie die entsprechenden Normalobjektive. Einfache Triplets, Tripletvariationen mit verkittetem Vorder- oder Hinterglied sowie Doppelobjektive sind als Vergrößerungsobjektive geeignet, doch finden sich unter den Vergrößerungsobjektiven hoher Lichtstärke auch Objektive nach dem modifiziertem *Gauß*-Typ. Da nur in einzelnen Fällen die Lichtstärke von 1:3,5 übertroffen wird – die gebräuchlichsten Anfangsöffnungen liegen bei 1:3,5, 1:4,5, 1:5,6 und 1:6,3 – ist die für eine ausreichende Korrektur notwendige Linsenzahl klein; sie liegt zwischen drei und sechs Linsen. Der Einsatz lanthan- und tantalhaltiger optischer Gläser sowie die Realisierung der neuesten Erkenntnisse auf dem Gebiet der Vergrößerungstechnik führten zum Bau von Objektiven, die sowohl dem Fachphotographen wie dem Amateur für Schwarzweiß- und Farbvergrößerungen in den notwendigen Brennweiten und Lichtstärken zur Verfügung stehen. Sie erlauben, ohne

Güteverlust von guten Negativen einwandfreie und befriedigende Vergrößerungen bis zu hoher linearer Vergrößerung herzustellen.

In vier verschiedenen Ausführungsformen mit drei, vier und fünf Linsen, die als einfache Dreilinser, Tripletvariation mit verkittetem Vorderglied, Tripletvariation nach dem Heliartyp mit verkittetem Vorder- und Hinterglied oder als Doppelobjektiv mit vier freistehenden Linsen aufgebaut sind, bringt die *Eastman Kodak Company* in Rochester ihre **Vergrößerungs-Ektare und Ektanone** der Lichtstärken 1 : 4,5, 1 : 6,3 und 1 : 8 auf den Markt. Mit ausgezeichneten Korrektionseigenschaften, Gleichmäßigkeit, Brillanz und Feinheit der Schärfe über das ganze brauchbare Bildfeld sowie hoher chromatischer Fehlerkorrektur sind sie für die Vergrößerung von Schwarzweiß- und Farbnegativen bestimmt.

Im Focomat Ic, einem Vergrößerungsapparat mit automatischer Scharfeinstellung für Leica-Negative, sowie im Vergrößerungsgerät Valoy II verwendet *Leitz* neben dem normalen 50-mm-Aufnahmeobjektiv Elmar ein Spezialvergrößerungsobjektiv **Focotar** 1 : 4,5/50 mm, das in Sonderfassung mit Blendenrastung auch im Focomat Ic Color, Focomat IIa für Negative bis 65 × 90 mm sowie im Focomat IIa Color und dem vollautomatischen Vergrößerungsapparat Focomator anzutreffen ist. In längerer Brennweite ist das **Focotar** 1 : 4,5/95 mm ein auswechselbares Vergrößerungsobjektiv für Focomat IIa und den für Farbvergrößerungen nach Color-Negativfilmen bestimmten Focomat IIa Color.

Focotare sind fünflinsige Objektive nach dem Triplettyp. Das unverkittete Vorderglied enthält zwischen einer sammelnden Bikonvexlinse und einem sehr dünnen negativen Meniskus eine schmale Luftlinse, während das Hinterglied verkittet ist.

Einfache Dreilinser als Vergrößerungsobjektive sind z. B. das **Emogon** 1 : 4,5 der *Emo-Optik*, das **Vergrößerungs-Ennar** 1 : 4,5, **Vergrößerungs-Ennagon** 1 : 4,5 und **-Ennaron** 1 : 4,5 der *Enna-Werke*, das **Westar** 1 : 4,5 der *Isco*, **Componar** 1 : 4,5 von *Schneider* sowie das **Vergrößerungs-Cassar** 1 : 3,5 und 1 : 4,5 von *Steinheil*. Mit einem Brennweitenbereich von 50 bis 135 mm sind sie in erster Linie für die Arbeiten des Photoamateurs bestimmt und ergeben kontrastreiche, scharfe Vergrößerungen von Negativen 24 × 36 bis 60 × 90 mm. Bei starker Abblendung ist auch Strichreproduktion möglich. Meist in Normalfassungen mit Irisblende und Blendenrasten lieferbar, genügen sie den Ansprüchen des ernsthaften Liebhaberphotographens.

Für den Fachphotographen und seine Arbeiten im Vergrößerungslaboratorium sind Vergrößerungsobjektive entwickelt worden, die den höchsten Ansprüchen an Kontrastreichtum, Brillanz und ausgezeichneter Farbkorrektur für Farbvergrößerungen gerecht werden. Zu nennen ist hier u. a. das **Ortho-Ennit** 1 : 4 bzw. 1 : 4,5 der *Enna-Werke*, das wie das *Meyer*sche **Primotar** 1 : 3,5, das **Vergrößerungs-Culminon** 1 : 4 bzw. 1 : 4,5 von *Steinheil* und das **Raptar** 1 : 4,5 von *Wollensak* als vierlinsige dreigliedrige Tripletvariation nach dem Tessartyp aufgebaut ist. Mit Brennweiten bis 300 mm lassen sich mit diesen Objektiven größerformatige Negative randscharf, kontrastreich und brillant vergrößern. Bei Abblendung etwa ab 1 : 8 ist eine ausgezeichnete Wiedergabe selbst feinster Strichdetails möglich.

Ein vierlinsiges viergliedriges symmetrisches Doppelobjektiv ist das *Meyer*-**Helioplan** 1 : 4,5 in Brennweiten 55 bis 210 mm, das mit seinem kurzen gedrungenen Bau bei guten Bildleistungen gleichmäßige Beleuchtung des Vergrößerungsfeldes über die gesamte Fläche ergibt. Ebenfalls viergliedrig symmetrisch, aber sechslinsig nach Art des Symmars als modifiziertes *Gauß*-Doppelobjektiv zweiter Art aufgebaut ist das **Componon** 1:5,6 in Brennweiten von 135 bis 240 mm von *Schneider*, bei dem zwei äußere zerstreuende Kittglieder zwei den Blendenraum begrenzende sammelnde Menisken einschließen. Das lichtstärkere Componon 1:4/50 ... 105 mm stellt dagegen eine vom *Gauß*-Doppelobjektiv erster Art abgeleitete Variante dar. Die bei diesen Objektiven sehr hoch getriebene Korrektion aller Aberrationen erlaubt, ein Höchstmaß an Vergrößerungsleistung zu erreichen.

VII. Stereoobjektive

Mit nur einer photographischen Aufnahme den räumlichen Eindruck, den wir bei dem beidäugigen Sehen von unserer Umwelt empfangen, bildmäßig zu erfassen, ist nicht möglich. Zwar läßt sich auf verschiedene Weise, etwa durch in die Tiefe des Raumes gestaffelte Bildschärfe, auch bei einem Einzelbild eine gewisse gesteigerte Plastik und damit Raumwirkung erzielen, doch ist dies nur ein Notbehelf. Wirklich echte Raumphotographie – Stereophotographie – erfordert stets zwei Bilder desselben Aufnahmeobjektes, die von zwei verschiedenen, um eine bestimmte, Basis genannte, Strecke voneinander entfernten Punkten aufgenommen und durch irgendwelche Betrachtungseinrichtungen getrennt jedes dem betreffenden Auge zugeführt werden. Dazu ist normalerweise eine Stereokamera als Spezialkamera mit zwei Objektiven notwendig oder wenigstens Zusatzgeräte wie Stereovorsätze und Stereoschieber, die dann die einäugige Aufnahmekamera auch für Stereoaufnahme einsetzbar machen.
Immer sind, da ja zwei Bilder auf dem Negativmaterial unterzubringen sind, die Stereoformate kleiner als normale Aufnahmeformate. So beträgt im Stereogroßformat das Außenformat 60 × 130 mm, das Format des Stereoeinzelbildes 50 × 50 mm, für das Kleinbild sind die Bildformatgrößen 15 × 22, 16 × 22,5, 18 × 24, 23 × 24 und 24 × 30 gegeben, während das Stereoformat für den 16-mm-Schmalfilm 6 × 5 mm beträgt.
In vielen Fällen werden als Objektive für Stereokameras handelsübliche Aufnahmeobjektive normaler Lichtstärke und einer dem Stereoformat entsprechenden Brennweite gewählt. Besondere für die Zwecke der Stereophotographie bestimmte Objektive sind das **Stereo-Ennagon** 1:2,8/35 mm und das **Stereo-Ennaron** 1:3,5/35 mm der *Enna-Werke,* ferner das **Westanar** 1:2,8/35 mm und das **Westar** 1:3,5/35 mm, Stereoobjektive der *Isco* sowie die **Stereo-Kilare** 1:2,8/35 mm und 1:3,5/35 mm der optischen Fabrik *Heinz Kilfitt.* Von *Leitz* wurde das **Stemar** 1:3,5/35 mm auf den Markt gebracht, *VEB Meyer* liefert das **Primotar** 1:3,5/37,5 mm, von *Steinheil* sind **Stereo-Cassare und -Culminare** in Lichtstärken 1:2,8 und 1:3,5 im Handel, *Wollensak* stellt **Amatone** 1:2,7/35 mm und 1:3,5/35 mm her. Alle diese Stereoobjektive haben entsprechend dem kleinen Bildformat gegenüber Normalobjektiven verkürzte Brennweiten, was sich vorteilhaft für die bei Stereobildern unbedingt erforderliche große Tiefenschärfe auswirkt. In ihren Korrektionseigenschaften ähneln diese einfachen Dreilinser oder Triplets mit verkitteter Hinter- bzw. Vorderlinie gleichgebauten Normalobjektiven längerer Brennweiten.
Besonderer Wert ist auf die Brennweitenpaarung zu legen, um falsche Ab-

bildungsmaßstäbe zwischen den beiden Stereobildern auszuschließen und für beide Objektive bei allen Aufnahmeentfernungen Schärfen- und Vergrößerungsgleichheit zu erhalten.
Zur Herstellung von Stereoaufnahmen mit einäugigen Kameras dienen Stereo-Prismenvorsätze, die vor oder an Stelle des Aufnahmeobjektives eingesetzt werden. *Zeiß*, Jena, hat zwei Stereovorsätze für Kleinbildkameras, speziell Spiegelreflexkameras, mit Tessaren 1:2,8/50 mm oder 1:3,5/50 mm entwickelt, die mit einer Basis von 12 mm für Nahaufnahmen unter 2 m, mit einer Basis von 65 mm für Entfernungen über 2 m bestimmt sind und dem Kameraobjektiv vorgesetzt werden. Die zwei Teilbilder haben die Größe 15 × 22 mm. Durch Vorsatzlinsen können Stereonahaufnahmen bis zum Abbildungsmaßstab 1 : 1 erstellt werden. Prismensysteme in den Stereovorsätzen sorgen für die notwendige Zusammenführung der beiden vom Objektpunkt kommenden Strahlengänge im Kameraobjektiv.
Auch das **Steritar A** von *Zeiß*, Oberkochen, ein Vorsatz für die Contaflex, besteht lediglich aus einem Prismenteil, der dem fest in die Kamera eingebauten Tessar 1 : 2,8/45 mm als Stereovorsatz vorgesetzt wird. Der Aufnahmebereich ist hier allerdings nur auf den für die meisten Stereomotive in Frage kommenden Normalbereich von 2,5 m bis Unendlich beschränkt.
Dagegen besteht das Stereotar C, ein Stereovorsatz von *Zeiß*, Oberkochen, zur Contax, aus einem besonderen Objektivteil, in dem zwei Spezialobjektive **Stereotar** 1:3,5/35 mm eingebaut sind, und einem Prismenvorsatz. Das Objektivteil wird für das gewöhnliche Aufnahmeobjektiv in die Kamera eingesetzt. Jedem der beiden Stereobilder ist damit ein eigenes Aufnahmeobjektiv vorgeschaltet, dessen Bildwinkel bei einem Halbbildformat von 16 × 22,5 wegen der verkürzten Brennweite annähernd so groß wie bei Normalobjektiven ist. Direkt an das Kameragehäuse angesetzt, wird je nach der Aufnahmeentfernung das Objektivteil entweder allein, mit dem Prismenvorsatz kombiniert oder mit einer der drei für die Nahaufnahmen bis 20 cm vorhandenen Stereo-Proxarlinsen verwendet.

VIII. Projektionsobjektive

Die Güteanforderungen, die hinsichtlich Helligkeit, Auflösungsvermögen und Kontrast an ein Projektionsobjektiv gestellt werden, sind recht hoch. Verständlicherweise gilt das im besonderen Maße für Kino- und Schmalfilm-Projektionssysteme, die mehrhundertfach linear vergrößerte Bilder guter Bildleistung in allen Bildteilen ergeben müssen. Genau wie bei der Vergrößerung darf auch bei der Projektion der Gesamtbildeindruck einer an sich einwandfreien und guten Vorlage nicht verschlechtert und geschwächt werden. Leider läßt aber bei manchen Projektionsobjektiven die Bildgüte in einzelnen Teilen des Bildfeldes infolge mangelnden Auflösungsvermögens und zu großer Bildfeldwölbung merkbar nach; neben einem schlechten Gesamteindruck tritt hierdurch auch eine vorzeitige Ermüdung des Zuschauers ein. Gerade in den letzten Jahren sind deshalb seitens der Objektivkonstrukteure vermehrte Anstrengungen gemacht worden, um Projektionssysteme zu entwickeln und zu bauen, die gegenüber älteren bekannten Typen eine fühlbare Verbesserung in Korrektion und Leistung ergeben.

Neben der früher als Projektionsobjektiv für die Wiedergabe von Diapositiven und Kinofilmen aller Formate vorwiegend in Frage kommenden Objektivform des *Petzval*-Objektives und verwandter Anordnungen finden sich heute unter den Projektionssystemen auch das Triplet als einfacher Dreilinser, Tripletvariationen sowie einige *Gauß*-Variationen. Gerade die Forderung nach großer Lichtstärke macht den Einsatz dieser Objektivtypen erklärlich. Wegen der Gefahr starker Erwärmung durch die Lichtquelle – Projektionslampen oder bei größeren Kinobildwerfern Bogenlampen – werden nach Möglichkeit Kittglieder im Systemaufbau vermieden.

Projektionsobjektive werden in glatten Zylinderfassungen ohne Blende hergestellt und sind leicht gegeneinander auswechselbar. Objektive größeren Durchmessers sind häufig abgesetzt gebaut, ihre filmseitigen Linsenglieder haben einen kleineren Durchmesser als die schirmseitigen. Die Brennweiten der Projektionsobjektive sind normalen Aufnahmeobjektiven gegenüber groß, ihre Bildwinkel entsprechend kleiner. Mit Lichtstärken bis 1 : 1,4 stellen moderne Projektionsobjektive hochkorrigierte Anastigmate dar, die neben einem Minimum an Vignettierung für sphärische und chromatische Aberration, für Koma, Verzeichnung und Astigmatismus ein Maximum an Korrektionsleistung aufweisen.

Einfache Dreilinser als Projektionsobjektive für Diapositive und Bildbänder finden sich in den Fertigungsprogrammen fast aller Firmen, die Objektive für Projektionszwecke herstellen, so bei der *Agfa*, den *Enna-Werken*, bei *Leitz*, *Meyer*, *Rodenstock* und *Steinheil*, um nur einige zu nennen. Sie stellen den am leichtesten herstellbaren, dabei recht leistungsfähigen Typ eines Projektionssystemes der Lichtstärken 1 : 2,8 bis 1 : 4 dar. Auch für Epiprojektion findet der Dreilinser Anwendung, wie am **Epinar** 1 : 3,6 ... 5,1 der *Isco*, dem **Epnor** 1 : 4,3 von *Leitz* oder dem **Epidon** 1 : 3,6 von *Meyer* zu sehen ist.

Als vierlinsige Tripletvariation aufgebaut sind u. a. das **Lumar** 1 : 2,5 von *Rodenstock* und für Kinoprojektion von 8-, 16- und 35-mm-Film das **Astro-Kino IV** 1 : 2 der *Astro-Gesellschaft Bielecke*. Beide Objektive bestehen nur aus freistehenden Linsen ohne eine Kittfläche. Dagegen ist beim vierlinsigen **Hektor** 1 : 2,5 von *Leitz* genau wie bei dem gleichnamigen Aufnahmeobjektiv derselben Herstellerin das Mittelglied verkittet aus zwei Linsen zusammengesetzt.

Rein nach dem *Petzval*-Typ vierlinsig in drei Gliedern mit der Kittfläche im Vorderglied angeordnet sind Projektionsobjektive wie etwa die **Kiptare** der *Isco* für Normalfilmprojektion, während das im Movector 8 eingebaute **Ocellar II** 1 : 1,6 der *Agfa* mit einem verkitteten Frontlinsenglied und zwei freistehenden Einzellinsen der Reihenfolge Sammellinse - Zerstreuungslinse eine Abart des *Petzval*-Typs darstellt, deren Linsenanordnung einer bereits 1866 von *J. H. Dallmeyer* für ein Porträtobjektiv empfohlenen Reihenfolge entspricht.

Anders, nämlich paarweise zu zwei unverkitteten Gliedern zusammengefaßt sind beim **Askinar** 1 : 1,9, einem Kinoprojektionsobjektiv der *Askania-Werke*, Sammel- und Zerstreuungslinsen, wobei das erste Glied aus einer Bikonvex- und einer Plankonkavlinse, das zweite aus einer Bikonvexlinse und einem negativen Meniskus besteht. Demgegenüber sind die vier Linsen der Kino-Projektionsobjektive **Emostar** 1 : 1,5 der *Emo-Optik*, **Kinon** 1 : 1,4 von *Meyer* oder **Kipronar** von *Zeiß*, Jena, zu zwei Kittgliedern, je aus einer Bikonvex- und einer Plankonkavlinse bestehend, zusammengefaßt. Dieses, ebenfalls dem *Petzval*-Typ verwandte System hat zwar eine ausgezeichnete Mittenschärfe, zeigt

aber wie *Petzval*-Objektive allgemein für außeraxiale Bildpunkte Bildfeldwölbung, die besonders in der Sagittalschale wirksam ist.
Zur Verbesserung der außeraxialen Korrektur schuf daher *Zeiß*, Jena, 1953 ein neues Projektionsobjektiv, das **Prokinar** mit Öffnungen 1 : 1,4 und Brennweiten von 35 bis 70 mm für das Schmalfilmformat 7,16 × 9,6 mm sowie mit der Öffnung 1 : 1,9, $f = 90$ und 105 mm für das Normalfilmformat 15,2 × 20,9 mm. Dieses fünflinsige Objektiv gehört dem abgewandelten *Gauß*-Typ an. Während der Aufbau vor der Blende der vorderen Hälfte eines *Gauß*-Objektives erster Art entspricht, folgt nach der Blende ein Kittglied mit zur Blende erhabener Kittfläche und als letztes Glied eine Bikonvexlinse. Die Gesamtkorrektion des Systems ist für ein Projektionsobjektiv recht hoch getrieben worden. Besonders verbessert wurde für größere Bildwinkel der Astigmatismus. Helle, farbsaumfreie, brillante Bilder guter Schärfe lassen sich mit dem Objektiv projizieren.
Sechs- oder siebenlinsige modifizierte *Gauß*-Doppelobjektive sind die **Super-Kiptare** 1 : 2 bis 1 : 2,3 der *Isco* zur Normalfilmprojektion einschließlich der Breitwandverfahren sowie die **Cinema-Raptare** 1 : 1,9 von *Wollensak*, die in längeren Brennweiten mit anamorphotischen Linsenvorsätzen zur Breitwandprojektion bestimmt sind. Mit ihrem lichtstärksten Aufnahmeobjektiven entsprechendem Aufbau ähneln sie in der Leistung diesen hochgezüchteten Objektiven. Einschließlich der Vignettierung sind alle restlichen Bildfehler bei ihnen auf einen minimalen Betrag reduziert.

IX. Sonderobjektive

1. Kinoobjektive

Für die Arbeiten des Kinoamateurs und des Kameramannes stehen im Normal- und Schmalfilmformat eine große Reihe von Filmaufnahmeobjektiven zur Verfügung, die entweder den gleichen schematischen Aufbau zeigen, wie ihn schon besprochene in Gesamtkorrektion und Bildleistung hochgezüchtete photographische Kleinbildobjektive besitzen oder Spezialkonstruktionen besonderer Bauart darstellen, die einzig und allein für die extremen Anforderungen der modernen Kinotechnik entwickelt und gebaut wurden. Aus teilweise zehn und mehr Linsen zusammengesetzt, ergeben sie bei höchster Lichtstärke und dem Format entsprechend kurzer Brennweite Filmbilder, die in einer einwandfreien Projektion praktisch beliebig groß wiedergegeben werden können.
Für den Amateur ist, schon allein aus Preisgründen, in den meisten Fällen der 8-mm-Schmalfilm das gegebene Aufnahmematerial. Aber auch der 16 mm breite Schmalfilm hat unter den Amateurfilmern eine große Anhängerschar, obgleich er eigentlich mehr für Wochenschauaufnahmen, Kultur- und Expeditionsfilme bestimmt und damit dem Berufskameramann vorbehalten ist. Der in Frankreich bei den Amateuren recht beliebte Schmalfilm von 9,5 mm Breite findet sich in Deutschland kaum vor. Schließlich ist der 35 mm breite, sog. Normalfilm dem eigentlichen Spielfilm vorbehalten.
Für alle diese unterschiedlichen Aufnahmeformate finden sich in verschiedenen Brennweiten und in hohen und höchsten Lichtstärken bis über 1 : 1 hinaus Aufnahmeobjektive auf dem Markt, die in ihrem Aufbau vom einfachen Dreilinser bis zur mehrlinsigen *Gauß*-Variation reichen und ein echtes Spiegelbild der

möglichen Objektiventwicklungen höchster Lichtstärke und Leistung bieten. Für alle Verwendungszwecke stehen Normalobjektive, langbrennweitige und Teleobjektive sowie Weitwinkel- und extreme Weitwinkelobjektive zur Verfügung.
Objektive mit kurzen Brennweiten und kleinen relativen Öffnungen werden meist mit Fixfocusfassung oder mit Zweipunkteinstellung geliefert; lichtstarke Objektive und solche mit langen Brennweiten sind dagegen mit Schneckengangfassung versehen. Kameras mit festeingebauten Objektiven besitzen für diese Klemmfassungen, Objektive für Kameras mit Objektivwechsel sind mit einem Anschraubgewinde oder Bajonettverriegelung ausgerüstet. Zur Anpassung der Blendenöffnung an die Filmgeschwindigkeit oder an einen in die Aufnahmekamera eingebauten Belichtungsmesser sowie zur Kupplung der Objektive mit dem Entfernungsmesser sind für die Fassung besonderer Objektivkonstruktionen spezielle Kupplungsvorrichtungen vorgesehen.
Firmen, die wegen der sehr unterschiedlichen Befestigungsart der Kinoobjektive sie nicht mit den für die einzelnen Kameras passenden Sonderfassungen versehen, stellen sie in einfachen Einbaufassungen her und überlassen Ergänzung, Anpassung und Abstimmung dem Kunden selbst oder fertigen nur auf Grund besonderer Bestellung.
Wechsel der Objektive – bei Normalfilm- und 16-mm-Schmalfilmkameras mit ihrem Objektivrevolver eine Selbstverständlichkeit – ist bei 8-mm-Schmalfilmkameras nicht immer möglich. Verschiedene Modelle, sei es in Schneckengang- oder Fixfocusfassung, sind nur mit einem fest eingebauten Normalobjektiv von 12,5 oder 13 mm Brennweite ausgerüstet bzw. erlauben nur den Wechsel zwischen zwei Objektiven. Um auch mit diesen Kameras Tele- und Weitwinkelaufnahmen zu erhalten, sind von einigen Firmen Weitwinkel- und Televorsätze gebaut, die dem Grundobjektiv vorgeschaltet werden und die Brennweite des Grundsystems gegenüber dem Normalobjektiv halbieren oder verdoppeln.
Das fünflinsige **Ronagon** von *Rodenstock* und das vierlinsige **Curtar** von *Schneider* entsprechen einem umgekehrten *Galilei*schen Fernrohr, das auf das Grundobjektiv aufgesetzt wird und sich mit ihm, ohne das Öffnungsverhältnis zu ändern, zu einem Weitwinkelsystem halber Brennweite verbindet. Nur beim Vorsetzen des Ronagon H vor das Heligon 1 : 1,5 wird das maximale Öffnungsverhältnis auf 1 : 1,8 verringert.
Die vergrößernden teleskopischen Systeme **Eutelon** von *Rodenstock* und **Longar** von *Schneider* wandeln sinngemäß das Normalobjektiv zu einem Teleobjektiv doppelter Brennweite um. Bei diesen Televorsätzen ist der dem Fernrohrobjektiv entsprechende Vorsatzteil dreilinsig, das Okular zweilinsig. Da die Schnittweite durch die Anbringung der Vorsätze nicht verändert wird, bleibt bei der Tele- bzw. der Weitwinkelkombination die Einstellung auf die Ferne erhalten.
Im *Cinema-Scope*-Verfahren findet ein Vorsatzsystem aus Zylinderlinsen mit anamorphotischer Wirkung Anwendung. Es wird hierbei die aufgenommene Szenerie bei der Aufnahme in der Horizontalen zusammengepreßt, bei der Projektion das zusammengedrängte Bild auf dem Panoramaschirm wieder entzerrt und im natürlichen Höhen-Seiten-Verhältnis wiedergegeben. Die für Aufnahme und Projektion benutzten Vorsatzsysteme besitzen in zwei aufeinander senkrecht stehenden Schnitten zwei verschiedene Abbildungsmaßstäbe bei scharfer Abbildung des gesamten Bildfeldes. Im optisch wirksamen horizontalen Schnitt stellen die Vorsätze ein *Galilei*-Fernrohr dar, dessen Fernrohrwirkung

die Brennweite des mit dem Vorsatz verwendeten Objektives um den anamorphotischen Faktor 2 verkürzt. Im anderen, dazu senkrechten Schnitt, in dem das Vorsatzsystem keine Brechkraft besitzt, hat es die Wirkung eines Planplattensatzes.
Die Korrektion anamorphotischer Vorsätze ist so weit durchgeführt, daß ihre Bildqualität derjenigen bester rotationssymmetrischer Aufnahme- und Projektionsobjektive nicht nachsteht.

2. Spiegelobjektive

In bestimmten Fällen werden für lichtstärkste Objektive an Stelle von Linsen Spiegel als abbildende Elemente verwendet. Diese „Spiegelsysteme" sind ohne weiteres überall dort einzusetzen und gegenüber Linsensystemen vom Vorteil, wo ein gewölbtes Bildfeld nicht stört, wie etwa bei der Fernsehprojektion. Muß aber die Bildfeldwölbung beseitigt sein – und das ist bei der weitaus größten Zahl aller photographischen Aufnahmen der Fall – sind Spiegelobjektive mit geebnetem Bildfeld erforderlich, die einen beträchtlich höheren Aufwand als normale Linsenobjektive verlangen und schon aus diesem Grunde den Linsenobjektiven unterlegen sind. Dabei ist gar nicht zu bestreiten, daß ein Kugelspiegel gegenüber Linsen gewisse Vorteile hat. So bildet er beispielsweise völlig farbfehlerfrei ab, man kann daher mit einem nur aus Spiegelflächen bestehenden Objektiv bei ein und derselben Einstellung sowohl im Ultravioletten wie auch im Infraroten Aufnahmen machen, auch ist sein Öffnungsfehler geringer als bei einer Linse derselben Brennweite und Öffnung, so daß sich Objektive mit Spiegelflächen mit kleineren Zonenfehlern korrigieren lassen. Steht die Aperturblende im Krümmungsmittelpunkt des Kugelspiegels, treten Koma, Astigmatismus und Verzeichnung nicht auf. Es ist also durchaus möglich, mit einem einfachen Hohlspiegel eine brauchbare Abbildung auch ausgedehnter Objekte zu erhalten, allerdings mit entsprechend gewölbter Bildfläche, da die Bildfeldwölbung voll erhalten bleibt. Große Nachteile des Kugelspiegels sind dagegen die recht starke Abschattung und als Folge davon die kleinen Bildfelder.
Unter den verschiedenen Spiegelanordnungen sind das *Schmidt*sche Spiegelsystem und das *Maksutov*-System am bemerkenswertesten. *B. Schmidt* verwendet in seiner Erfindung aus dem Jahre 1930 eine deformierte Platte (*Schmidt*-Platte) in der im Krümmungsmittelpunkt eines sphärischen Spiegels stehenden Aperturblende. Diese Platte soll den Öffnungsfehler bei sehr großen Öffnungsverhältnissen und langer Brennweite kompensieren, ist jedoch recht schwierig herzustellen. In der Mitte ist sie konvex, am Rande konkav mit einem dazwischenliegenden Übergangsgebiet gestaltet. Zur ausreichenden Ebnung des Bildfeldes wird in Bildnähe eine Positivlinse geeigneter Brennweite angeordnet.
Demgegenüber benutzte 1941 der Sowjetrusse *D. D. Maksutov* in seinem Spiegelsystem an Stelle der *Schmidt*-Platte eine zur Eintrittspupille konzentrische dicke Meniskuslinse mit sphärischen Flächen, die vor oder hinter der Blende angeordnet ist. Ihre Herstellung ist wesentlich einfacher als die einer *Schmidt*-Platte.
Auf diesen beiden Spiegelanordnungen basieren die verbesserten und weiter ausgebauten Konstruktionen moderner Spiegelobjektive, die in Super-Licht-

stärken für astrophotographische Zwecke und für die Belange der Fernsehprojektion, in extrem langen Brennweiten kleinerer relativer Öffnung für Normal- und Schmalfilmkinokameras gebaut werden. Dabei beträgt die Baulänge eines Kinospiegelobjektives meist weniger als die Hälfte derjenigen eines gewöhnlichen Telelinsenobjektives.

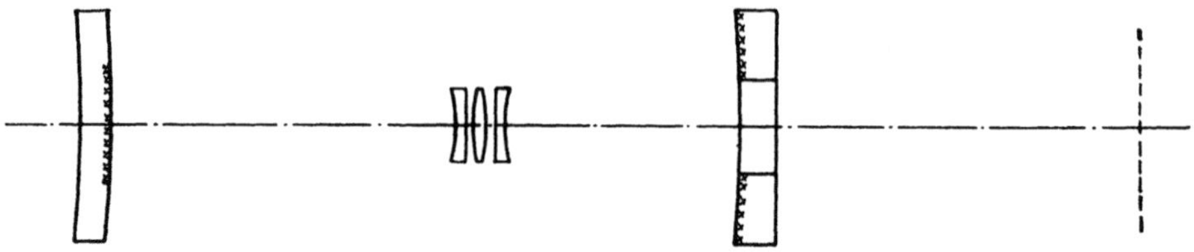

Bild 87. Reflectar 1 : 25/380 cm

Das von *F. G. Back* und *H. Lowen* errechnete **Reflectar** der amerikanischen Firma *Zoomar* wird mit Öffnungen von 1:4,5 bis 1:25 in Brennweiten von 25 cm bis 380 cm hergestellt. Über Spiegelflächen, die zur Verkürzung der Baulänge des Objektives dienen, wird das einfallende Lichtbündel, das dreimal die Länge des Objektives durcheilt, durch ein dreigliedriges Linsensystem der Auffangfläche zugeführt.
100 cm und 200 cm bei relativen Maximalöffnungen von 1:8 und 1:14 betragen die Brennweiten der **Mirrotel**-Spiegelobjektive von *Wollensak*, die auf dem 18 × 24 oder 24 × 36 mm großen Bildfeld formatfüllende Aufnahmen von Gegenständen in über 11 km Entfernung zu machen gestatten. Von der gleichen Firma werden die **Fototel**-Spiegelobjektive 1:6,3/50 cm hergestellt, die außer für Kleinbildkameras wie Contax und Leica besonders für Kleinbild-Spiegelreflexkameras sowie für 16- und 35-mm-Kinokameras bestimmt sind.

3. Fernsehobjektive

Bis auf gewisse Sondersysteme sind Aufnahme- und Kopiergeräte für Zwecke des Fernsehfunkes mit normalen lichtstarken Aufnahmeobjektiven und Teleobjektiven verschiedenster Bauart in Spezialfassungen ausgerüstet. Dabei werden entsprechend der Bauart der Kamera Aufnahme- und Sucherobjektive oder auch nur Aufnahmeobjektive allein verwendet. Neben vorzüglicher Schärfen- und Kontrastleistung sowie genügender Lichtstärke ist wesentlich die Eignung für den speziellen Spektralbereich der Bildfängerröhren.

4. Röntgenobjektive

Für die Verwendung als Objektive zur Röntgenschirmbildphotographie und für Hochfrequenzoszillographenaufnahmen zeigen modifizierte *Gauß*-Doppelobjektive eine besondere Eignung. Mit diesem Typ ist es möglich, durch den Einsatz hochbrechender Gläser sowie durch Aufspalten einer Linse und Einführung einer Bildfeldebnungslinse die Lichtstärke über 1 : 1 hinaus zu steigern. So wurde von *Zeiß*, Jena, das **R-Biotar** 1:0,85/55 mm für das ausgezeichnete Bildformat 24 × 24 mm entwickelt, bei dem neben einer sehr guten Gesamtkorrektion vor allem die sagittale und meridionale Koma sowie ihre chromatischen Variationen auskorrigiert wurden. In diesem Objektiv ist die letzte Linse eines variierten *Gauß*-Doppelobjektives erster Art mit verkitteten Innengliedern in zwei einzelne freistehende Bikonvexlinsen aufgespalten, in eine dem Blendenraum näherstehende schmale Bikonvexlinse und in eine darauffolgende dicke Linse, deren erster Radius stärker durchgebogen ist. Zur Bildfeldebnung dient ein negativer Meniskus, der mit seiner außenstehenden Planfläche dem Film anliegt. Für das Mittelformat 63 × 63 mm stellt *Zeiß* ein Röntgenobjektiv **R Biotar** 1 : 1/120 mm her, das in seinem Aufbau dem ebenerwähnten lichtstärkeren Objektiv ähnelt; die dicke Linse besitzt hier als Außenfläche eine Planfläche.

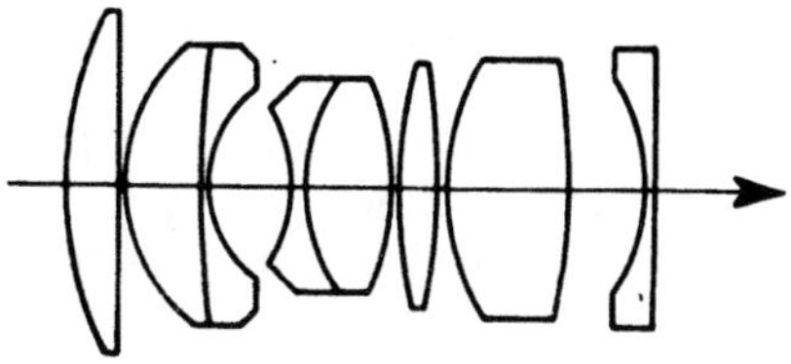

Bild 88. R-Biotar 1 : 0,85/55 mm

Zeiß, Jena, und *Zeiß*, Oberkochen, bieten in ihren Fertigungsprogammen ferner **R-Sonnare** der Lichtstärke 1 : 1,5 an, von denen das für Aufnahmen im Mittelformat 63 × 63 mm bestimmte R-Sonnar der Brennweite 100 mm ebenfalls mit einer Bildfeldlinse versehen ist, deren plane dem Film zugekehrte Fläche gleichzeitig als Anlagefläche für den Film dient. Der optische Aufbau des R-Sonnars 1 : 1,5/50 mm für Röntgenschirmbildaufnahmen im Format 24 × 36 mm ähnelt dem des normalen Sonnars 1 : 1,5/50 mm. Beide Objektive sind Spezialausführungen, auf einen Abbildungsmaßstab bei Aufnahmen mit einem Leuchtschirm 400 × 400 mm berechnet. R-Biotare und R-Sonnare werden in Sonderfassungen ohne Irisblende gefertigt.

X. Optisches Zubehör

1. Vorsatzlinsen

Innerhalb gewisser Grenzen läßt sich die Brennweite jedes Objektives durch Vorschalten von Vorsatzlinsen verkürzen oder verlängern. Auf einfachste Weise wird so durch Aufschieben von Vorsatzlinsen auf das Objektiv aus dem normalbrennweitigen, in den meisten Fällen fest in die Kamera eingebauten Standardobjektiv entweder ein längerbrennweitiges wie ein Teleobjektiv oder ein kürzerbrennweitiges wie ein Weitwinkelobjektiv wirkendes Aufnahmeobjektiv.

Bei geeigneter Wahl der Linsenform der Vorsatzlinse bleibt die zwangsweise eintretende Korrektionsverminderung der Kombination Vorsatzlinse + Objektiv auch in erträglichen Grenzen. Die ursprünglich als Vorsatzlinsen verwendeten Bilinsen verändern zwar infolge ihrer verhältnismäßig geringen sphärischen Aberration die Schärfe in der Bildmitte nur wenig, wirken sich aber sehr auf die Randschärfe aus, ergeben stark astigmatische Bilder und sind deshalb für den vorgesehenen Zweck weniger geeignet. Günstiger schon wegen der Verringerung von Astigmatismus und Koma ist eine meniskenförmig durchgebogene Linsenform, die heute auch überall Anwendung findet.

Von den Vorsatzlinsen verkürzen die positiven, sammelnden die Objektivbrennweite, während die negativen, zerstreuenden sie verlängern. Wegen der kürzeren Gesamtbrennweite ergibt die Kombination sammelnde Vorsatzlinse + Objektiv eine Weitwinkelwirkung, es wird mehr, aber kleiner abgebildet.

Das ist von Nutzen bei Aufnahmen von Objekten, die wegen ihrer Größe vom Bildwinkel des Objektives allein nicht erfaßt werden können. Die Brechkraft der Vorsatzlinse darf jedoch nicht zu hoch gewählt werden, da sonst leicht ungleichmäßige Lichtverteilung und Vignettierung in den Bildecken auftreten können. Für stärkere Abblendung ist Sorge zu tragen, weil Vorsatzlinsen wegen der zusätzlichen Bildfehler etwas die Bildqualität verschlechtern und erst bei Abblendung auf Blende 8 bis 11 eine einwandfreie Bildleistung ermöglichen. Derartige Weitwinkelaufnahmen mittels Vorsatzlinse sind nur an Kameras, deren Auszug sich verkürzen läßt, möglich.

Zum andern können mit positiven Vorsatzlinsen ausgesprochene Nahaufnahmen mit großer Darstellung getätigt werden. Bei fast allen modernen Kameras ist die Möglichkeit, wie bei den alten Plattenkameras mittels eines doppelten oder dreifachen Bodenauszuges den Abbildungsmaßstab von $1:\infty$ bis $1:1$ und mehr zu verändern, nicht mehr gegeben. Hier hilft die positive Vorsatzlinse, die die Brennweite des Objektives verkürzt, so daß erheblich näher an das Aufnahmeobjekt herangegangen werden kann. Es wird hierbei mehr an Größendarstellung gewonnen als durch den kleinen Abbildungsmaßstab der kürzeren Brennweite verlorengeht. Der Abbildungsmaßstab wird in diesem Falle größer. Durch das Vorschalten eines sammelnden Meniskus wird das Objektiv lichtstärker, was aber praktisch nicht zur Auswirkung kommt.

Im Gegensatz zu diesen sammelnden stehen die negativen, die Brennweite verlängernden Vorsatzlinsen, die stets eine Kamera mit langem Auszug voraussetzen. Sie ergeben eine Telewirkung, bilden weniger, aber größer ab und machen das Objektiv lichtschwächer. Gute Ergebnisse liefern sie bei Porträtaufnahmen. Auch können sie wegen ihrer Weichzeichnerwirkung einen speziellen Weichzeichner ersetzen.

Übernommen von der Brillenoptik ist die Angabe der Brechkraft der Vorsatzlinsen in **Dioptrien,** wobei unter der Brechkraft der Kehrwert der Brennweite $\left(\frac{1}{f}\right)$ verstanden wird. Als Einheit der Brechkraft oder der Stärke einer Linse ist die Dioptrie (dptr) festgelegt, ausgedrückt in Metern. So entspricht 1 dptr = 100 cm Brennweite, 5 dptr = 20 cm, 8 dptr = 12,5 cm, 0,5 dptr = 200 cm usw.

Als Überschlagsformel für die Gesamtbrennweite f_K der Kombination Objektiv + Vorsatzlinse gilt

$$f_K = \frac{100 f}{D f + 100}.$$

Dabei ist f die Objektivbrennweite in cm und D die Anzahl der Dioptrien der Vorsatzlinse, positiv für verkürzende, negativ für verlängernde Vorsatzlinsen.

Für Nahaufnahmen des Gesamtsystems Objektiv + positive Vorsatzlinse gilt:

Dioptrien der Vorsatzlinse dptr	Aufnahmeobjektiv, eingestellt auf ∞ cm	Aufnahmeobjektiv, eingestellt auf 1 m cm
+ 1	100	50
+ 2	50	33,3
+ 2,5	40	28,6
+ 3	33,3	25
+ 4	25	20
+ 5	20	16,7

2. Filter

Als Farbfilter zur Korrigierung der Mängel des Aufnahmematerials sowie zur Erhöhung der Bildwirkung durch Korrektur des Motivs im Bilde selbst werden entweder in Masse gefärbte Glasfilter oder gefärbte Gelatinefolien verwendet, die zwischen zwei Glasplatten verkittet sind. Soll das vom Objektiv entworfene Bild durch das in den Strahlengang geschaltete Filter nicht verschlechtert werden, muß das Filter sehr genau gearbeitet sein und darf nur als Planparallelplatte wirken. Jede, selbst die kleinste Keilwirkung des Filters ist störend. Am leichtesten läßt sich die Forderung nach guter Planparallelität bei in Masse gefärbten Glasfiltern erfüllen, da hier nur zwei Planflächen vorhanden sind. Folienfilter erfordern dagegen vier planparallele Flächen, auch können die Folien selbst durch schlechte Lage zwischen den beiden Schutzscheiben Abweichungen von der Planparallelität ergeben.
Außer auf genaue planparallele Herstellung ist auf guten Sitz des Filters an der optisch günstigsten Stelle im Strahlengang größter Wert zu legen. In einer Fassung werden die Filter an das Objektiv angeschraubt oder aufgeschoben. Vor allem bei Steckfassungen ist auf einwandfreien Sitz das Augenmerk zu richten. Schlechte und schiefsitzende Filter ergeben Unschärfen im Bild. Stets soll das Filter auf der Seite der längeren Schnittweite dicht am Objektiv angebracht werden. Zwischen die Linsen des Objektivs gestellt, bewirkt es als Planparallelplatte (siehe S. 11) eine Veränderung des Lichtweges.
Für die Zwecke des Photographen sind Farbfilter und UV-Filter in verschiedenen Abstufungen vorhanden. Ein Spezialfilter besonderer Art ist das Verlauffilter zur Filterung des Himmels bei Landschaftsaufnahmen. Es wird nicht direkt auf dem Objektiv, sondern ein Stück davor, am besten auf der Sonnenblende angebracht.
Schließlich können noch Polarisationsfilter wie das Bernotar, aus einer zwischen zwei Planscheiben verkitteten polarisierenden Schicht bestehend, dem Objektiv vorgeschaltet werden. Sie dienen zur Vermeidung störender Spiegelungen und Reflexe auf glänzenden Oberflächen. Bei einer bestimmten Stellung (im sog. Polarisationswinkel) zum Objekt und bei Drehung des Filters mit seinen mikroskopisch kleinen Kristallstäbchen quer zur Schwingungsebene des reflektierten Strahles wirkt die Spiegelung an der Objektoberfläche nicht mehr störend, der Gegenstand wird ohne überlagerte Reflexbilder abgebildet. Als Verlängerungsfaktor für Polarisationsfilter ist der Faktor 3 bis 4 zu wählen.

3. Sonnenblenden

Auf die Vorderfassung des Objektives aufgesetzt, sollen Sonnen- oder Gegenlichtblenden den direkten Einfall von Sonnenstrahlen in das Objektiv verhindern. Das senkrecht von vorn in das Objektiv eintretende Sonnenlicht stört weniger und gibt nur unbedeutend zu inneren Reflexionen und Nebenbildern Anlaß; weit unangenehmer ist das seitwärts schräg von vorn auf die Frontlinse fallende Sonnenlicht, das stark verschlechternd auf die Bildqualität wirkt. Besonders empfindlich in dieser Hinsicht sind die lichtstarken Objektive moderner Kleinbildkameras mit ihren stark gekrümmten Linsenoberflächen.
Eine einwandfreie Sonnenblende muß so gebaut sein, daß sie die Frontlinse des

Objektives hinreichend beschattet, ohne dabei das Bildfeld zu verkleinern. Die äußere Form ist meist rund, doch ist auch die rechteckige Blendenform gebräuchlich, die dem rechtwinkligen Bildformat am besten entspricht.
Je geringer der Bildwinkel des Objektives ist, um so länger kann der Tubus der Sonnenblende sein. Wichtig ist, daß die Blende innen tiefschwarz und völlig matt ausgeführt ist. Tiefe Rillen und kulissenartig hintereinander eingebaute Blenden im Innern der Sonnenblende erhöhen ihre Wirksamkeit und verhindern Reflexlichter.
Sonnenblenden sollen nicht nur Fremd- und Störlicht vom Objektiv abhalten, sie haben auch die Aufgabe, das Objektiv gegen unbeabsichtigte Berührung und Verschmutzung durch Regen oder Schnee zu schützen. Es empfiehlt sich, für jedes Objektiv nur die den speziellen Gegebenheiten dieses Objektives entsprechend angepaßte Sonnenblende zu verwenden.

XI. Pflege und Reinigung der Objektive

Ständige Pflege und Wartung ist notwendig, um Objektive auf die Dauer voll leistungsfähig zu halten. Das gilt nicht nur für die kompliziert aufgebauten modernen Hochleistungsanastigmate, auch ein billiges Objektiv einfachster Bauart ist ein kleines optisches Kunstwerk, das Anspruch auf sorgfältige Behandlung hat und die geringe Mühe durch einwandfreie Aufnahmen lohnt.
Staub und Fett sind die häufigsten Ursachen zu Verschmutzungen der Glasflächen. Staub wirkt wie Schmirgel und kann bei unsachgemäßem Putzen die Linsenoberflächen leicht zerstören. Durch Fortblasen oder Pinseln mit einem weichen Haarpinsel, der zwischendurch auszuklopfen ist, entfernt man möglichst alle auf dem Objektiv haftenden Staubteilchen. Unter leichtem Anhauchen putzt man die Linsenoberflächen mit einem sauberen, mehrfach gewaschenen weichen und trockenen Leinenläppchen. Ledertücher sind zu vermeiden, Leder enthält Gerbsäure und feste Bestandteile, die zu Kratzern führen.
Fingerabdrücke, Fettspuren, der in den Tropen durch feuchtwarmes Klima vorkommende feinadrige, flechtenartige Pilzbeschlag (Fungus), der zur Anätzung der Glasoberfläche führt, fressen sich bei längerer Einwirkung in das Glas, Wasser- und Speicheltröpfchen hinterlassen weiße Flecken. Nach Abstaubung mit einem weichen Haarpinsel reinigt man die Linsenoberflächen mit einem sauberen in chemisch reinem Leichtbenzin getränkten Leinenläppchen und putzt wie beschrieben mit trockenem Lappen nach.
Nur im Notfall sind Objektive auseinander zu schrauben. Nie Gewalt anwenden, die Zentrierung des Systems leidet darunter. Verstaubungen und Verschmutzungen im Innern der Objektive entfernt man am besten, zumindest bei wertvollen Typen, durch die Herstellerfirma. Häufiges Lüften, freier Luftzutritt und öftere Sonnenbestrahlung verhindern, vor allem in tropischen Gegenden, die Bildung feiner Wasserhäutchen und sind beste Vorbeugungsmittel gegen Fungus.
Schließlich prüfe man sein Objektiv nicht allein vor, sonders besonders auch nach der Aufnahme auf Sauberkeit, denn gerade beim Gebrauch entstehen die meisten, anfangs noch leicht zu beseitigenden, später aber sehr hartnäckigen Verschmutzungen.

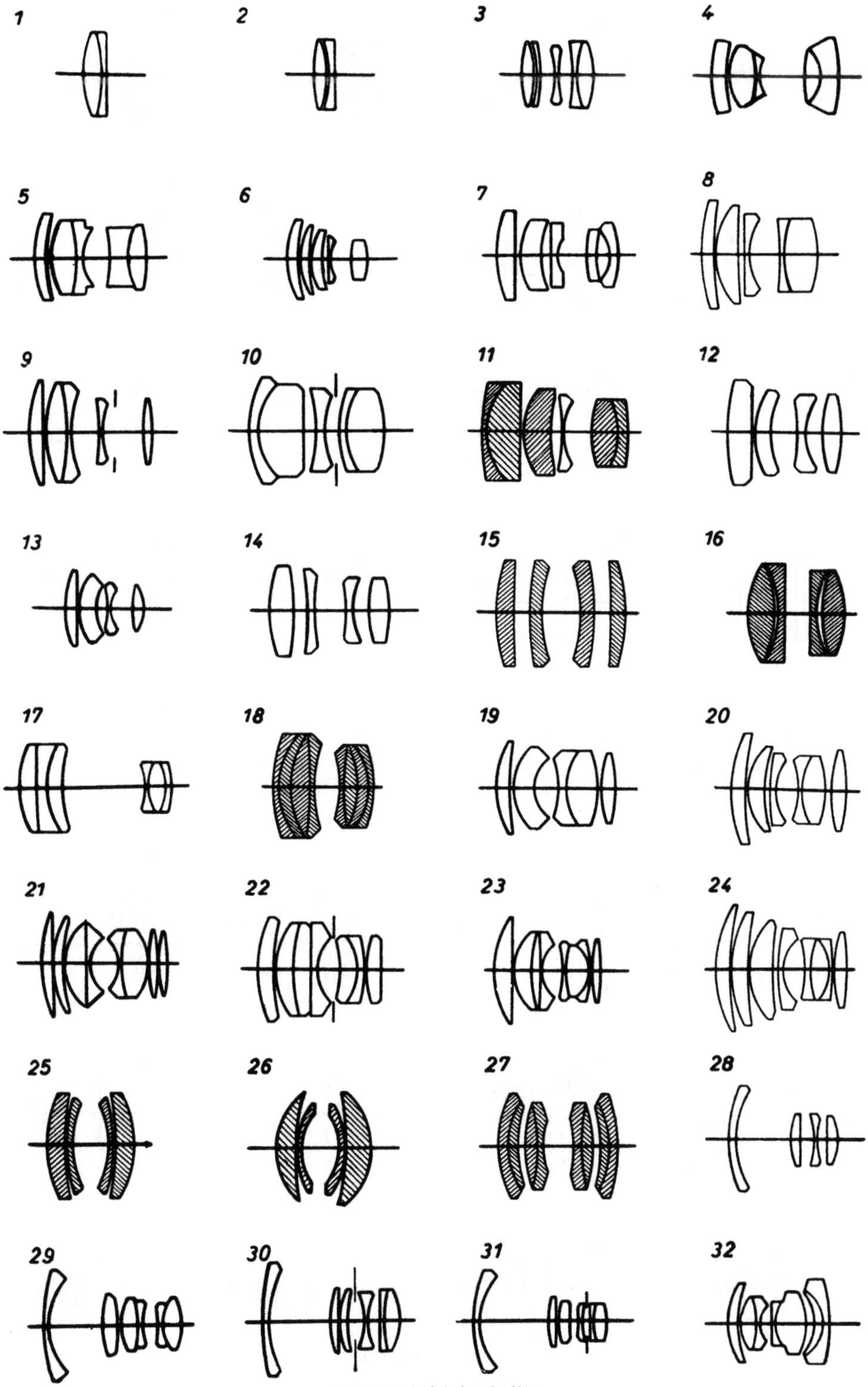

Bild 89: Objektivschnitte

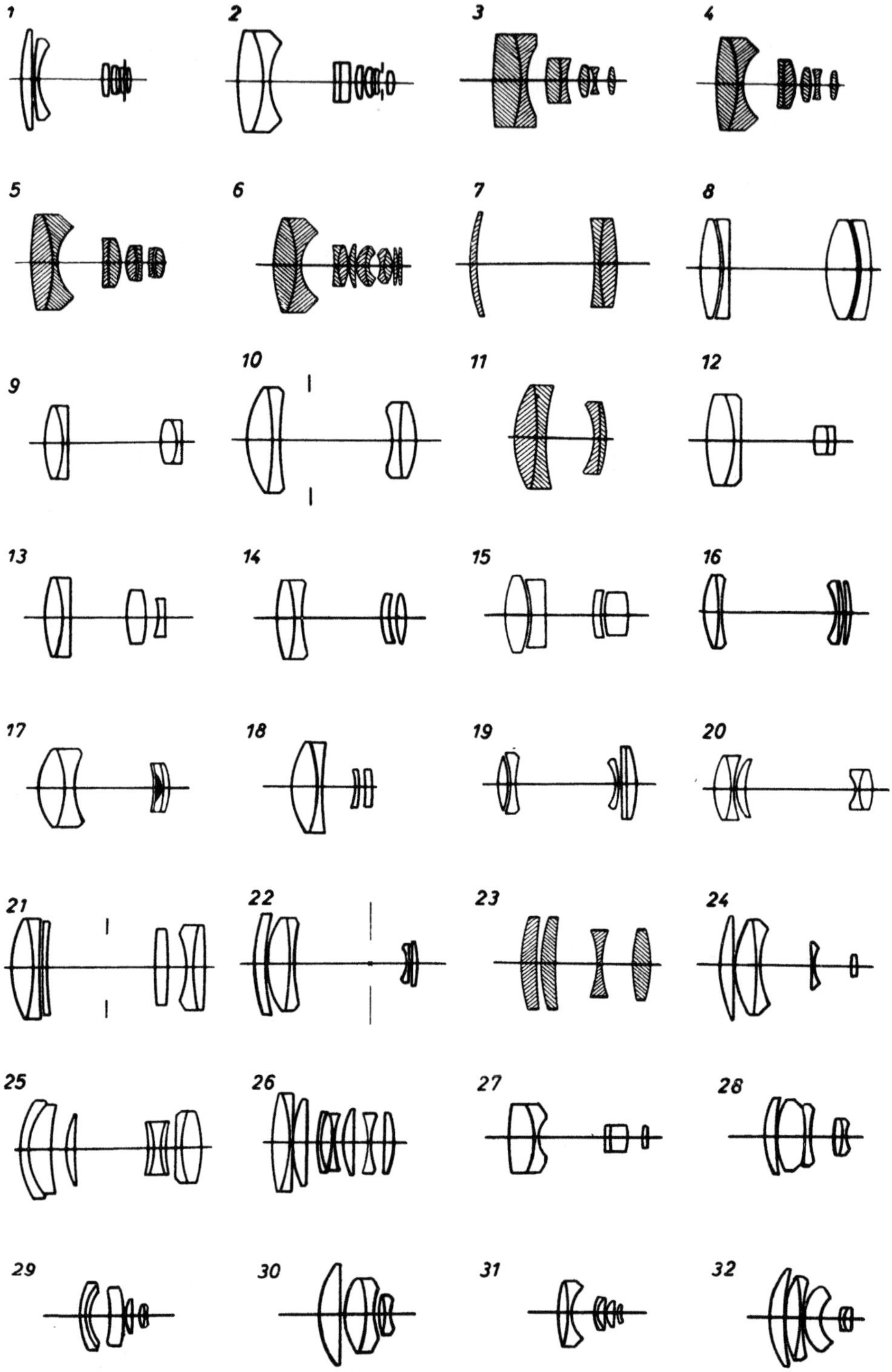

Bild 90: Objektivschnitte

Bild 91: Objektivschnitte

Tafel 1: Fraunhofersche Linien im sichtbaren Spektralbereich

Farbe	Rot		Gelb		Grün	Blau			Violett
Zeichen	*A'* Mitte d. Doppel-linie	*C*	*D* Mitte d. Doppel-linie	*d*	*e*	*F*	*g*	*G'*	*h* Helle Linie
Element	K Kalium	H Wasser-stoff	Na Natrium	He Helium	Hg Queck-silber	H Wasser-stoff	Hg Queck-silber	H Wasser-stoff	Hg Queck-silber
Wellen-länge in mμ	768,2	656,3	589,3	587,6	546,1	486,1	435,8	434,0	404,7

Tafel 2: Optische Glasarten

Glasart		n_d	ν	$n_F - n_C$
Fluor Kron	FK 5	1,4875	70,0	0,00696
Phosphat Schwer Kron	PSK 3	1,5523	63,5	0,00870
Bor Kron	BK 7	1,5163	64,0	0,00806
Baryt Leicht Kron	BaLK 3	1,5183	60,3	0,00859
Kron	K 5	1,5225	59,6	0,00304
Zink Kron	ZK 1	1,5332	58,0	0,00317
Baryt Kron	BaK 4	1,5688	56,0	0,00437
Schwer Kron	SK 4	1,6127	58,6	0,01046
Kron Flint	KF 2	1,5263	51,0	0,01032
Baryt Leicht Flint	BaLF 5	1,5474	53,6	0,01021
Schwerst Kron	SSK 1	1,6172	54,0	0,01142
Schwerst Kron	SSK 10	1,6935	53,5	0,01297
Doppel Leicht Flint	LLF 1	1,5481	45,9	0,01195
Baryt Flint	BaF 4	1,6056	43,9	0,01379
Baryt Flint	BaF 10	1,6700	47,2	0,01420
Leicht Flint	LF 5	1,5814	40,8	0,01425
Flint	F 2	1,6200	36,3	0,01706
Baryt Schwer Flint	BaSF 1	1,6261	39,1	0,01601
Baryt Schwer Flint	BaSF 8	1,7234	38,0	0,01905
Schwer Flint	SF 2	1,6477	33,9	0,01912
Schwer Flint	SF 10	1,7283	28,3	0,02570
Kurz Flint	KzF 2	1,5294	51,8	0,01022
Lanthan Kron	LaK 7	1,6516	58,4	0,01116
Lanthan Kron	LaK 10	1,7200	50,3	0,01420
Lanthan Flint	LaF 2	1,7440	44,7	0,01684
Sonderglas	SFS 1	1,9229	20,9	0,04408

Tafel 3: Parallelverschiebung für verschiedene Brechzahlen

Parallelverschiebung für

$n = 1{,}45$	$0{,}310\,d$	$n = 1{,}65$	$0{,}394\,d$
$n = 1{,}50$	$0{,}333\,d$	$n = 1{,}70$	$0{,}412\,d$
$n = 1{,}55$	$0{,}355\,d$	$n = 1{,}75$	$0{,}429\,d$
$n = 1{,}60$	$0{,}375\,d$	$n = 1{,}80$	$0{,}444\,d$

Tafel 4: Verlängerung der Belichtungszeit bei Nahaufnahmen

Objektweite a als Vielfaches der Brennweite f	∞	20	10	8	6	5	4	3	2	1,5	1,33
Vergrößerung β	0 0	$^1/_{19}$ 0,05	$^1/_9$ 0,11	$^1/_7$ 0,14	$^1/_5$ 0,2	$^1/_4$ 0,25	$^1/_3$ 0,33	$^1/_2$ 0,5	1 1	2 2	3 3
Verlängerungsfaktor b der Belichtungszeit	1,0	1,1	1,2	1,3	1,4	1,6	1,8	2,3	4	9	16

Tafel 5: Änderung des Abbildungsmaßstabes mit der Einstellentfernung

Objektweite a	Bildweite a'	Abbildungsmaßstab β
1,33 f	4 f	3
1,5 f	3 f	2
2 f	2 f	1
3 f	1,5 f	0,5
4 f	1,33 f	0,33
5 f	1,25 f	0,25
6 f	1,2 f	0,2

Tafel 6: Bildfeld des Apo-Skopars 1 : 9/750 mm bei Abblendung auf 1 : 22

	Punktscharf ausgezeichnete Bildformate bei Abbildungsmaßstab				
	1:1	1:2	1:3	1:5	1:10
ohne Umkehrspiegel	90× 90	60× 70	50× 60	45× 55	40× 55
mit Umkehrspiegel	80× 80	60× 60	50× 50	45× 50	40× 50

Tafel 7: Simplet

Objektiv-Markennamen *Lens-Trade Mark*	Lichtstärke *Relative aperture* 1 :	Brennweite *Focal length (E.F.L.)* in mm	Bildformat *Negative Sizes* in mm	Bildwinkel *Angle of View*	Errechner *Designer*	Bemerkungen *Notes*	Einbau in: *Fitted in Camera:*
Asahi Optical Co., Tokio							
Takumar	5	500	24×36		*Hiroshi Hara*	Bild 89/1	Asahiflex
Astro-Gesellschaft Bielicke & Co., Berlin							
Astro-Fernbild	5	300	24×36			Bild 89/1 achromat.	
Astro-Fernbild	5	400	24×36			Bild 89/1 achromat.	
Astro-Fernbild	5	500	24×36			Bild 89/1 achromat.	
Astro-Fernbild	5	640	24×36			Bild 89/1 achromat.	
Astro-Fernbild	5	800	60×60			Bild 89/1 achromat.	
Astro-Fernbild	6,3	1000	60×90			Bild 89/1 achromat.	
Ferrania, Mailand							
Primar	9	60	30×40			Bild 89/1	Tanit
Primar	9	75	45×60			Bild 89/1	Ibis 27
Primar	9	85	60×60			Bild 89/1	Ibis 6×6, Elioflex
Optische Fabrik H. Kilfitt, München							
Fern-Kilar	5,6	400	24×36	6°	*W. Piepenbrink*	Bild 89/1 Filteradapter	Contax, Leica
Fern-Kilar	5,6	600	24×36	4°	*A. Burger*	Bild 89/1 Filteradapter	Contax, Leica
Bildachromat	8	30	10×15		*A. Burger*	Bild 89/1 gew. Filmbahn	
Ducar	8	50	24×36		*W. Piepenbrink*	Bild 89/1 gew. Filmbahn	Duca 24×36
Ducar	8	85	60×60		*A. Burger*	Bild 89/1 gew. Filmbahn	Duca 6×6

Tafel 7 (Fortsetzung)

Objektiv-Markennamen *Lens-Trade Mark*	Lichtstärke *Relative aperture* 1 :	Brennweite *Focal length (E.F.L.)* in mm	Bildformat *Negative Sizes* in mm	Bildwinkel *Angle of View*	Errechner *Designer*	Bemerkungen *Notes*	Einbau in: *Fitted in Camera:*
Eastman Kodak Co., Rochester							
Front-Meniskus	15	49–95		56°		nichtachromat.	Boxkameras
Rear-Meniskus	12–15	81–94		54°		nichtachromat.	Boxkameras
Novoflex-Fotogerätebau, Memmingen							
Fernobjektiv Nofel 40	5,6	400	24×36	6°		Bild 89/1	Spiegelvorsatzgeräte zu Contax IIa, IIIa, Leica, Kleinspiegelreflexkameras
Fernobjektiv Nofel 64	9	640	24×36			Bild 89/1	
Tewe oHG, Berlin-Schöneberg							
Telon	5	400	24×36	6°		Bild 89/2	Fernobjektiv für alle Kleinbildkameras mit auswechselbarer Optik
Telon	5	500	24×36	5°		Bild 89/2	
Telon	5	600	24×36	4°		Bild 89/2	
Telon	5	800	60×60	3°		Bild 89/2	
Telon	6,3	1000	60×60	2,5°		Bild 89/2	
Telon	10	2000				Bild 89/2	
C. Zeiß, Oberkochen							
Fernobjektiv	8	500	24×36	5°		Bild 89/1	Kleinbildkamera, Kleinbildspiegelreflexkamera

Tafel 8: Dreilinser

Objektiv-Markennamen *Lens-Trade Mark*	Lichtstärke *Relative aperture* 1 :	Brennweite *Focal length (E.F.L.)* in mm	Bildformat *Negative Sizes* in mm	Bildwinkel *Angle of View*	Errechner *Designer*	Bemerkungen *Notes*	Einbau in: *Fitted in Camera:*
Agfa Camera Werk AG., München							
Agnar	4,5	85	60×60			Frontl.-Einst.	Isolette I, II
Agnar	4,5	105	60×90			Frontl.-Einst.	Record I, II
Agnar	6,3	105	60×90			Frontl.-Einst.	Billy I
Apotar	3,5	45/50	24×36			Frontl.-Einst.	Silette (45), Super-Silette (45), Solinette (50), Memar, Super-Memar (45), Ansco-Regent
Apotar	4,5	85	60×60			Frontl.-Einst.	Isolette II, III, Ansco-Speedex Special und Special R
Apotar	4,5	105	60×90			Frontl.-Einst.	Record II, III
Angenieux (Éts), St. Heand (Loire)							
Alsetar	3,5	75	24×36	32°			Alpa-Reflex, Alpa-Prisma-Reflex
Asahi Optical Co., Tokio							
Takumar	3,5	100	24×36		*Hiroshi Hara*		Asahiflex
Emo-Optik, Wetzlar							
Emoplan	2,8	50	24×36	48°			
Emoplan	3,5	50	24×36	48°			

Tafel 8 (Fortsetzung)

Objektiv-Markennamen *Lens-Trade Mark*	Lichtstärke *Relative aperture* 1 :	Brennweite *Focal length (E.F.L.)* in mm	Bildformat *Negative Sizes* in mm	Bildwinkel *Angle of View*	Errechner *Designer*	Bemerkungen *Notes*	Einbau in: *Fitted in Camera:*
Enna Werk, München							
Correlar	2,9	80	60×60	52°			Digna
Ennar	3,5	75	60×60				Dacora I, Flexora, record 6×6
Ennar	4,5	75	60×60				Flexora I
Ennar	4,5	105	60×90	54°			Baldafix
Ennagon	2,9	50	24×36	46°			Hapo 35 (als Haponar)
Ennagon	2,9	80	60×60				
Ennagon	3,5	50	24×36	46°			
Ennagon	3,5	75	60×60	54°			Baldix, Meß-Baldix, Dacora Royal, Flexora IIIa, Rollop I, II, IIa, Solida II E
Ennagon	3,5	105	60×90	54°			
Ennaron	2,8	50	24×36	46°			Baldina, Super Baldina
Finetta Werk, Goslar							
Finetar	2,8	45	24×36	52°			Finetta 88, 99 A, C, L
Finetar	4,5	70	24×36	35°			Finetta 99 H
Finetar	6,3	105	24×36	24°			Finetta 99 H
Futura-Kamerawerk, Freiburg							
Futar	3,5	45	24×36	51°			Futura-Standard

Tafel 8 (Fortsetzung)

Objektiv-Markennamen *Lens-Trade Mark*	Lichtstärke *Relative aperture* 1 :	Brennweite *Focal length (E.F.L.)* in mm	Bildformat *Negative Sizes* in mm	Bildwinkel *Angle of View*	Errechner *Designer*	Bemerkungen *Notes*	Einbau in: *Fitted in Camera:*
Isco Optische Werke GmbH., Göttingen							
Isconar	2,8	43	24×36				Edixa C, II P
Isconar	3,5	50	24×36				Diax Ia, IIa
Isconar	3,5	80	60×60				Dacora I
Isconar	4,5	85	24×36				Diax IIa
Westar	2,8	45	24×36			Frontl.-Einst.	Akarex, Paxette II. Einbau in versch. Kameras als festes Objektiv im Verschluß
Westar	2,8	50	24×36			Frontl.-Einst.	Akarelle, Exa, Praktica, Praktiflex, Pentacon. Einbau in verschied. Kameras als festes Obj.
Westar	2,8	80	24×36	30°		Rastbl.	Edixa-Reflex, Exakta, Pentacon, Praktica
Westar	2,9	75	60×60			Frontl.-Einst.	Solida III und III E
Westar	2,9	80	60×60			Frontl.-Einst.	Dacora Digna
Westar	3,5	50	24×36			Frontl.-Einst. u. Schneckenzug	Akarelle, Akarex I (45), Baldinette, Diax Ia, Ib, IIa, IIb
Westar	3,5	75	60×60			Frontl.-Einst. u. Schneckenzug	Baldix, Dacora-Royal, Photina Reflex III, IIIB, record 6×6, Solida II, III
Westar	4,5	75	60×60				Baldix
Westar	4,5	100	24×36	24°			Contax, Edixa-Reflex, Exakta, Pentacon, Praktica, Praktiflex
Optische Fabrik H. Kilfitt, München							
Kilar	3,5	150	24×36	16°	*H. Guilino*	Gesamtverst.	Contax, Leica
Kilar	3,8	135	24×36	18°	*W. Piepenbrink*	Gesamtverst.	Contax, Leica
Basic-Kilar	2,8	150	60×60	26°	*A. Burger*	Gesamtverst.	

Tafel 8 (Fortsetzung)

Objektiv-Markennamen *Lens-Trade Mark*	Lichtstärke *Relative aperture* 1:	Brennweite *Focal length (E.F.L.)* in mm	Bildformat *Negative Sizes* in mm	Bildwinkel *Angle of View*	Errechner *Designer*	Bemerkungen *Notes*	Einbau in: *Fitted in Camera:*
Eastman Kodak Co., Rochester							
Anaston	4,5	51	24×36 28×40	50°			Kodak Pony 135 und 828
Anaston	4,5	105	60×90	50°			Kodak Tourist II, Sterling II
Anaston	6,3	105	60×90	50°			Kodak Tourist II
Kodar	8,0	72	60×60	58°			Kodak Duaflex II
VEB Feinoptisches Werk Görlitz, Meyer							
Trioplan	2,8	100	24×36	24°	*Roeschlein*	Blendenvorwahl	Contax D, Exakta, Praktica, Praktiflex, Praktina
Trioplan	2,8	100	60×60	45°	*Roeschlein*	Blendenvorwahl	Meister-Korelle, Primar-Reflex
Trioplan	2,9	50	24×36	46°	*Roeschlein*	Blendenvorwahl	Altix IV (24×24), Exa, Welti II, Springkameras
Trioplan	3,5	45	24×36		*Schubert/Ulbrich*	Feste Fassung u.Frontl.	Tubuskameras 24×36
Trioplan	3,5	75	45×60 60×60	51° 59°	*Roeschlein*	Feste Fassung u.Frontl.	Springkameras, Reflekta II, Weltax
Trioplan	3,5	80	60×60		*Schubert/Thierhold*	Feste Fassung u.Frontl.	Sprinkkameras, Reflekta II
Trioplan	3,5	210	90×120				Atelierkameras
Trioplan	4,5	100	60×90	48°			
Trioplan	4,5	260	130×180				Atelierkameras
Trioplan	4,5	300	180×240				Atelierkameras
Trioplan	4,5	360	180×240				Atelierkameras

Tafel 8 (Fortsetzung)

Objektiv-Markennamen *Lens-Trade Mark*	Lichtstärke *Relative aperture* 1 :	Brennweite *Focal length (E.F.L.)* in mm	Bildformat *Negative Sizes* in mm	Bildwinkel *Angle of View*	Errechner *Designer*	Bemerkungen *Notes*	Einbau in: *Fitted in Camera:*
P. Piesker & Co., Berlin							
Picon	2,8	100	60×60	40°			
Picon	3,5	135	60×90	40°			
G. Rodenstock, Optische Werke, München							
Eurygon	4,5	300	130×180	45°		Porträtanastigmat in	Atelierkameras
Eurygon	4,5	360	180×240	45°		Normalfassung	Atelierkameras
Eurygon	4,5	420	210×270	45°			Atelierkameras
Trinar	2,8	45	24×36	50°		Frontl.-Einst.,	
Trinar	2,9	37,5	24×24	50°		auf Wunsch auch mit	
Trinar	2,9	50	24×36	50°		fester Frontl.	Baldina, Super Baldina, Meß-Baldinette
Trinar	2,9	75/80	45×60	50°			Baldix (Baltar), Meß-Baldix,
			60×60				Rocca Automatic, Solida III E
Trinar	3,5	35	24×24	55°			Stereo-Colorist
Trinar	3,5	45/50	24×36	55°			Rigona, Graflex
Trinar	3,5	75	45×60	55°			
			60×60				
Trinar	3,5	105	60×90	55°			Baldalux, Rolfix II E
Trinar	4,5	50	24×36	55°			
Trinar	4,5	75	45×60	55°			Baldix, Meß-Baldix
			60×60				
Trinar	4,5	105	60×90	55°			
Trinar	5,6	37,5	24×24	49°			
Trinar	5,6	50	24×36	49°			
Trinar	6,3	75	60×60	55°			
Trinar	6,3	105	60×90	55°			

Tafel 8 (Fortsetzung)

Objektiv-Markennamen *Lens-Trade Mark*	Lichtstärke *Relative aperture* 1:	Brennweite *Focal length (E.F.L.)* in mm	Bildformat *Negative Sizes* in mm	Bildwinkel *Angle of View*	Errechner *Designer*	Bemerkungen *Notes*	Einbau in: *Fitted in Camera:*
Ross Ensign. Ltd., London							
Rosstar	4,5	75	45×60		*F. Hainsworth*	Frontl. verst.	Selfix 12/20 I u. IV Selfix 16/20 I u. IV
Rosstar	6,3	105	60×90		*F. Hainsworth*	Frontl. verst.	Snapmaster
Alb. Schacht G.m.b.H., München							
Travegar	3,5	45/50	24×36	50/45°			
Travegar	3,5	60	45×60	40°			
Travegar	3,5	75	60×60	60°			
Travegar	3,5	90	60×60	50°			
Travegar	3,5	105	60×90	54°			
Jos. Schneider & Co., Optische Werke, Kreuznach							
Reomar	3,5	45	24×36			Frontl.-Einst.	Retinette
Radionar	2,8	50	24×36		*A. W. Tronnier*	DRP 501068 Frontl.-Einst.	Akarelle, Baldina, Super-Baldina, Baldinette
Radionar	2,9	80	60×60			Frontl.-Einst.	Baldax, Super-Baldax, Reflex Korelle, Solida III, III E
Radionar	3,5	38	24×24			Frontl.-Einst.	Robot Junior, II A, Robot Star
Radionar	3,5	50	24×36			Frontl.-Einst.	Akarelle, Baldinette
Radionar	4,5	75	24×36			Frontl.-Einst.	Akarelle
Radionar	4,5	105	60×90			Frontl.-Einst.	Adox Golf, Meß Golf I, IV, Adox Sport II A, Baldafix, Baldalux, Bonafix, Rolfix I, I E, Solida

Tafel 8 (Fortsetzung)

Objektiv-Markennamen *Lens-Trade Mark*	Lichtstärke *Relative aperture* 1 :	Brennweite *Focal length (E.F.L.)* in mm	Bildformat *Negative Sizes* in mm	Bildwinkel *Angle of View*	Errechner *Designer*	Bemerkungen *Notes*	Einbau in: *Fitted in Camera:*
Dr. Staeble, Friedl & Co., Optische Werke, Altenstadt							
Kata	2,8	35/38	24×24	52/48°			
Kata	2,8	45	24×36	52°			Paxette II, II M, Perlux
Kata	2,8	50	24×36	47°			Paxette I M, II, II M
Kata	2,8	75/80	60×60	53°			
Kata	3,5	22		50°			
Kata	3,5	35/38	24×24	52/48°			
Kata	3,5	45/50	24×36	52/47°			
Kata	3,5	75/80	60×60	54°			
Kata	3,5	105	60×90	55°			
Kata	3,5	150	90×120	53°			
K. Steiner, Bindlach							
Steinar	2,9	75	60×60	58°		Frontl.-Einst.	Narax 66, Nordina III
Steinar	3,5	36	24×24	58°		Frontl.-Einst.	
Steinar	3,5	46	24×36	58°		Frontl.-Einst.	
Steinar	3,5	75	60×60	58°		Frontl.-Einst.	Foinix, Meß Foinix, Nordina II, Unca, Meß Unca
Steinar	3,8	105	60×90	58°		Frontl.-Einst.	
Steinar	4,5	46	24×36	58°		Frontl.-Einst.	
Steinar	4,5	75	60×60	58°		Frontl.-Einst.	Foinix, Narax 66, Nordina I
Steinar	4,5	105	60×90	58°		Frontl.-Einst.	
Steinar	6,3	75	60×60	58°		Frontl.-Einst.	Paxina II a

Tafel 8 (Fortsetzung)

Objektiv-Markennamen *Lens-Trade Mark*	Lichtstärke *Relative aperture* 1 :	Brennweite *Focal length (E.F.L.)* in mm	Bildformat *Negative Sizes* in mm	Bildwinkel *Angle of View*	Errechner *Designer*	Bemerkungen *Notes*	Einbau in: *Fitted in Camera:*
C. A. Steinheil Söhne GmbH., München							
Cassar	2,8	45	24×36				dignette, Edixa I, Edixa Reflex, Gloriette B, Hapo 36, Iloca Rapid A, Paxette I, I M, II, II M, Regula IC, IP, Regula Cita
Cassar	2,8	50	24×36				Baldinette, Diaxette, dignette, Edixa Reflex, Iloca Rapid B, Perla A I
Cassar	2,8	75	60×60				Rocca automatic (80),
Cassar	3,5	40	24×36				Regula II
Cassar	3,5	45	24×36				Edixa I S, II, Regula P
Cassar	3,5	50	24×36				Baldina, Super-Baldina, Baldinette, Edixa II, Perla A
Cassar	3,5	75/80	60×60				Super Baldax, Golf IV, Meß Golf IV, Photina Reflex III
Cassar	4,5	75	60×60				Astor, Golf, Meß-Golf I und II, Norca IV, Super 6×6
Cassar	4,5	105	60×90				Norca IV Super 6×9, Sport I a, II a, Super Start
Cassar	6,3	105	60×90				Adox Start, Norca IV Super 6×9
Cassar S	2,8	45/50	24×36				Regula Cita I und II
Cassarit	2,8	45/50	24×36				Iloca Rapid B (50), Paxette II und II M (45)
Cassarit	3,5	45/50	24×36				Iloca Rapid B, Paxette II und II M

Tafel 8 (Fortsetzung)

Objektiv-Markennamen *Lens-Trade Mark*	Lichtstärke *Relative aperture* 1 :	Brennweite *Focal length (E.F.L.)* in mm	Bildformat *Negative Sizes* in mm	Bildwinkel *Angle of View*	Errechner *Designer*	Bemerkungen *Notes*	Einbau in: *Fitted in Camera:*
Taylor, Taylor & Hobson, London							
Serie II A	3,5	4″–7½″		46°			
Serie II E	4,5	10″–20″		44–50°			
Serie XIV	6,3	13″–21″		50°			
Tewe oHG., Berlin-Schöneberg							
Tewestar	4,5	135		12°			
Voigtländer AG., Braunschweig							
Vaskar	4,5	80	60×60	54°		Frontl.-Einst.	Perkeo
Vaskar	4,5	105	60×90	54°		Frontl.-Einst.	Bessa I
W. Will, Optische Werkstätten, Wetzlar							
Winostar	2,8	45/50	24×36				
Winostar	2,8	75	60×60				
Winostar	3,5	35	24×24				
Winostar	3,5	45/50	24×36				
Winostar	3,5	75	60×60				
Winostar	4,0	105	60×90				
Winostar	4,5	35	24×24				
Winostar	4,5	45/50	24×36				
Winostar	4,5	75	60×60				
Winostar	4,5	105	60×90				
Winostar	6,3	75	60×60				
Winostar	6,3	105	60×90				

Tafel 8 (Fortsetzung)

Objektiv-Markennamen *Lens-Trade Mark*	Lichtstärke *Relative aperture* 1 :	Brennweite *Focal length (E.F.L.)* in mm	Bildformat *Negative Sizes* in mm	Bildwinkel *Angle of View*	Errechner *Designer*	Bemerkungen *Notes*	Einbau in: *Fitted in Camera:*
VEB Carl Zeiß, Jena							
Triotar	4,0	135	24×36	16°		Blendenvorwahl	Exakta, Pentacon, Praktica, Praktiflex
Novonar	3,5	35	24×24				Taxona
Novonar	3,5	50	24×36			Schneckengang	Werra
Carl Zeiß, Oberkochen							
Triotar	4,0	85	24×36	28°			Contax II a, III a
Zeiß-Ikon AG., Stuttgart							
Novar	3,5	45	24×36	51°			Contina I a, II a, Ikonta 35
Novar	3,5	75	60×60				Ikoflex I a, Ikonta 4, 5×6, Meß Ikonta 6×6, Super Ikonta III 6×6, Signal Nettar 6×6
Novar	3,5	105	60×90				Meß Ikonta 6×9, Signal Nettar 6×9
Novar	4,5	75	60×60				Ikonta 4, 5×6, Ikonta 6×6, Meß Ikonta 6×6, Signal Nettar
Novar	4,5	105	60×90				Meß Ikonta 6×9, Signal Nettar 6×9
Novar	6,3	75	60×60				Nettar 6×6, Signal Nettar 6×6
Novar	6,3	105	60×90				Signal Nettar 6×9
Novicar	2,8	45	24×36	51°			Contina II a

Tafel 9: Tripletvariationen mit verkittetem Hinterglied

Objektiv-Markennamen *Lens-Trade Mark*	Lichtstärke *Relative aperture* 1:	Brennweite *Focal length (E.F.L.)* in mm	Bildformat *Negative Sizes* in mm	Bildwinkel *Angle of View*	Errechner *Designer*	Bemerkungen *Notes*	Einbau in: *Fitted in Camera:*
Agfa Camera Werk AG., München							
Solinar	2,8	50	24×36			Schneckengang	Karat 36, Karat IV
Solinar	3,5	50	24×36			Schneckengang	Solinette, Super Solinette, Ansco Super Regent LVS
Solinar	3,5	75	60×60			Frontl.-Einst., Schneckengang	Isolette II, III, Super Isolette, Ansco Super Speedex (80)
Solinar	4,5	85	60×60				
Solinar	4,5	105	60×90			Frontl.-Einst.	Record II, III
Asahi Optical Co., Tokio							
Takumar	3,5	50	24×36		*Hiroshi Hara*		Asahiflex
Takumar	3,5	75	60×60		*Hiroshi Hara*		Press Van-120
Bausch & Lomb, Optical Co., Rochester							
	4,5	91	$2\frac{1}{4}'' \times 3\frac{1}{4}''$	58°			
	4,5	113	$2\frac{1}{2}'' \times 3\frac{1}{2}''$	52°			
	4,5	139	$3\frac{1}{4}'' \times 4\frac{1}{4}''$	52°			
	4,5	164	$4'' \times 5''$	53°			
	4,5	190	$5'' \times 7''$	60°			
	4,5	210	$5'' \times 8''$	60°			
	4,5	255	$6\frac{1}{2}'' \times 8\frac{1}{2}''$	56,5°			
	4,5	305	$8'' \times 10''$	56,5°			
Emo-Optik, Wetzlar							
Neoplan	2,8	50	24×36	48°	*Arth. Seibert*		

Tafel 9 (Fortsetzung)

Objektiv-Markennamen *Lens-Trade Mark*	Lichtstärke *Relative aperture* 1 :	Brennweite *Focal length (E.F.L.)* in mm	Bildformat *Negative Sizes* in mm	Bildwinkel *Angle of View*	Errechner *Designer*	Bemerkungen *Notes*	Einbau in: *Fitted in Camera:*
Enna Werk, München							
Ennit	2,8	50	24×36	46°			Baldina, Super Baldina, Super Baldinette
Ennit	2,8	80	60×60	52°			Super Baldax 6×6
Ennit	3,5	50	24×36	46°			
Ennit	3,5	75	60×60	52°			
Finetta Werk, Goslar							
Finon	2,8	45	24×36	52°			Finetta 99, 99B, 99L
Finon S	2,8	45	24×36	52°			Finetta 99, 99L
Futura Kamerawerk, Freiburg							
Elor	2,8	50	24×36	49°		gekuppelt und ungekuppelt	Futura S
Isco, Optische Werke GmbH., Göttingen							
Westanar	2,8	50	24×36	48°		linear. Schneckenzug, Springbl.	Edixa Reflex, Exa, Exakta, Pentacon, Praktiflex, Praktica, Rapid B (Super-Ilitar)
Westanar	4,5	150	24×36	16°	*A. W. Tronnier*	radial. Schneckenzug	Edixa Reflex, Exakta, Kine Exakta, Pentacon, Praktica
Westanar	4,5	180	24×36	13,5°		Blendenvorwahl	Edixa Reflex, Kine-Exakta, Pentacon, Praktica

Tafel 9 (Fortsetzung)

Objektiv-Markennamen *Lens-Trade Mark*	Lichtstärke *Relative aperture* 1 :	Brennweite *Focal length (E.F.L.)* in mm	Bildformat *Negative Sizes* in mm	Bildwinkel *Angle of View*	Errechner *Designer*	Bemerkungen *Notes*	Einbau in: *Fitted in Camera:*
Optische Fabrik H. Kilfitt, München							
Kilar	2,8	40	24×24	44°	*A. Burger*	vollaut. Blendenvorwahl	Mecaflex
Kilar	3,5	40	24×24		*A. Burger*	vollaut. Blendenvorwahl	Mecaflex
Kilar	3,5	90	24×36	27°	*W. Piepenbrink*		Contax, Leica, Einäugige Spiegelreflexkameras
Makro-Kilar	2,8	90	24×36 60×60	27°	*A. Burger*	Vorwahlblende	Contax, Leica, Einäugige Spiegelreflexkameras, Spiegelkästen für Entfernungsmesser Kleinkameras, Exakta, Praktica, Hasselblad, Meister Korelle, 35 und 16 mm Filmkameras mit Reflexeinstellung (Arriflex, Pathex Webo M u. ä.)
Makro-Kilar D	2,8	40	24×24 24×36		*A. Burger*	Einstellbereich ∞ — 5 cm	Mecaflex (24×24), Alpa Reflex, Exakta, Edixa und alle Spiegelreflexkameras
Makro-Kilar D	3,5	40	24×24 24×36	55°	*A. Burger*	Einstellbereich ∞ — 5 cm	Mecaflex (24×24), Alpa Reflex, Edixa, Exakta und alle Spiegelreflexkameras
Makro-Kilar E	3,5	40	24×24 24×36	55°	*A. Burger*	Einstellbereich ∞ — 10 cm	Mecaflex (24×24), Alpa Reflex, Edixa, Exakta und alle Spiegelreflexkameras
Eastmann Kodak Co, Rochester							
Ektar	2,8	80	60×60	52°		USA Pat. 2158178	Hasselblad 1000F, 1600F
Ektar	3,5	44	24×36	50°		USA Pat. 2158178	Kodak Signet 35
Ektar	4,5	101	60×90	50°			Pacemaker, Speed-Graphic 23

Tafel 9 (Fortsetzung)

Objektiv-Markennamen *Lens-Trade Mark*	Lichtstärke *Relative aperture* 1 :	Brennweite *Focal length (E.F.L.)* in mm	Bildformat *Negative Sizes* in mm	Bildwinkel *Angle of View*	Errechner *Designer*	Bemerkungen *Notes*	Einbau in: *Fitted in Camera:*
Ektar	4,5	152	100×130	50°			Pacemaker 9×12, Pacemaker Graphic 13×18
Ektar	4,5	190		50°			Large Cameras
Ektar	4,5	305		50°			Large Cameras
Ektar	4,7	127	90×120				Pacemaker 9×12, Pacemaker Graphic 13×18
Ektar	5,6	190					
Ektar	6,3	215					
Ektar	6,3	255					
Ektar	6,3	305					
Commercial Ektar	6,3	8,5″		54°			Large Cameras
Commercial Ektar	6,3	10″		54°			Large Cameras
Commercial Ektar	6,3	12″		54°			Large Cameras
Commercial Ektar	6,3	14″		54°			Large Cameras
Anastar	4,5	48	28×40				Kodak Flash Bantam
Anastar	4,5	101	60×90	52°			Kodak Tourist II
Konishiroku Photo Industry Co., Tokio							
Hexar	3,5	50	24×36		*Tomokazu Kazamaki*		Konica I
Hexar	3,5	75	60×60		*Hiroo Mori*		Konica Pearl II
E. Leitz GmbH., Wetzlar							
Elmar	3,5	50	24×36	45°		DRP 343086	Leica If, IIf, IIIC, IIIf, M 3, Periflex
Elmar	4,0	90	24×36	27°			Leica IIf, IIIf, M 3

Tafel 9 (Fortsetzung)

Objektiv Markennamen *Lens-Trade Mark*	Lichtstärke *Relative aperture* 1 :	Brennweite *Focal length (E.F.L.)* in mm	Bildformat *Negative Sizes* in mm	Bildwinkel *Angle of View*	Errechner *Designer*	Bemerkungen *Notes*	Einbau in: *Fitted in Camera:*
VEB Feinoptisches Werk Görlitz, Meyer							
Primotar	3,5	50	24×36		*Schubert/Thierhold*	Wp 42 h/35600	Contax D, Exakta, Praktica, Praktina
Primotar	3,5	80	60×60		*Thierhold*	Vorwahlblende	Exakta 6×6, Meister Korelle, Primar-Reflex
Primotar	3,5	105	60×90		*Thierhold*		
Primotar	3,5	135	24×36	39°	*Schäfter*		Contax D, Exakta, Praktica, Praktina
Minox GmbH., Gießen							
Complan	3,5	15	8×11	49°			Minox
Olympus Optical Co., Tokio							
D-Zuiko	3,5	45	24×36		*S. Yanagawa*		Olympus 35 S, A
Zuiko	3,5	75	60×60				Aires Reflex, Olympus Six RII, R II A, VA
N. V. Optische Industrie „de oude delft“. Delft							
Alfinon	2,8	50	24×36	45°	*J. Becker*		Alpa Reflex, Alpa Alnea

Täfel 9 (Fortsetzung)

Objektiv-Markennamen *Lens-Trade Mark*	Lichtstärke *Relative aperture* 1 :	Brennweite *Focal length (E.F.L.)* in mm	Bildformat *Negative Sizes* in mm	Bildwinkel *Angle of View*	Errechner *Designer*	Bemerkungen *Notes*	Einbau in: *Fitted in Camera:*
Plaubel, Feinmechanik und Optik, Frankfurt a. M.							
Anticomar	2,9	100	65×90				Makina III R
Anticomar	4,2	100	65×90				Makina III R
Anticomar	4,2	150	90×120				Peco, Peco Supra, Peco Universal
Anticomar	4,2	210	130×180				Peco, Peco Supra, Peco Universal
Anticomar	4,2	300	180×240				Peco, Peco Supra, Peco Universal
G. Rodenstock, Optische Werke, München							
Ysar	3,5	50	24×36	50°		Gesamtverst.	Graphic 35 (Graflar)
Ysar	4,5	75	45×60 60×60	55°			
Ysar	4,5	85	60×60	55°			
Ysar	4,5	105	60×90	55°			
Ysar	4,5	135/150	90×120	55°			
Ysar	4,5	165/180	100×150	55°			
Ysar	4,5	210	130×180	55°			
Ysar	4,5	240	160×210	55°			
Ysar	4,5	300	180×240	55°			
Ysar	4,5	360	210×260	55°			
Ysar	4,5	420	240×300	55°			

Tafel 9: (Fortsetzung)

Objektiv-Markennamen *Lens-Trade Mark*	Lichtstärke *Relative aperture* 1 :	Brennweite *Focal length (E.F.L.)* in mm	Bildformat *Negative Sizes* in mm	Bildwinkel *Angle of View*	Errechner *Designer*	Bemerkungen *Notes*	Einbau in: *Fitted in Camera:*
Ross Ensign. Ltd, London							
Xpres	3,5	75	45×60		*F. Hainsworth*	Frontl. verst.	Selfix 12/20 II, Selfix 16/20 II, Selfix 12/20 Special, Selfix 16/20 Autorange
Xpres	3,5	77,5	60×60		*G. A. Richmond*	Gesamtverst.	Microcord
Xpres	3,8	105	60×90		*F. Hainsworth*		Selfix 820, 820 Special, Autorange 820
Xpres	4,5	152	90×120		*G. A. Richmond*		
Xpres	4,5	184	120×160		*G. A. Richmond*		
Xpres	4,5	216	130×180		*G. A. Richmond*		
Xpres	4,5	254	180×240		*G. A. Richmond*		
Xpres	4,5	305	200×250		*G. A. Richmond*		
Xpres	4,5	356	250×300		*G. A. Richmond*		
Rosstar	4,5	105	60×90		*F. Hainsworth*	Frontl. verst.	Clubman
Xtralux	3,5	90	24×36		*G. A. Richmond*		Leica
Xtralux	4,5	135	24×36		*G. A. Richmond*		Leica
Alb. Schacht GmbH., München							
Travenar	2,8	45	24×36	50°	*L. Bertele*		Spiegelreflexkameras
Travenar	2,8	50	24×36	45°	*L. Bertele*	Springbl.	Exakta, Pentacon, Praktica, Praktiflex
Travenar	4,5	85	60×60	52°	*L. Bertele*		
Travenar	4,5	90	60×90	52°	*L. Bertele*		
Travenar	4,5	135	90×120	60°	*L. Bertele*		
Travegon	3,5	35		61°			
Travegon	3,5	75		62°			
Travegon	3,5	105		56°			

Tafel 9 (Fortsetzung)

Objektiv-Markennamen *Lens-Trade Mark*	Lichtstärke *Relative aperture* 1 :	Brennweite *Focal length (E.F.L.)* in mm	Bildformat *Negative Sizes* in mm	Bildwinkel *Angle of View*	Errechner *Designer*	Bemerkungen *Notes*	Einbau in: *Fitted in Camera:*
Jos. Schneider & Co., Optische Werke, Kreuznach							
Xenar	2,8	38	24×24	50°	*A. W. Tronnier*	DRP 753329	Photavit IV, Robot Recorder, Robot Royal II und III, Robot Star
Xenar	2,8	50	24×36	50°			Akarelle (45), Baldina, Super Baldina, Diax I a, II a (45), Edixa Reflex, Karomat, Paxette II, II M, Retina I b, Royal 36 (45)
Xenar	3,5	50	24×36	50°		DRP 667453 USA Pat, 2084714	Akarelle, Akarex III, Edixa Reflex, Exa, Perla A II
Xenar	3,5	75	60×60	55°			Alpa Reflex 7, Bertram 6×6, Rolleicord IV, V, Rolleiflex, Solida II, II E, Super Ikonta
Xenar	3,5	105	60×90	55°			Bertram 6×9, Edixa Reflex, Pacemaker 6×9, Technika 6×9
Xenar	3,5	135	24×36				Edixa Reflex
Xenar	3,5	150	90×120				Technika 9×12
Xenar	4,5	105	60×90	55°			Bertram 6×9
Xenar	4,5	135	90×120	55°			Super Technika
Xenar	4,5	150	90×120	55°			Micro Press, Micro Technical, Pacemaker 9×12, Pacemaker Graphic 13×18, Technika III 9×12
Xenar	4,5	180	100×150	55°	*A. W. Tronnier*	DRP 753329	Technika III 9×12, Ukaphot
Xenar	4,5	210	130×180	55°			Technika III 13×18, Technika 9×12
Xenar	4,5	240	130×180	55°			Technika III 13×18
Xenar	4,5	300	180×240	55°			Technika III
Xenar	4,5	360	180×240	55°			
Xenar	4,5	420	240×300	55°			

Tafel 9 (Fortsetzung)

Objektiv-Markennamen *Lens-Trade Mark*	Lichtstärke *Relative aperture* 1 :	Brennweite *Focal length (E.F.L.)* in mm	Bildformat *Negative Sizes* in mm	Bildwinkel *Angle of View*	Errechner *Designer*	Bemerkungen *Notes*	Einbau in: *Fitted in Camera:*
Jos. Schneider & Co., Optische Werke, Kreuznach							
Xenar	4,5	480	300×400	55°			
Xenar	4,7	135	90×120	55°			Micro Press, Micro Technical, Pacemaker 9×12, Pacemaker Graphic 13×18
Press Xenar	3,8	135	90×120	55°			Pacemaker 9×12, Pacemaker 13×18, Technika 9×12
Press Xenar	4,7	127	90×120	55°			Technika 9×12
Dr. Staeble, Friedl & Co., Optisches Werk, Altenstadt							
Tetra	2,8	35	24×24	52°			
Tetra	2,8	45/50	24×36	52/47°			
Tetra	3,5	35	24×24	52°			
Tetra	3,5	45/50	24×36	52/47°			
Tetra	3,5	75/80	60×60	54°			
Tetra	3,5	105	60×90	55°			
Tetra	3,5	150	90×120	53°			
Tetra	4,5	180	100×150	53°			
Tetra	4,5	240	130×180	50°			
Tetra	4,5	300	180×240	51°			
Tetra	4,5	360	180×240	55°			
C. A. Steinheil Söhne GmbH., München							
Culminar	4,5	135	24×36	18°		langer Schneckenzug	Exakta, Kardon, Kilarflex-Spiegelkasten, Leica IIf, IIIf, Pentacon, Praktica, Praktiflex

Tafel 9 (Fortsetzung)

Objektiv-Markennamen *Lens-Trade Mark*	Lichtstärke *Relative aperture* 1 :	Brennweite *Focal length (E.F.L)* in mm	Bildformat *Negative Sizes* in mm	Bildwinkel *Angle of View*	Errechner *Designer*	Bemerkungen *Notes*	Einbau in: *Fitted in Camera:*
Culminar	4,5	135	90×120				Großformatige Kamera
Culminon	4,0	150	90×120	55°			Großformatige Kamera
Culminon	4,5	210	130×180	55°			Großformatige Kamera
Voigtländer AG., Braunschweig							
Color-Skopar	2,8	50	24×36	48°	*A. W. Tronnier*	USA Pat. 2573511	Vitessa, Vito B
Color-Skopar	3,5	50	24×36	46°	*A. W. Tronnier*	USA Pat. 2573511	Prominent, Vitessa, Vito II, IIa, B
Color-Skopar	3,5	80	60×60	54°	*A. W. Tronnier*	USA Pat. 2573511	Perkeo
Color-Skopar	3,5	105	60×90	54°	*A. W. Tronnier*	USA Pat. 2573511	Bessa II, Busch Pressman
W. Will, Optische Werkstätten, Wetzlar							
Rekagon	2,8	45/50	24×36				
Telenar	4,5	90	24×36			Fernobjektiv	Paxette II M
Telenar	4,5	105	24×36			Fernobjektiv	
Telenar	4,5	135	24×36			Fernobjektiv	Paxette II M
Wollensak Optical Co., Rochester							
Raptar	4,5	50	24×36	48,4°			
Raptar	4,5	75	60×60	55,4°			
Raptar	4,5	90	$2^1/_4'' \times 3^1/_4''$	58,6°			
Raptar	4,5	101	$2^1/_4'' \times 3^1/_4''$	52,8°			
Raptar	4,5	114	$2^1/_4'' \times 3^1/_4''$	47,8°			
Raptar	4,5	127	$3^1/_4'' \times 4^1/_4''$	56,4°			Polaroid Land Pathfinder
Raptar	4,5	135	$4'' \times 5''$	62°			

Tafel 9 (Fortsetzung)

Objektiv-Markennamen *Lens-Trade Mark*	Lichtstärke *Relative aperture* 1 :	Brennweite *Focal length (E.F.L.)* in mm	Bildformat *Negative Sizes* in mm	Bildwinkel *Angle of View*	Errechner *Designer*	Bemerkungen *Notes*	Einbau in: *Fitted in Camera:*
Wollensak Optical Co., Rochester							
Raptar	4,5	162	4″×5″	53,2°			
Raptar	4,5	190	5″×7″	60°			
Raptar	4,5	210	5″×8″	59,4°			
Raptar	4,5	241	$6\frac{1}{2}'' \times 8\frac{1}{2}''$	58,8°			
Raptar	4,5	302	8″×10″	56,6°			
VEB Carl Zeiß, Jena							
Tessar	2,8	50	24×36	45°	*H. Zöllner*	DWP 8721	Altix V, Astraflex 35, Beltica Certo Super Dollina II, Hexacon, Rival Reflex, Welti, Werra
						Mit Blendenvorwahl	Altix IV, Exa, Exakta, Pentacon, Praktiflex, Praktina
Tessar	2,8	80	60×60	55°	*Fr. Disep*		Certo Super Six, Exakta 6×6
Tessar	3,5	37,5	24×24	48°	*Merté*	DRP 463739	Belplasca, Taxona
Tessar	3,5	50	24×36				Exa, Exakta, Praktica, Rival Reflex
Tessar	3,5	75	60×60	58°			Weltax
Tessar	3,5	105	60×90	55°			
Tessar	3,5	165	100×150	58°			
Tessar	3,5	210	130×180	55°			
Tessar	3,5	250	130×210	53°			
Tessar	3,5	300	160×210	47°			
Tessar	4,5	40	24×36	57°	*Wandersleb*	DRP 349938	Altix IV, Exa, Exakta, Pentacon, Praktiflex, Praktina
Tessar	4,5	50	24×36	45°	*Merté*	DRP 350335	
Tessar	4,5	75	60×60	58°			
Tessar	4,5	105	60×90	55°			

Tafel 9 (Fortsetzung)

Objektiv-Markennamen *Lens-Trade Mark*	Lichtstärke *Relative aperture* 1 :	Brennweite *Focal length (E.F.L.)* in mm	Bildformat *Negative Sizes* in mm	Bildwinkel *Angle of View*	Errechner *Designer*	Bemerkungen *Notes*	Einbau in: *Fitted in Camera:*
Tessar	4,5	135	90×120	57°			Pacemaker, Pacemaker Graphic 13×18
Tessar	4,5	150	90×120	53°			Pacemaker, Pacemaker Graphic 13×18
Tessar	4,5	180	100×150	58°			
Tessar	4,5	210	130×180	55°			
Tessar	4,5	250	130×210	53°			
Tessar	4,5	300	160×210	47°			
Tessar	4,5	360	180×240	45°			
Tessar	6,3	135	90×120	57°	*Rudolph*	DRP 142294	9×12-Kameras
Tessar	6,3	210	130×180	55°			13×18-Kameras
Carl Zeiß, Oberkochen							
Tessar	2,8	45	24×36	50°		DRP 603325	Contaflex II, Contina Ikonta 35,
Tessar	2,8	50	24×36	45°			Contessa, Super Dollina, Rectaflex
Tessar	2,8	80	60×60	52°			Hasselblad 1000F, Hasselblad 1600F, Super Ikonta I
Tessar	3,5	50	24×36	45°			Contax IIa, IIIa
Tessar	3,5	75	60×60	55°			Ikoflex Ia, IIa, Ikonta 4, 5×6, Meß Ikonta 6×6, Super Ikonta III 6×6, Rolleiflex
Tessar	3,5	105	60×90	53°			Meß Ikonta 6×9, Pacemaker 6×9, Technika 6×9
Tessar	3,5	115	24×36	21°		m. zerstr. Kittfl. im letzten Glied Vorwahl-Springbl.	Contax IIa, IIIa
Tessar	3,5	150	90×120				Pacemaker 9×12
S-Tessar	4,5	75	30×40	40°			Dokumentation

Tafel 10: Tripletvariationen mit verkittetem Vorderglied

Objektiv-Markennamen *Lens-Trade Mark*	Lichtstärke *Relative aperture* 1 :	Brennweite *Focal length (E.F.L.)* in mm	Bildformat *Negative Sizes* in mm	Bildwinkel *Angle of View*	Errechner *Designer*	Bemerkungen *Notes*	Einbau in: *Fitted in Camera:*
Isco, Optische Werke GmbH, Göttingen							
Westanar	3,5	135	24×36			linearer Schneckenzug, Vorwahlblende	Edixa Reflex, Exakta, Pentacon, Praktica
VEB Feinoptisches Werk, Görlitz, Meyer							
Primotar	3,5	180	24×36		*Schäfter*		Contax D, Exakta, Praktica, Praktina
Primotar	3,5	180	60×60	26,5°		Vorwahlblende	Exakta 6×6, Meister Korelle, Primar-Reflex
C. A. Steinheil Söhne GmbH, München							
Culminar	2,8	50	24×36				
Culminar	2,8	85	24×36			Schraubgewinde und Bajonettverschluß	Kardon, Leica IIf, IIIf, Kine-Exakta, Pentacon, Praktica, Praktiflex

Tafel 11: Tripletvariationen mit verkittetem Vorder- und Hinterglied

Objektiv-Markennamen *Lens-Trade Mark*	Lichtstärke *Relative aperture* 1:	Brennweite *Focal length (E.F.L.)* in mm	Bildformat *Negative Sizes* in mm	Bildwinkel *Angle of View*	Errechner *Designer*	Bemerkungen *Notes*	Einbau in: *Fitted in Camera:*
Eastman Kodak Co., Rochester							
Ektar	3,7	105	60×90	48°		USA Pat. 2279384; wie Bild 47	Kodak Medal I, II, Pacemaker 6×9
Konishiroku Photo Industry Co., Tokio							
Hexanon	2,8	50	24×36		*Tomakazu Kazamaki*	Jap. Pat. 197743; wie Bild 47	Konica I, II
Hexanon	3,5	85	60×60		*Tomakazu Kazamaki*	Jap. Pat. 197743; wie Bild 47	Koniflex III
Voigtländer AG., Braunschweig							
Color-Heliar	3,5	105	60×90	54°	*A. W. Tronnier*	DBP 888772; wie Bild 47	Bessa II
Apo-Lanthar	4,5	105	60×90	54°	*A. W. Tronnier*	DBP 880802; wie Bild 47	Bessa II, Technika 6×9
Apo-Lanthar	4,5	150	90×120	53°	*A. W. Tronnier*	wie Bild 47	Technika 9×12, 13×18
Apo-Lanthar	4,5	210	130×180		*A. W. Tronnier*	wie Bild 47	
Heliar	4,5	150	90×120	53°	*H. Deser*	DRP 636166; wie Bild 47	Technika 9×12
Heliar	4,5	180	100×150	53°		wie Bild 47	
Heliar	4,5	210	90×120	54°		wie Bild 47	Technika 9×12, 13×18
Heliar	4,5	240		54°		wie Bild 47	Technika 9×12, 13×18
Heliar	4,5	300	90×120	45°		wie Bild 46	Technika 9×12
Heliar	4,5	360		45°		wie Bild 46	
Heliar	4,5	420		45°		wie Bild 46	
Heliar	4,5	480		45°		wie Bild 46	

Tafel 12: Weitere Tripletvariationen

Objektiv-Markennamen *Lens-Trade Mark*	Lichtstärke *Relative aperture* 1 :	Brennweite *Focal length (E.F.L.)* in mm	Bildformat *Negative Sizes* in mm	Bildwinkel *Angle of View*	Errechner *Designer*	Bemerkungen *Notes*	Einbau in: *Fitted in Camera:*
Pierre Angénieux (Éts), St. Heand (Loire)							
Type Y 2	3,5	135	24×36	18°		Bild 50 unten	Alpa Reflex (Alogar), Contax, Exa, Exakta, Pentacon, Praktica, Praktiflex
Type Y 12	2,5	90	24×36	27°		Bild 50 oben	Alpa Reflex (Alportar), Contax, Exa, Exakta, Pentacon, Praktica, Praktiflex
Asahi Optical Co., Tokio							
Takumar	2,4	58	24×36		*Hiroshi Hara*	Bild 89/10	Asahiflex
Astro Gesellschaft Bielicke & Co., Berlin							
Astrar	2,7	50	24×36	46°	*W. F. Bielicke*	EP 375723 5 Linsen, 4 Glieder	
Futura Kamerawerk GmbH., Freiburg							
Frilon	1,5	50	24×36	49°		Bild 89/7	Futura S, Futura-Standard
Frilon	1,5	70	24×36	35°		Bild 89/7	Futura S, Futura-Standard
Evar	2,0	50	24×36	49°		Bild 52	Futura S, Standard

Tafel 12 (Fortsetzung)

Objektiv-Markennamen *Lens-Trade Mark*	Lichtstärke *Relative aperture* 1 :	Brennweite *Focal length (E.F.L.)* in mm	Bildformat *Negative Sizes* in mm	Bildwinkel *Angle of View*	Errechner *Designer*	Bemerkungen *Notes*	Einbau in: *Fitted in Camera:*
Isco, Optische Werke GmbH., Göttingen							
Westanar	2,8	85	24×36			lin. Schneckenzug, Vorwahlblende, Bild 49	Edixa Reflex, Exakta Varex, Pentacon, Praktica
Optische Fabrik H. Kilfitt, München							
Grand-Kilar	1,9	180	24×36 60×60		*A. Burger*	Bild 89/13	Contax, Leica, Einäugige Spiegelreflexkameras
E. Leitz GmbH., Wetzlar							
Hektor	1,9	73	24×36	33°		DRP 526308 6 Linsen, 3 Kittgl.	Leica
Hektor	2,5	125	24×36	20°		Bild 48	Leica M 3 (nur für Visoflex-Ansatz)
Hektor	4,5	135	24×36	19°		Bild 48	Leica IIf, IIIf, M 3
VEB Feinoptisches Werk Görlitz, Meyer							
Primoplan	1,9	58	24×36	41°	*Schäfter*	Bild 53	Contax D, Exakta Varex, Kine Exakta, Praktica FX, Praktiflex, Rival Reflex
Primoplan	1,9	75	24×36			Bild 53	

Tafel 12 (Fortsetzung)

Objektiv-Markennamen *Lens-Trade Mark*	Lichtstärke *Relative aperture* 1:	Brennweite *Focal length (E.F.L.)* in mm	Bildformat *Negative Sizes* in mm	Bildwinkel *Angle of View*	Errechner *Designer*	Bemerkungen *Notes*	Einbau in: *Fitted in Camera:*
Olympus Optical Company, Tokio							
E-Zuiko	2,8	48	24×36		*S. Yanagawa*	Jap. Pat. 185629 Bild 89/8	Olympus 35 S, Modell B
E-Zuiko	2,8	75	60×60			Bild 89/8	Olympus Six V, B
Alb. Schacht GmbH., München							
Travenar	2,8	87	24×36		*L. Bertele*	Bild 54a Vorwahl-Springbl.	Exakta, Praktica, Pentacon; mit Rastblende für Leica, Edixa, Exa, Rektaflex
C. A. Steinheil Söhne GmbH., München							
Quinon	2,0	50	24×36	50°		Bild 55 Rastbl.	Leica, Kardon
Quinar	2,8	135	24×36	18°		Bild 51 Blendenvorwahl	Contax D und S, Edixa Reflex, Kino-Exakta, Pentacon, Praktica, Praktiflex, Leica-Spiegelkasten

Tabelle 12 (Fortsetzung)

Objektiv-Markennamen *Lens-Trade Mark*	Lichtstärke *Relative aperture* 1:	Brennweite *Focal length (E.F.L.)* in mm	Bildformat *Negative Sizes* in mm	Bildwinkel *Angle of View*	Errechner *Designer*	Bemerkungen *Notes*	Einbau in: *Fitted in Camera:*
VEB Carl Zeiß, Jena							
Sonnar	1,5	50	24×36	45°	*L. Bertele*	DRP 673861 Bild 54c	Contax II, IIa, IIIa
Sonnar	2,0	50	24×36	45°	*L. Bertele*	DRP 570983 Bild 54b	Contax II, IIa, IIIa
Sonnar	2,0	85	24×36	28°		Bild 54c	Contax II, IIa, IIIa
Sonnar	2,8	180	24×36	14°		Blendenvorwahl	Contax-Kameras mit Spiegelreflexansatz „Flektometer"
Sonnar	4,0	135	24×36	16°			Contax II, IIa, IIIa, Exakta-Varex, Pentacon, Praktiflex FX, Praktina
Sonnar	4,0	300	24×36	8°		Blendenvorwahl	Contax-Kameras mit Spiegelreflexansatz „Flektometer"
Carl Zeiß, Oberkochen							
Sonnar	1,5	50	24×36	45°		Bild 54c	Contax IIa, IIIa
Sonnar	2,0	50	24×36	45°	*L. Bertele*	DRP 570983 Bild 54b	Contax IIa, IIIa, Leica IIIc
Sonnar	2,0	85	24×36	28°		Bild 54c	Contax IIa, IIIa
Sonnar	3,5	135	60×60	32°		Bild 89/5	
Sonnar	4,0	135	24×36	20°		Bild 54d	Contax IIa, IIIa
Sonnar	4,0	250	60×60	18°		Bild 54d	
Sonnar	4,0	300	24×36			Bild 54d	Contax IIa, IIIa
Sonnar	4,8	180	60×90	35°		Bild 89/4	Technika 6×9
Sonnar	5,6	250	60×60	18°		Bild 54d	

Tafel 13: *Gauß*-Variationen der Lichtstärke 1 : 2,5 und geringer

Objektiv-Markennamen *Lens-Trade Mark*	Lichtstärke *Relative aperture* 1 :	Brennweite *Focal length (E.F.L.)* in mm	Bildformat *Negative Sizes* in mm	Bildwinkel *Angle of View*	Errechner *Designer*	Bemerkungen *Notes*	Einbau in: *Fitted in Camera:*
Agfa Camerawerk AG., München							
Helostar	2,5	50	24×36			5 Linsen, 4 Glieder	
VEB Feinoptisches Werk Görlitz, Meyer							
Makro-Plasmat	2,7	105	60×60	43°		Bild 59 Vorwahlbl.	Meister Korelle, Primar-Reflex
G. Rodenstock, Optische Werke, München							
Heligon C	2,8	50	24×36	48°		Bild 61 2Vordergl.ausw.	Retina II C
Jos. Schneider & Co., Optische Werke, Kreuznach							
Xenon C	2,8	50	24×36			Bild 61 2Vordergl.ausw.	Retina II C
Xenotar	2 8	80	60×60	55°		Bild 56	Rolleiflex 2,8 C und D
Xenotar	2,8	105	65×90	55°		Bild 56	Technika 6×9
Xenotar	2,8	150	90×120	53°		Bild 56	Pacemaker Graphic 13×18, Technika 9×12

Tafel 13 (Fortsetzung)

Objektiv-Markennamen *Lens-Trade Mark*	Lichtstärke *Relative aperture* 1:	Brennweite *Focal length (E.F.L.)* in mm	Bildformat *Negative Sizes* in mm	Bildwinkel *Angle of View*	Errechner *Designer*	Bemerkungen *Notes*	Einbau in: *Fitted in Camera:*
Taylor, Taylor & Hobson Ltd., London							
Double Speed Panchro	2,5	4	24×36			6 Linsen, 4 Glieder	
VEB Carl Zeiß, Jena							
Biometar	2,8	80	24×36	30°	*H. Zöllner*	Bild 56, Blendenvorwahl	Kleinbildreflexkameras
Carl Zeiß, Oberkochen							
Planar	2,8	80	60×60	52°		Bild 58	Rolleiflex 2,8 C und D
Planar	2,8	100	60×90	56°		Bild 57	Technika 6×9
Planar	2,8	150	90×120	52°			
Planar	3,5	135	90×120	57°			

Tafel 14: Lichtstärkste *Gauß*-Objektive der Lichtstärke 1 : 2 und größer

Objektiv-Markennamen *Lens-Trade Mark*	Lichtstärke *Relative aperture* 1 :	Brennweite *Focal length (E.F.L.)* in mm	Bildformat *Negative Sizes* in mm	Bildwinkel *Angle of View*	Errechner *Designer*	Bemerkungen *Notes*	Einbau in: *Fitted in Camera:*
Agfa Camerawerk AG., München							
Solagon	2,0	50	24×36			DBP 833419 Bild 61 Schneckengangfassg.	Karat 36, Karat IV
Pierre Angénieux (Éts), St. Heand (Loire)							
Angénieux S 21	1,5	50	24×36	47°		Bild 61	Exakta VX, Pentacon, Praktica, Praktiflex
Angénieux S 1	1,8	50	24×36	47°		Bild 61	
Enna-Werk, München							
Ennaston	1,5	85	24×36	28,5°		Bild 67	Contax S, Edixa Reflex, Kine Exakta Varex, Pentacon, Praktica, Praktina und mit Kupplung für Leica
Ennaston	1,9	45/50	24×36	52°		Bild 61	Argus C 4
Fuji Optical Division, Tokio							
Fujinon	1,2	50	24×36	45°		Bild 89/23	
Isco Optische Werke GmbH., Göttingen							
Westagon	1,9	50	24×36			Bild 61 lin. Schneckenzug, vollaut. Springbl.	Edixa Reflex, Exakta Varex, Pentacon, Praktica
Westagon	2,0	50	24×36		*A. W. Tronnier*	Bild 63 lin. Schneckenzug, vollaut. Springbl.	Edixa Reflex, Exakta Varex, Pentacon, Praktica

Tafel 14 (Fortsetzung)

Objektiv-Markennamen *Lens-Trade Mark*	Lichtstärke *Relative aperture* 1 :	Brennweite *Focal length (E.F.L.)* in mm	Bildformat *Negative Sizes* in mm	Bildwinkel *Angle of View*	Errechner *Designer*	Bemerkungen *Notes*	Einbau in: *Fitted in Camera:*
Konishiroku Photo Ind. Co., Ltd., Tokio							
Hexanon	1,2	60	24×36		*Tomokazu Kazamaki*	Jap. Pat. 206903 Bild 89/24	Auswechseloptik für Leica
Hexanon	1,9	50	24×36		*Tomokazu Kazamaki*	Jap. Pat. 206947 Bild 89/20	Auswechseloptik für Leica
Hexanon	2,0	48	24×36		*Tomokazu Kazamaki*	Bild 89/20	Konica II
Ernst Leitz GmbH., Wetzlar							
Summarit	1,5	50	24×36	45°		Bild 65	Leica IIIf, M 3
Summarex	1,5	95	24×36	28,5°		Br. Pat. 481710 Bild 66	Leica IIf, IIIf, M 3
Summar	2,0	50	24×36			Bild 60a	
Summitar	2,0	50	24×36	45°		DPR 685572 Bild 60b	Leica IIIc, IIIf
Summicron	2,0	50	24×36	45°		USA Pat. 2622478 Bild 60c	Leica IIf, IIIf, M 3
Olympus Optical Co., Ltd., Tokio							
G-Zuiko	1,9	44	24×36		*Y. Hayamizu*	Bild 68	Olympus 35-S
G. Rodenstock, Optische Werke, München							
Heligon	2,0	50	24×36	50°		Bild 61	Baldax, Baldina, Super Baldina, Super Baldinette, Super Dollina, Karat IV
Heligon C	2,0	50	24×36	48°		Bild 61 2 Vordergl. entfernbar	Retina III C

Tafel 14 (Fortsetzung)

Objektiv-Markennamen *Lens-Trade Mark*	Lichtstärke *Relative aperture* 1 :	Brennweite *Focal length (E.F.L.)* in mm	Bildformat *Negative Sizes* in mm	Bildwinkel *Angle of View*	Errechner *Designer*	Bemerkungen *Notes*	Einbau in: *Fitted in Camera:*
Ross Ensign. Ltd., London							
Xtralux	2,0	50	24×36		*G. A. Richmond,* *G. H. Cook*	B.P. 507590 B.P. 612474 Bild 61	Leica II, III
Jos. Schneider & Co., Optische Werke, Kreuznach							
Xenon	1,9	40	24×24			Bild 62	Robot Royal II und III, Robot Star
Xenon	1,9	50	24×36			Bild 61 Springbl.	Alpa Reflex 5 und 7, Kine Exakta Varex, Pentacon, Praktica, Praktiflex
Xenon	2,0	50	24×36		*A. W. Tronnier*	Bild 61	Akarelle, Akarex III, Baldina, Super Baldina, Diax Ia, IIa, Karomat, Edinex-Synchro, Karat II, IV, Perla C, Rectaflex
Xenon	2,0	80	24×36			Bild 61	Alpa Reflex
Xenon C	2,0	50	24×36			Bild 61 2 Vordergl. entfernbar	Retina II C, III C
Dr. Staeble, Friedl & Co. KG., Optisches Werk, Altenstadt							
Suprar	2,0	50	24×36	50°		Bild 61	
C. A. Steinheil Söhne GmbH., München							
Auto-Quinon	1,9	55	24×36	50°		Bild 61 Vorwahlblende	Praktica Spiegelreflexkameras wie Edixa Reflex, Exakta Varex, Pentacon

Tafel 14 (Fortsetzung)

Objektiv-Markennamen *Lens-Trade Mark*	Lichtstärke *Relative aperture* 1:	Brennweite *Focal length (E.F.L.)* in mm	Bildformat *Negative Sizes* in mm	Bildwinkel *Angle of View*	Errechner *Designer*	Bemerkungen *Notes*	Einbau in: *Fitted in Camera:*
Taylor, Taylor & Hobson Ltd., London							
Amotal	2,0	2″	24×36	50°		6 Linsen, 4 Glieder	
Voigtländer AG., Braunschweig							
Nokton	1,5	50	24×36	46°	*A. W. Tronnier*	Bild 64 USA 2645155 USA 2646721	Prominent
Rectaflex-Nokton	1,5	50	24×36		*A. W. Tronnier*	verlängerte Schnittweite USA 2662447	Rectaflex
Ultron	2,0	50	24×36	46°	*A. W. Tronnier*	Bild 62 USA 2627204 USA 2627205	Prominent, Vitessa
VEB Carl Zeiß, Jena							
Biotar	1,5	75	24×36	32°	*Merté*	DRP 485798 Bild 61 Blendenvorwahl	Exa, Exakta, Contax, Pentacon, Praktica, Praktiflex
Biotar	2,0	58	24×36	40°		Bild 61 Blendenvorwahl	Exakta Varex, Kine-Exakta, Pentacon, Praktica, Praktina FX
Carl Zeiß, Oberkochen							
Planar	2,0	50	24×36	48°			

Tafel 15: Verkittete Doppelobjektive

Objektiv Markennamen *Lens-Trade Mark*	Lichtstärke *Relative aperture* 1 :	Brennweite *Focal length (E.F.L.)* in mm	Bildformat *Negative Sizes* in mm	Bildwinkel *Angle of View*	Errechner *Designer*	Bemerkungen *Notes*	Einbau in: *Fitted in Camera:*
Goerz American Optical Company, New York							
Dagor	6,8	105		56°		Bild 35	
Dagor	6,8	152		56°		Bild 35	
Dagor	6,8	210		56°		Bild 35	
Dagor	6,8	240		56°		Bild 35	
Dagor	6,8	270		56°		Bild 35	
Dagor	6,8	300		56°		Bild 35	
VEB Feinoptisches Werk Görlitz, Meyer							
Doppel-							
Anastigmat	6,8	180				Bild 35	
Anastigmat	6,8	210				Bild 35	
Anastigmat	6,8	240				Bild 35	
Jos. Schneider & Co., Optische Werke, Kreuznach							
					Brennweite des Hintergliedes		
Symmar	5,6	135	90×120	65°	235	Bild 70	Technika 9×12
Symmar	5,6	150	90×120	65°	265	Hintergl. einzeln	Technika 9×12
Symmar	5,6	180	130×180	65°	315	verwendbar	Technika 13×18

Tafel 15 (Fortsetzung)

Objektiv-Markennamen *Lens-Trade Mark*	Lichtstärke *Relative aperture* 1:	Brennweite *Focal length (E.F.L.)* in mm	Bildformat *Negative Sizes* in mm	Bildwinkel *Angle of View*	Errechner *Designer*	Bemerkungen *Notes*	Einbau in: *Fitted in Camera:*
					Brennweite des Hintergliedes		
Symmar	5,6	210	130×180	65°	370	40° Bildw.	Technika 13×18
Symmar	5,6	240	180×240	65°	415		Technika 9×12
Symmar	5,6	300	240×300	65°	520		
Symmar	5,6	360	300×400	65°	630		
Dr. Staeble, Friedl & Co. KG., Optische Werke, Altenstadt							
Neoplast	5,6	85	24×36			Bild 89/17	Paxette II, II M
Neoplast	5,6	220		28°		Bild 89/17	
Neoplast	6,3	300		28°		Bild 89/17	
Neoplast	7,7	360		28°		Bild 89/17	
Polyplast-Satz	5,6	80–430		68–37°		6 Linsen, 2 Glieder	
Wollensak Optical Co. Rochester (USA)							
Raptar Series							
Ia Convertible	6,8	165	4″×5″			Bild 89/18	
	6,8	210	5″×8″			Bild 89/18	
	6,8	254	$6^1/_2$″×$8^1/_2$″			Bild 89/18	
	6,8	330	8″×10″			Bild 89/18	

Tafel 16: Doppelobjektive aus 4 etwa bi-förmigen Gliedern

Objektiv-Markennamen *Lens-Trade Mark*	Lichtstärke *Relative aperture* 1 :	Brennweite *Focal length (E.F.L.)* in mm	Bildformat *Negative Sizes* in mm	Bildwinkel *Angle of View*	Errechner *Designer*	Bemerkungen *Notes*	Einbau in: *Fitted in Camera:*
Goerz American Optical Company, New York							
Artar	9,0	152		46°		Bild 69	
Artar	9,0	210		46°		Bild 69	
Artar	9,0	240		46°		Bild 69	
Artar	9,0	305		46°		Bild 69	
Artar	9,0	360		46°		Bild 69	
Artar	9,5	102		46°		Bild 69	
Artar	9,5	270		46°		Bild 69	
Artar	9,5	420		46°		Bild 69	
Artar	11,0	480		46°		Bild 69	
Artar	11,0	610		46°		Bild 69	
Artar	12,5	760		46°		Bild 69	
Artar	12,5	890		46°		Bild 69	
Artar	14,0	1065		46°		Bild 69	
Artar	15,0	1205		46°		Bild 69	
Artar	16,0	1780		46°		Bild 69	
Dogmar	4,5	135		50°		Bild 69	
Dogmar	4,5	165		50°		Bild 69	
Dogmar	4,5	195		50°		Bild 69	
Dogmar	4,5	210		50°		Bild 69	
Dogmar	4,7	127		50°		Bild 69	
Eastman Kodak Company, Rochester (USA)							
Ektar	7,7	8″	5″×7″	46°		Bild 69 USA 1 309 847	Kodak View Camera 2 D und andere 5″×7″-Kameras
VEB Feinoptisches Werk Görlitz, Meyer							
Helioplan	4,5	40			*Roeschlein*	Bild 69	Lesegerät

Tabelle 16 (Fortsetzung)

Objektiv-Markennamen *Lens-Trade Mark*	Lichtstärke *Relative aperture* 1 :	Brennweite *Focal length (E.F.L.)* in mm	Bildformat *Negative Sizes* in mm	Bildwinkel *Angle of View*	Errechner *Designer*	Bemerkungen *Notes*	Einbau in: *Fitted in Camera:*
Paul Piesker & Co., Berlin							
Piconar	4,5	40		60°		Bild 69	
G. Rodenstock, Optische Werke, München							
Eurynar	4,5	180	100×150	55°		Bild 69 Auch die Objektiv-hälfte als Einzel-objektiv verwendbar	
Eurynar	4,5	210	130×180	55°			
Eurynar	4,5	240	160×210	55°			
Eurynar	4,5	300	180×240	55°			
Yronar	3,5	135	24×36	18°		Bild 89/14 asymm. Vierl. Geradführung Blendenvorw.	Exakta Varex (Balgengerät), Kine Exakta, Pentacon, Praktica
Ross Ensign. Ltd., London							
Homocentric	6,3	178	120×160		*G. A. Richmond*	Bild 89/15	
Homocentric	6,3	216	130×180		*G. A. Richmond*	Bild 89/15	
Homocentric	6,3	254	180×240		*G. A. Richmond*	Bild 89/15	
Homocentric	6,3	305	200×250		*G. A. Richmond*	Bild 89/15	
Jos. Schneider & Co., Optische Werke, Kreuznach							
Isogon	4,5	40	24×36			Bild 69 lange Schnittweite	Edixa Reflex
Taylor, Taylor & Hobson Ldt., London							
Series VII B	6,5	$3^1/_4''$–$8^3/_4''$				4 einfache Menisken	

Tafel 17: Kurzbrennweitige Objektive und Weitwinkel

Objektiv-Markennamen *Lens-TradeMark*	Lichtstärke *Relative aperture* 1:	Brennweite *Focal length (E.F.L.)* in mm	Bildformat *Negative Sizes* in mm	Bildwinkel *Angle of View*	Errechner *Designer*	Bemerkungen *Notes*	Einbau in: *Fitted in Camera:*
Pierre Angénieux (Éts), St. Heand (Loire)							
Retrofocus R 1	2,5	35	24×36	63°		Bild 89/31	Contax, Exa, Exakta Varex, Pentacon, Praktica, Praktiflex
Retrofocus R 11	3,5	28	24×36	75°		Bild 90/1	Alpa Reflex, Exakta Varex, Pentacon, Praktica, Praktiflex, Rektaflex
Enna-Werk, München							
Lithagon	4,5	35	24×36	64°		Bild 89/28 Blendenvorw. Geradführ.	Argus C 4, Edixa Reflex, Exakta Varex, Kine Exakta, Pentacon, Praktica, Praktina
Super-Lithagon	2,5	35	24×36			Bild 89/30	Edixa Reflex, Exakta Varex, Kine Exakta, Pentacon, Praktica, Praktina
Fuji Optical Division, Tokio							
Fujinon	2,0	35	24×36	63°		Bild 71	
Futura-Kamerawerk GmbH., Freiburg							
Ampligon	4,5	35	24×36	63°		Bild 43	Futura S

Tafel 17 (Fortsetzung)

Objektiv-Markennamen *Lens-Trade Mark*	Lichtstärke *Relative aperture* 1 :	Brennweite *Focal length (E.F.L)* in mm	Bildformat *Negative Sizes* in mm	Bildwinkel *Angle of View*	Errechner *Designer*	Bemerkungen *Notes*	Einbau in: *Fitted in Camera:*
Goerz American Optical Company, New York							
Rectagon Dagor	6,0	75		90°		Bild 89/26	
Rectagon Dagor	8,0	92		100°		Bild 35	
Rectagon Dagor	8,0	111		100°		Bild 35	
Rectagon Dagor	8,0	165		100°		Bild 35	
Isco Optische Werke GmbH., Göttingen							
Westron	2,5	28	24×36			aut. Springbl.	Einäugige Spiegelreflexkamera
Westron	3,5	35	24×36			Bild 43	
Westron	4,5	35	24×36			Bild 43	Akarelle
Eastman Kodak Company, Rochester (USA)							
Weitwinkel-Ektar	6,3	80	$3^1/_4'' \times 4^1/_4''$	74°		USA P. 2518719	
W.-Ektar	6,3	100	4″×5″	74°		ähnl. Bild 89/26	
W.-Ektar	6,3	135	5″×7″	74°		ähnl. Bild 89/26	
W.-Ektar	6,3	190	8″×10″	74°		ähnl. Bild 89/26	
W.-Ektar	6,3	250	11″×14″	74°		ähnl. Bild 89/26	

Tafel 17 (Fortsetzung)

Objektiv-Markennamen *Lens-Trade Mark*	Lichtstärke *Relative aperture* 1:	Brennweite *Focal length (E.F.L.)* in mm	Bildformat *Negative Sizes* in mm	Bildwinkel *Angle of View*	Errechner *Designer*	Bemerkungen *Notes*	Einbau in: *Fitted in Camera:*
Ernst Leitz GmbH., Wetzlar							
Summaron	2,8	35	24×36	64°		Bild 61	Leica IIf, IIIf, M 3
Summaron	3,5	35	24×36	64°		Bild 61	Leica IIf, IIIf, M 3
Summaron	5,6	28	24×36	76°		*Gauß-Var.* 6 Linsen, 4 Glieder	Leica
Hektor	6,3	28	24×36	76°		DRP 526307 Tripletvar. 5 Linsen, 3 Glieder	Leica
VEB Feinoptisches Werk Görlitz, Meyer							
Helioplan	4,5	40	24×36		*Roeschlein*	Bild 69	Exakta Varex, Pentacon, Praktica, Praktiflex
Primagon	4,5	35	24×36		*Schubert Ulbrich*	WP 42/h 35782 Bild 89/28	Altix V, Contax D, Exakta, Practica, Praktina
Aristostigmat	6,3	100	100×150		*Roeschlein*	Bild 72	
Aristostigmat	6,3	120	130×180		*Roeschlein*	Bild 72	Atelierkameras 13×18
Aristostigmat	6,3	160	180×240		*Roeschlein*	Bild 72	Atelierkameras 18×24
Nippon Kogaku, Tokio							
Nikkor	2,5	35	24×36				Nicca 4, Nikon S 2
Nikkor	3,5	28	24×36			Extremer Weitwink.	Nicca 4, Nikon S 2
Nikkor	3,5	35	24×36				Nicca 4, Nikon S 2
Nikkor	4,0	25	24×36			Bild 78	

Tafel 17 (Fortsetzung)

Objektiv-Markennamen *Lens-Trade Mark*	Lichtstärke *Relative aperture* 1:	Brennweite *Focal length (E.F.L.)* in mm	Bildformat *Negative Sizes* in mm	Bildwinkel *Angle of View*	Errechner *Designer*	Bemerkungen *Notes*	Einbau in: *Fitted in Camera:*
N.V. Optische Industrie „de oude delft", Delft							
Alfinar	3,5	37	24×36	64°	*J. Becker*	Bild 43	Alpa Alnea, Alpa Reflex 7, Alpa Prisma Reflex
Plaubel Feinmechanik und Optik, Frankfurt a. M.							
Rapid Weitwinkel Orthar	6,8	73	65×90	72°		Bild 69	Makina III R
G. Rodenstock, Optische Werke, München							
Heligon	2,8	35	24×36	64°		Bild 61	Leica IIf, IIIf, M 3
Heligon	2,8	90	60×90	68°		Bild 61	Technika 6×9
Heligon	3,2	90	60×90	68°		Bild 61	Technika
Heligon	3,8	127	90×120	68°		Bild 61	Technika
Perigon	12	90	90×120	85°		Bild 73	
Perigon	12	110	100×150	85°		Bild 73	
Perigon	12	130	130×180	85°		Bild 73	
Ross Ensign. Ltd., London							
Weitwinkel Xpres	4	102	90×120	70°	*G. A. Richmond*	B.P. 295519 Bild 70	
W.-Xpres	4	127	90×120	70°	*G. A. Richmond*	B.P. 295519 Bild 70	
W. Xpres	4	153	120×160	70°	*G. A. Richmond*	B.P. 295519 Bild 70	
W.-Xpres	4	210	180×240	70°	*G. A. Richmond*	B.P. 295519 Bild 70	
W.-Xpres	4	254	200×250	70°	*G. A. Richmond*	B.P. 295519 Bild 70	

Tafel 17 (Fortsetzung)

Objektiv-Markennamen *Lens-Trade Mark*	Lichtstärke *Relative aperture* 1:	Brennweite *Focal length (E.F.L.)* in mm	Bildformat *Negative Sizes* in mm	Bildwinkel *Angle of View*	Errechner *Designer*	Bemerkungen *Notes*	Einbau in: *Fitted in Camera:*
Jos. Schneider & Co., Optische Werke, Kreuznach							
					Vorderglied Hinterglied		
Angulon	6,8	65	60×90 bei Abblendung	80° 98°	14/135 12/100 Errechner *A. W. Tronnier*	Bild 75 DRP 579788	Bertram 6×9, Technika 6×9 III, III E
Angulon	6,8	90	90×120	80°	14/190 12/130	Bild 75	Technika 9×12, 13×18
Angulon	6,8	120	130×180	80°	14/255 12/180	Bild 75	Technika 13×18
Angulon	6,8	165	180×240 bei Abblendung	80° 105°	14/350 12/250	Bild 75	
Angulon	6,8	210	240×300	80°	14/440 12/315 Verwendung als Extremweitw. Bildf. Bildw.	Bild 75	
Angulon	8,0	47	60×60	84°	60×90 99°	4gliedrig, 6linsig	
Angulon	8,0	65	60×90	80°	90×120 98°	4gliedrig, 6linsig	
Angulon	8,0	90	90×120	80°	130×180 102°	4gliedrig, 6linsig	
Angulon	8,0	121	130×180	85°	180×240 103°	4gliedrig, 6linsig	
Angulon	8,0	165	180×240	84°	240×300 100°	4gliedrig, 6linsig	
Angulon	8,0	210	240×300	85°	300×400 100°	4gliedrig, 6linsig	
Xenogon	2,8	35	24×36			Bild 61	Zusatzobjekt f. Schlitzverschl.-Kameras mit E-Messer-Kupplung
Xenagon	3,5	30	24×24	60°		Bild 43	Robot Royal II und III
Xenagon	3,5	35	24×36	60°		Bild 43	Akarelle, Akarex III, Diax IIa

Tafel 17 (Fortsetzung)

Objektiv-Markennamen *Lens-Trade Mark*	Lichtstärke *Relative aperture* 1:	Brennweite *Focal length (E.F.L.)* in mm	Bildformat *Negative Sizes* in mm	Bildwinkel *Angle of View*	Errechner *Designer*	Bemerkungen *Notes*	Einbau in: *Fitted in Camera:*
Dr. Staeble, Friedl & Co. KG., Optische Werke, Altenstadt							
Choro	3,5	35	24×36	63°		Bild 39	
Choro	3,5	38	24×36	60°		Bild 39	Paxette II
Choroplast	4,5	38	24×36				Paxette II, II M
C. A. Steinheil Söhne GmbH., München							
Cassaron	3,5	40	24×36	56°		Bild 39	Contax D, Exakta Varex, Kine Exakta, Pentacon, Praktica, Praktiflex
Orthostigmat	4,5	35	24×36	64°		Bild 74	Kardon, Leica
Taylor, Taylor & Hobson Ltd., London							
Adotal	2,8	80	60×60			Tripletvar.	
Pantal	4,0	1,4″–10″		70°		6 Linsen, abgeleitet vom Dagor	
Voigtländer AG., Braunschweig							
Skoparon	3,5	35	24×36	63°	*A. W. Tronnier*	F.P. 1063259 Bild 76	Prominent

Tafel 17 (Fortsetzung)

Objektiv-Markennamen *Lens-Trade Mark*	Lichtstärke *Relative aperture* 1 :	Brennweite *Focal length (E.F.L.)* in mm	Bildformat *Negative Sizes* in mm	Bildwinkel *Angle of View*	Errechner *Designer*	Bemerkungen *Notes*	Einbau in: *Fitted in Camera:*
Wollensak Optical Co., Rochester (USA)							
Raptar-Weitwinkel	6,8	65	3 1/4″ × 4 1/4″	93°		Bild 89/25	
			2 1/4″ × 3 1/4″	76°		Bild 89/25	
Raptar-Weitw.	6,8	90	4″ × 5″	84°		Bild 89/25	
Raptar-Weitw.	6,8	108	5″ × 7″	91°		Bild 89/25	
Raptar-Weitw.	9,5	159	8″ × 10″	91°		Bild 89/27	
			6 1/2″ × 8 1/2″	81°		Bild 89/27	
			5″ × 8″	74°		Bild 89/27	
VEB Carl Zeiß, Jena							
Biometar	2,8	35	24×36	62°		Blendenvorw. Bild 56	Contax II, IIa, III, IIIa
Flektogon	2,8	35	24×36	62°	*H. Zöllner, R. Solisch*	Blendenvorw. Bild 77	Kleinbildreflexkameras
Topogon	4,0	25	24×36	82°		Bild 78	Contax II, IIa, III, IIIa
Carl Zeiß, Oberkochen							
Biogon	2,8	35	24×36	63°		Bild 89/32	Contax IIa, IIIa
Biogon	4,5	21	24×36	90°	*Bertele*	Bild 79	Contax IIa, IIIa
Biogon	4,5	38	60×60	90°	*Bertele*	Bild 79	Hasselblad 1000F, 1600F, Technika 6×9
Biogon	4,5	53	60×90	90°		Bild 79	Technika 6×9
Planar	3,5	35	24×36	63°		Bild 57	Contax IIa, IIIa
Distagon	5,6	60	60×60	65°		Bild 89/29	Spiegelreflexkameras

Tafel 18: Teleobjektive

Objektiv-Markennamen *Lens-Trade Mark*	Lichtstärke *Relative aperture* 1 :	Brennweite *Focal length (E.F.L.)* in mm	Bildformat *Negative Sizes* in mm	Bildwinkel *Angle of View*	Errechner *Designer*	Bemerkungen *Notes*	Einbau in: *Fitted in Camera:*
Pierre Angénieux (Éts), St. Heand (Loire)							
Type P 1	1,8	90	24×36	27°		Bild 89/9	Contax, Exa, Exakta, Pentacon, Praktica, Praktiflex
Type P 2	2,5	135	24×36	18°		Bild 89/9	Exakta, Pentacon, Praktica, Praktiflex
Type P 21	4,5	180	24×36	13°		Bild 90/24	
Asahi Optical Company Ltd., Tokio							
Takumar	3,5	135	24×36		*Hiroshi Hara*	Bild 81	Asahiflex
Askania-Werke AG., Berlin							
Teletriplet	3,0	200	24×36	12°		DBP 861161 6 Linsen, 3 Glieder	
Teletriplet	3,0	300	24×36	8°		6 Linsen, 3 Glieder	
Enna-Werk, München							
Tele Ennaston	3,5	135	24×36	18°		Bild 85b	Argus C 4
Tele Sandmar	4,5	100	24×36	25°		Bild 90/9	Argus C 4
Futura-Kamerawerk GmbH., Freiburg							
Tele Futar	3,8	75	24×36	34°		Bild 82	Futura S
Tele Elor	5,6	90	24×36	28°		Bild 82	Futura S

Tafel 18 (Fortsetzung)

Objektiv-Markennamen *Lens-Trade Mark*	Lichtstärke *Relative aperture* 1 :	Brennweite *Focal length (E.F.L.)* in mm	Bildformat *Negative Sizes* in mm	Bildwinkel *Angle of View*	Errechner *Designer*	Bemerkungen *Notes*	Einbau in: *Fitted in Camera:*
H. Kilfitt, Optische Fabrik, München							
Tele Kilar	4,0	105	24×36	18°	*A. Burger*	Ähnlich Bild 90/10 teilbar	Mecaflex, Einäugige Spiegelreflexkameras
Tele Kilar	4,0	300	60×60		*A. Burger*	Bild 90/10	
Tele Kilar	5,6	300	24×36	8°	*H. Guilino*	Bild 83	Alpa Reflex 7, Contax, Leica, Einäugige Spiegelreflexkamera
Konishiroku Photo Ind. Co., Ltd., Tokio							
Tele Hexanon	4,5	135	60×60		*Fumio Kondo*	Bild 90/25	Koniflex II
View Tele Hexar	3,5	135	60×60		*Fumio Kondo*	Bild 90/26	Koniflex II
Rudolf Leidolf, Wetzlar							
Telordon	4,5	290	24×36				Lordomat
Telordon	4,5	135	24×36				Lordomat
Ernst Leitz GmbH., Wetzlar							
Telyt	4,5	200	24×36	12°		Bild 85d	Leica M 3 (Mattscheibeneinstellung üb. Visoflex-Ansatz)
Telyt	5,0	400	24×36	6°		Bild 85d	Leica M 3 (Mattscheibeneinstellung über Visoflex-Ansatz)

Tafel 18 (Fortsetzung)

Objektiv-Markennamen *Lens-Trade Mark*	Lichtstärke *Relative aperture* 1 :	Brennweite *Focal length (E.F.L.)* in mm	Bildformat *Negative Sizes* in mm	Bildwinkel *Angle of View*	Errechner *Designer*	Bemerkungen *Notes*	Einbau in: *Fitted in Camera:*
VEB Feinoptisches Werk Görlitz, Meyer							
Telemegor	4,5	90	24×36		*Schubert/Funk*	Bild 83	Altix V
Telemegor	4,5	300	24×36		*Schubert/Funk*	WP 42 h/31 560 4 Linsen, 3 Glieder	Contax D, Exakta, Praktica, Praktina und 60×60-Kameras
Telemegor	5,5	150	24×36			Bild 83	Exakta, Pentacon, Praktica, Praktiflex
Telemegor	5,5	180	24×36	14°	*Roeschlein*	Bild 83	Contax D, Exakta, Pentacon, Praktica, Praktiflex, Praktina und 60×60-Kameras
Telemegor	5,5	250	24×36			Bild 90/10	Exakta, Pentacon, Praktica, Praktiflex
Telemegor	5,5	250	60×60			Bild 90/10 Vorwahlbl.	Meister Korelle, Primar Reflex
Telemegor	5,5	400	24×36	6°	*Roeschlein*	Bild 83	Astraflex, Contax D, Exakta, Pentacon, Praktica, Praktiflex, Praktina
Telemegor	5,5	400	60×60		*Roeschlein*	Bild 83 Vorwahlbl.	Meister Korelle, Primar Reflex
Telemegor	5,6	500	24×36		*Schubert/Funk*	Bild 83	Contax D, Exakta, Praktica, Praktina und 60×60-Kameras
Nippon Kogaku, Tokio							
Nikkor	1,5	85	24×36				Nikon S 2, Nicca 4
Nikkor	2,0	85	24×36				Nikon S 2
Nikkor	2,5	105	24×36				Canon, Contax, Leica, Nikon
Nikkor	3,5	135	24×36				Nikon S 2, Nicca 4
Nikkor	4,0	250	24×36				Mirax

Tafel 18 (Fortsetzung)

Objektiv-Markennamen *Lens-Trade Mark*	Lichtstärke *Relative aperture* 1 :	Brennweite *Focal length (E.F.L.)* in mm	Bildformat *Negative Sizes* in mm	Bildwinkel *Angle of View*	Errechner *Designer*	Bemerkungen *Notes*	Einbau in: *Fitted in Camera:*
N. V. Optische Industrie „de oude delft", Delft							
Algular	3,2	135	24×36		*J. Becker*	ähnlich Bild 90/22, mit verk. Hintergl.	Alpa Alnea, Alpa Reflex
Alefar	4,5	180	24×36		*J. Becker*	Bild 90/18	Alpa Alnea, Alpa Reflex
Paul Piesker & Co., Berlin							
Tele Picon	5,5	180	24×36	30°		Bild 83	
Tele Picon	5,5	250	24×36	30°		Bild 83	
Plaubel Feinmechanik und Optik, Frankfurt a. M.							
Tele Makinar	4,8	190	65×90			Bild 90/17	Makina III R
Tele Makinar	5,4	500	130×180			Bild 83	Peco Universal
G. Rodenstock, Optische Werke, München							
Rotelar	4,5	180	65×90	36°		Bild 85c	Technika
Rotelar	5,5	270	90×120	36°		Bild 85c	
St. Roeschlein, Optische Werkstätte, Kreuznach							
Telenar	3,8	90	24×36				Paxette II
Telenar	5,6	135	24×36				Paxette II

Tafel 18 (Fortsetzung)

Objektiv-Markennamen *Lens-Trade Mark*	Lichtstärke *Relative aperture* 1 :	Brennweite *Focal length (E.F.L.)* in mm	Bildformat *Negative Sizes* in mm	Bildwinkel *Angle of View*	Errechner *Designer*	Bemerkungen *Notes*	Einbau in: *Fitted in Camera:*
Albert Schacht GmbH., München							
Tele Travenar	3,5	135	24×36		*Bertele*	Bild 80 Springbl.	Contax, Exa, Exakta, Pentacon, Praktica, Praktiflex, Praktina, m. Rastblende f. Leica
Tele Travenar	4,0	135	24×36			Bild 90/13	Kameras mit Zentralverschl. und Wechseloptik
Tele Travegon	4,5	135	24×36	20°		Bild 43 Vorwahl-Springbl.	Exakta, Leica, Pentacon, Praktica, Praktiflex
Jos. Schneider & Co., Optische Werke, Kreuznach							
Tele Xenar	3,5	90	24×36	24°	*A. W. Tronnier*	DRP 487271 Bild 82	Akarelle, Akarex III, Alpa Reflex 7, Diax IIa
Tele Xenar	3,5	135	24×36	16°	*A. W. Tronnier*	DRP 471565 Bild 82	Diax IIa
Tele Xenar	3,8	75	24×24	25°		Bild 82	Robot Royal II und III
Tele Xenar	4,5	150	24×24			Bild 90/16	Robot Junior, Robot Star
Tele Xenar	4,5	240	60×60			Bild 90/16	
Tele Xenar	5,5	150	24×36			Bild 83	Contax, Edixa Reflex, Exa, Exakta, Pentacon, Praktica, Praktiflex
Tele Xenar	5,5	180	60×90			Bild 83	Bertram 6×9, Technika 6×9 III und III E
Tele Xenar	5,5	200	24×24 24×36	9,8°		Bild 83	Robot Royal III
Tele Xenar	5,5	360	130×180			Bild 83	Alpa Reflex, Technika 9×12, 13×18
Tele Xenar	5,5	500	130×180			Bild 83	Technika 13×18
Tele Arton	5,5	180	60×90			Bild 90/19	Technika 6×9
Tele Arton	5,5	240	90×120			Bild 90/19	Technika 6×9, Technika 9×12
Tele Arton	5,5	270	90×120			Bild 90/19	Technika 9×12

Tafel 18 (Fortsetzung)

Objektiv-Markennamen *Lens-Trade Mark*	Lichtstärke *Relative aperture* 1:	Brennweite *Focal length (E.F.L.)* in mm	Bildformat *Negative Sizes* in mm	Bildwinkel *Angle of View*	Errechner *Designer*	Bemerkungen *Notes*	Einbau in: *Fitted in Camera:*
Dr. Staeble, Friedl & Co. KG., Optisches Werk, Altenstadt							
Telexon	3,5	90	24×36	28°		Bild 90/20	
Telexon	5,6	85	24×36	29°		Bild 83	Paxette II
C. A. Steinheil Söhne GmbH., München							
Tele Quint	3,5	85	24×36			Bild 85a	
Tele Quinar	4,5	200	24×36	12°		Bild 85a	Contax S, Exakta, Pentacon, Praktica
Tele Quinar	4,5	300	24×36			Bild 85a	
Taylor, Taylor & Hobson Ltd., London							
Series VIII	5,6–6,3	$8^1/_2$″–36″		30°			
Tewe oHG., Berlin-Schöneberg							
Telagon	3,5	300	24×36	8°		Bild 90/14	
Telagon	4,5	400	24×36	6°		Bild 90/14	
Telagon	5,0	500	24×36	5°		Bild 90/14	
Telagon	5,0	600	24×36	4°		Bild 90/14	
Telagon	5,0	800	60×60	3°		Bild 90/14	

Tafel 18 (Fortsetzung)

Objektiv Markennamen *Lens-Trade Mark*	Lichtstärke *Relative aperture* 1:	Brennweite *Focal length (E.F.L.)* in mm	Bildformat *Negative Sizes* in mm	Bildwinkel *Angle of View*	Errechner *Designer*	Bemerkungen *Notes*	Einbau in: *Fitted in Camera:*
Voigtländer AG., Braunschweig							
Telomar	5,5	100	24×36	25°	*A. W. Tronnier*	USA P. 2662446 Bild 84	Spiegelkasten zur Prominent
Telomar	5,5	180	60×90	33°	*A. W. Tronnier*	Bild 84	Mittelformat-Kameras
Telomar	5,5	240	90×120	34°	*A. W. Tronnier*	Bild 84	Technika 9×12, 13×18
Telomar	5,5	360	130×180	34°	*A. W. Tronnier*	Bild 84	Technika 9×12, 13×18
Telomar	5,5	450	130×180		*A. W. Tronnier*	Bild 84	
Dynaron	4,5	100	24×36		*A. W. Tronnier*	Bild 90/21	Prominent
M. Weth							
Telestigmar	6,3	315	24×36			Vierlinsiger Anastigmat	
Wollensak Optical Co., Rochester (USA)							
RaptarTelephoto	5,6	202	2¼″×3¼″ 3¼″×4¼″			Bild 90/11	
RaptarTelephoto	5,6	254	3¼″×4¼″ 4″×5″			Bild 90/11	
RaptarTelephoto	5,6	380	4″×5″ 5″×7″			Bild 90/11	
VEB Carl Zeiß, Jena							
Fernobjektiv	8,0	500	24×36	5°			Exakta Varex, Pentacon, Praktiflex FX, Praktina, für Flektometer bei Contax II, IIa, III, IIIa

Tafel 19: Objektive mit Wechseloptik

Objektiv-Markennamen *Lens-Trade Mark*	Lichtstärke *Relative aperture* 1 :	Brennweite *Focal length (E.F.L.)* in mm	Bildformat *Negative Sizes* in mm	Bildwinkel *Angle of View*	Errechner *Designer*	Bemerkungen *Notes*	Einbau in: *Fitted in Camera:*
G. Rodenstock, Optische Werke, München							
Heligon C	4,0	80	24×36	30°		Bild 90/30 An Stelle der 2 Vorderglieder d. Heligons C 1 : 2 oder 1 : 2,8	Retina IIc (mit Heligon C 2,8), Retina IIIc (mit Heligon C 2,0)
Heligon C	5,6	35	24×36	64°		Bild 90/29 An Stelle d. 2 Vorderglieder d. Heligons C 1 : 2 oder 1 : 2,8	Retina IIc (mit Heligon C 2,8), Retina IIIc (mit Heligon C 2,0)
Jos. Schneider & Co., Optische Werke, Kreuznach							
LongarXenon C	4,0	80	24×36			Bild 90/32 An Stelle d. 2 Vorderglieder d. Xenons C 1 : 2 oder 1 : 2,8	Retina IIc (mit Xenon C 2,8), Retina IIIc (mit Xenon C 2)
Curtar Xenon C	5,6	35	24×36			Bild 90/31 An Stelle d. 2 Vorderglieder d. Xenons C 1 : 2 oder 1 : 2,8	Retina IIc (mit Xenon C 2,8), Retina IIIc (mit Xenon C 2)

Tafel 20: Weichzeichner

Objektiv-Markennamen *Lens-Trade Mark*	Lichtstärke *Relative aperture* 1 :	Brennweite *Focal length (E.F.L.)* in mm	Bildformat *Negative Sizes* in mm	Bildwinkel *Angle of View*	Errechner *Designer*	Bemerkungen *Notes*	Einbau in: *Fitted in Camera:*
Astro-Gesellschaft Bielicke & Co., Berlin							
Astro-Porträt	2,3	150	24×36			Bild 90/14	
Emil Busch AG., Rathenow							
Nicola Perscheid	4,5	210–600		45°			
Eastman Kodak Company, Rochester (USA)							
Porträt-Linse	4,5	20	5″×7″	40°		Bild 28	
Porträt-Linse	4,5	60	8″×10″	40°		Bild 28	
Ernst Leitz GmbH., Wetzlar							
Thambar	2,2	90	24×36	27°		Tripletvar. 4 Linsen, 3 Glieder	Leica
G. Rodenstock, Optische Werke, München							
Imagon	H 4,5	120	24×36 60×60	40°	*Kühn* *Dr. Staeble*	Bild 89/1 Siebblenden	Kine Exakta, Exakta Varex, Pentacon, Praktica, Spiegelgerät z. Leica; Exakta 6×6, Hasselblad, Meister Korelle, Primarflex, Primar Reflex II, Reflex Korelle
Imagon	H 5,8	200	90×120	40°	*Kühn, Dr. Staeble*	Siebblenden	Technika III 9×12, Standard Press 9×12

Tafel 20 (Fortsetzung)

Objektiv-Markennamen *Lens-Trade Mark*	Lichtstärke *Relative aperture* 1:	Brennweite *Focal length (E.F.L.)* in mm	Bildformat *Negative Sizes* in mm	Bildwinkel *Angle of View*	Errechner *Designer*	Bemerkungen *Notes*	Einbau in: *Fitted in Camera:*
Imagon	H 5,8	250	90×120	40°	*Kühn, Dr. Staeble*	Siebblenden	Technika III 9×12 und Kameras bis 10×15
Imagon	H 5,8	300	130×180	40°	*Kühn, Dr. Staeble*	Siebblenden	Technika III 13×18
Imagon	H 5,8	360	130×180	40°	*Kühn, Dr. Staeble*	Siebblenden	Technika III 13×18, Kardan 13×18, Atelier- u. Reisekam. bis 16×21
Imagon	H 5,8	420	180×240	40°	*Kühn, Dr. Staeble*	Siebblenden	Kardan 18×24, Atelier- und Reisekameras dieser Größe
Imagon	H 5,8	480	180×240	40°	*Kühn, Dr. Staeble*	Siebblenden	Kardan 18×24, Atelier- und Reisekameras bis 24×30 cm
Taylor, Taylor & Hobson Ltd., London							
Series II E	4,5	$10^1/_2$"–20"		44–50°		Triplet	
Voigtländer AG., Braunschweig							
Universal-Heliar	4,5	300	160×210			Bild 46	Atelierkameras 16×21
Universal-Heliar	4,5	360	180×240			Bild 46	Atelierkameras 18×24
Universal-Heliar	4,5	420	210×270			Bild 46	Atelierkameras 21×27
Universal-Heliar	4,5	480	260×310			Bild 46	Atelierkameras 26×31
Wollensak Optical Co., Rochester (USA)							
Veritar	6,0	254	5"×7"			Bild 90/7	
Veritar	6,0	356	8"×10"			Bild 90/7	

Tafel 21: Objektive mit veränderlicher Brennweite

Objektiv-Markennamen *Lens-Trade Mark*	Lichtstärke *Relative aperture* 1 :	Brennweite *Focal length (E.F.L.)* in mm	Bildformat *Negative Sizes* in mm	Bildwinkel *Angle of View*	Errechner *Designer*	Bemerkungen *Notes*	Einbau in: *Fitted in Camera:*
S. O. M. Berthiot, Paris							
Pan-Cinor 70	2,4	17,5–70	16 mm SF				Bolex-Paillard H 16, alle Kameras mit C-Gewinde
Pan-Cinor 100	2,4	25 –100	16 mm SF				Bolex-Paillard
Pan-Cinor 36	2,8	13,5–36	8 mm SF				Bolex-Paillard
Pan-Cinor 60	2,8	20 –60	16 mm SF				Bolex-Paillard
Astro-Gesellschaft Bielicke & Co., Berlin							
Transfocator				40°		DRP 622 046 DRP 650 907 DRP 667 375 DRP 676 946 Afocal 3 : 1	
Emil Busch AG., Rathenow							
Vario Glaukar	2,8	25–80	16 mm SF				Siemens-SF-Kamera
VEB Zeiß Ikon, Dresden							
Pentovar	2,0	30–120	35 mm NF				Debrie Parvo L
Zoomar Inc., Glen Cove, New York							
Zoomar 35	2,8	40–120	35 mm NF		*L. Bergstein*	USA 2454 686 DBP 815 110 Bild 91/4	
Zoomar 16	2,8	25–75	16 mm SF		*F. G. Back*	Bild 91/5	
Zoomar 8	2,8	13–39	8 mm SF		*L. Bergstein*	Bild 91/4	

Tafel 22: Reproduktionsobjektive

Objektiv-Markennamen *Lens-Trade Mark*	Lichtstärke *Relative aperture* 1 :	Brennweite *Focal length (E.F.L.)* in mm	Bildformat *Negative Sizes* in mm	Bildwinkel *Angle of View*	Errechner *Designer*	Bemerkungen *Notes*	Einbau in: *Fitted in Camera:*
Barbier, Benard & Turenne, Paris							
Apophot	10	450			*Mireux*	Bild 47	
Apophot	10	600			*Mireux*	Bild 47	
Eastman Kodak Company, Rochester (USA)							
Process Ektar	10	12″–30″		40°		USA 2544901 7 Linsen, 5 Glieder	
G. Rodenstock, Optische Werke, München							
Apo-Ronar	9	150		45°		Bild 86 links	
Apo-Ronar	9	240		50°		Bild 86 links	
Apo-Ronar	9	300		50°		Bild 86 links	
Apo-Ronar	9	360		50°		Bild 86 links	
Apo-Ronar	9	480		50°		Bild 86 links	
Apo-Ronar	9	600		45°		Bild 86 links	
Apo-Ronar S	9	800		45°		Bild 86 rechts	
Ross Ensign. Ltd., London							
Apo Process	10	241					
Apo Process	10	330					
Apo Process	10	457					
Apo Process	10	533					
Apo Process	10	635					
Apo Process	12,5	762					
Apo Process	12,5	914					
Apo Process	12,5	1067					
Apo Process	12,5	1219					

Tafel 22 (Fortsetzung)

Objektiv-Markennamen *Lens-Trade Mark*	Lichtstärke *Relative aperture* 1 :	Brennweite *Focal length (E.F.L.)* in mm	Bildformat *Negative Sizes* in mm	Bildwinkel *Angle of View*	Errechner *Designer*	Bemerkungen *Notes*	Einbau in: *Fitted in Camera:*
Dr. Staeble, Friedl & Co. KG., Optisches Werk, Altenstadt							
Ultraplast	9	210		68°		Bild 36	
Ultraplast	9	300		66°		Bild 36	
Ultraplast	9	450		58°		Bild 36	
Ultraplast	9	600		62°		Bild 36	
Ultraplast	9	900		58°		Bild 36	
Taylor, Taylor & Hobson Ltd., London							
Apotal	9	$9^1/_2$″–24″		48°			
Series IX	10–16	13″ –62″		35–45°			
Voigtländer AG., Braunschweig							
Repro-Skopar	3,5	50	24×36			Bild 43	Reprogerät zur Prominent
Apo-Skopar	8	75		45°		Bild 47	
Apo-Skopar	8	150		45°		Bild 47	
Apo-Skopar	9	210		45°		Bild 47	
Apo-Skopar	9	300		45°		Bild 47	
Apo-Skopar	9	450		45°		Bild 47	
Apo-Skopar	9	600		45°		Bild 47	
Apo-Skopar	9	750		45°		Bild 47	

Tafel 22 (Fortsetzung)

Objektiv-Markennamen *Lens-Trade Mark*	Lichtstärke *Relative aperture* 1 :	Brennweite *Focal length (E.F.L)* in mm	Bildformat *Negative Sizes* in mm	Bildwinkel *Angle of View*	Errechner *Designer*	Bemerkungen *Notes*	Einbau in: *Fitted in Camera:*
Wollensak Optical Co., Rochester (USA)							
Raptar Apochromatic Process	10	260				Bild 89/15	
R. A. Process	10	330				Bild 89/15	
R. A. Process	10	355				Bild 89/15	
R. A. Process	10	406				Bild 89/15	
R. A. Process	10	482				Bild 89/15	
R. A. Process	10	635				Bild 89/15	
VEB Carl Zeiß, Jena							
Apo-Tessar	9	140					
Apo-Tessar	9	180					
Apo-Tessar	9	240					
Apo-Tessar	9	300					
Apo-Tessar	9	375					
Apo-Tessar	9	450					
Apo-Tessar	9	600					
Apo-Tessar	9	750					
Apo-Tessar	9	900					
Apo-Tessar	11	1200					
S-Tessar	6,3	120					Zur Herstellung von Farbauszügen nach Farbdiapositiven 24×36

Tafel 23: Vergrößerungsobjektive

Objektiv-Markennamen *Lens-Trade Mark*	Lichtstärke *Relative aperture* 1 :	Brennweite *Focal length (E.F.L.)* in mm	Bildformat *Negative Sizes* in mm	Bildwinkel *Angle of View*	Errechner *Designer*	Bemerkungen *Notes*	Einbau in: *Fitted in Camera:*
Agfa Camerawerk AG., München							
Magnolar	4,5	60	40×40			5 Linsen	Varioscop 60
Solinar S	4,5	60	40×40			Bild 43	Varioscop
Solinar S	4,5	105	60×90			Bild 43	Varioscop
Elgeet Optical Company, Rochester (USA)							
Colorstigmat	4,5	50	$1'' \times 1\frac{1}{2}''$				
Colorstigmat	4,5	90	$2\frac{1}{4}'' \times 3\frac{1}{4}''$				
Colorstigmat	4,5	105	$3\frac{1}{4}'' \times 4\frac{1}{4}''$				
Colorstigmat	4,5	135	$4'' \times 5''$				
Colorstigmat	4,5	165	$4'' \times 5''$				
Colorstigmat	4,5	254	$6\frac{1}{2}'' \times 8\frac{1}{2}''$				
Colorstigmat	6,3	90	$2\frac{1}{4}'' \times 3\frac{1}{4}''$				
Emo-Optik GmbH., Wetzlar							
Emogon	3,5	50		48°		Bild 39	
Emogon	3,5	75		48°		Bild 39	
Emogon	4,5	105		48°		Bild 39	
Enna-Werk, München							
Ortho-Ennit	4,0	50	24×36			Bild 43	
Ortho-Ennit	4,5	75	60×60	54°		Bild 43	
Vergrößerungs-Ennagon	4,5	80	60×60	52°		Bild 39	

Tafel 23 (Fortsetzung)

Objektiv-Markennamen *Lens-Trade Mark*	Lichtstärke *Relative aperture* 1:	Brennweite *Focal length (E.F.L.)* in mm	Bildformat *Negative Sizes* in mm	Bildwinkel *Angle of View*	Errechner *Designer*	Bemerkungen *Notes*	Einbau in: *Fitted in Camera:*
Vergrößerungs-Ennagon	4,5	90	60×90	56°		Bild 39	
Ennaplan	4,5	50	24×36	46°		Bild 39	
Vergrößerungs-Ennar	4,5	60	24×36	40°		Bild 39	
Vergrößerungs-Ennaron	4,5	50	24×36	46°		Bild 39	
Finetta-Werk KG., Goslar							
Finon	2,8	45	24×36	52°		Bild 43	
Finon S	2,8	45	24×36	52°		Bild 43	
Finetar	2,8	45	24×36	52°		Bild 39	
Finetar	4,5	70	24×36	35°		Bild 39	
Finetar	6,3	105	24×36	24°		Bild 39	
Isco Optische Werke GmbH., Göttingen							
Westar	3,5	55	24×36			Bild 39	
Westar	4,5	80	24×36 60×60			Bild 39	
Eastman Kodak Company, Rochester (USA)							
Enlarging-Ektar	4,5	2''	60×90	42°		USA 2279384 Bild 47	
Enlarging-Ektar	4,5	3''				Bild 47	

Tafel 23 (Fortsetzung)

Objektiv Markennamen *Lens-Trade Mark*	Lichtstärke *Relative aperture* 1:	Brennweite *Focal length (E.F.L.)* in mm	Bildformat *Negative Sizes* in mm	Bildwinkel *Angle of View*	Errechner *Designer*	Bemerkungen *Notes*	Einbau in: *Fitted in Camera:*
Enlarging-Ektar	4,5	4″	60× 90	44°		USA 1 309 847 Bild 69	
Enlarging-Ektar	7,7	8″		46°		Bild 69	
Enlarging-Ektar	7,7	10″		46°		Bild 69	
Enlarging-Ektanon	4,5	50	60× 90	46°		Bild 39	
Enlarg.-Ektanon	4,5	3″		46°		Bild 39	
Enlarg.-Ektanon	4,5	4″		46°		Bild 39	
Enlarg.-Ektanon	4,5	$5^3/_8$″				Bild 44	
Enlarg.-Ektanon	4,5	$6^3/_8$″				Bild 44	
Enlarg.-Ektanon	4,5	$7^1/_2$″				Bild 44	
Enlarg.-Ektanon	4,5	10″				Bild 44	
Enlarg.-Ektanon	6,3	89		44°		Bild 39	Kodak Hobbyist
Enlarg.-Ektanon	8,0	10″				Bild 69	
Ernst Leitz GmbH., Wetzlar							
Focotar	4,5	50		45°		Bild 89/3	Focomat Ic, Focomator
Focotar	4,5	90	65× 90	60°		Bild 89/3	Focomat IIa
VEB Feinoptisches Werk Görlitz, Meyer							
Diaplan	4,5	55			*Schubert/Thierhold*	Bild 39	Vergrößerungsapparat Filmosto
Helioplan	4,5	55			*Roeschlein*	Bild 69	Autofoc, Manufoc, Multifoc IIa, Multifoc III
Helioplan	4,5	75			*Roeschlein*	Bild 69	Autofoc, Multifoc IIa, Multifoc III
Helioplan	4,5	105			*Roeschlein*	Bild 69	Multifoc IIa, Multifoc III
Helioplan	4,5	135			*Roeschlein*	Bild 69	Multifoc IIa, Multifoc III

Tafel 23 (Fortsetzung)

Objektiv-Markennamen *Lens-Trade Mark*	Lichtstärke *Relative aperture* 1 :	Brennweite *Focal length (E.F.L.)* in mm	Bildformat *Negative Sizes* in mm	Bildwinkel *Angle of View*	Errechner *Designer*	Bemerkungen *Notes*	Einbau in: *Fitted in Camera:*
Helioplan	4,5	165			*Roeschlein*	Bild 69	Multifoc IIa, Multifoc III
Helioplan	4,5	210			*Roeschlein*	Bild 69	Multifoc IIa, Multifoc III
Primotar	3,5	60			*Schubert/Thierhold*	Bild 43	Vergrößerung Filmosto
G. Rodenstock, Optische Werke, München							
Ysaron	4,5	210	180×180			Bild 43	
Ross Ensign. Ltd., London							
Resolux	3,5	50	24×36		*G. A. Richmond*	Bild 43	
Resolux	4,0	90	60×60		*G. A. Richmond*	Bild 43	
Resolux	4,0	110	60×90		*G. A. Richmond*	Bild 43	
Ensar	4,5	105	60×90		*F. Hainsworth*	Bild 43	
Albert Schacht GmbH., München							
Travegar	3,5	45	24×36	50°		Bild 39	
Travegar	3,5	50	24×36	45°		Bild 39	
Travegar	3,5	60	45×60	40°		Bild 39	
Travegar	3,5	75	60×60	60°		Bild 39	
Travegar	3,5	90	60×60	50°		Bild 39	
Travegar	3,5	105	60×90	54°		Bild 39	
Travegon	3,5	35	24×24	61°		Bild 43	
Travegon	3,5	75	60×60	62°		Bild 43	
Travegon	3,5	105	60×90	56°		Bild 43	
Travenar	4,5	85	60×60	52°		Bild 43	
Travenar	4,5	90	60×90	52°		Bild 43	
Travenar	4,5	135	90×120	60°		Bild 43	

Tafel 23 (Fortsetzung)

Objektiv-Markennamen *Lens-Trade Mark*	Lichtstärke *Relative aperture* 1:	Brennweite *Focal length (E.F.L.)* in mm	Bildformat *Negative Sizes* in mm	Bildwinkel *Angle of View*	Errechner *Designer*	Bemerkungen *Notes*	Einbau in: *Fitted in Camera:*
Jos. Schneider & Co., Optische Werke, Kreuznach							
						DRP 276613	
Componar	3,5	50	24×36			Bild 43	
Componar	3,5	75	60×60			Bild 43	
Componar	4,5	50	24×36			Bild 39	
Componar	4,5	75	60×60			Bild 39	
Componar	4,5	105	60×90			Bild 39	
Componar	4,5	135	90×120			Bild 39	
Componon	4,0	50	24×36			Bild 56	
Componon	4,0	80	60×60			Bild 56	
Componon	4,0	105	60×90			Bild 56	
Componon	5,6	135–240				Bild 74	
Dr. Staeble, Friedl & Co. KG., Optisches Werk, Altenstadt							
Kata	3,5	45–150		47–53°		Bild 39	
Tetra	3,5	45–150		47–55°		Bild 43	
C. A. Steinheil Söhne GmbH., München							
Cassar	3,5	50	24×36			Bild 39	Branax Vergrößerungsgerät 24×36
Cassar	3,5	75	60×60			Bild 39	Dunco 6×6
Cassar	4,5	90	60×60			Bild 39	
Cassar	4,5	105	60×90			Bild 39	
Culminar	3,5	50	24×36			Bild 45	
Culminar	4,5	60	24×36			Bild 45	Primos-Vergrößerungsgerät
Culminar	4,5	90	60×90			Bild 45	Primos-Vergrößerungsgerät
Culminar	4,5	105	60×90			Bild 45	Primos-Vergrößerungsgerät

Tafel 23 Fortsetzung:

Objektiv-Markennamen *Lens-Trade Mark*	Lichtstärke *Relative aperture* 1 :	Brennweite *Focal length (E.F.L.)* in mm	Bildformat *Negative Sizes* in mm	Bildwinkel *Angle of View*	Errechner *Designer*	Bemerkungen *Notes*	Einbau in: *Fitted in Camera:*
Culminar	4,5	135	90×120			Bild 45	
Culminon	4,0	150	90×120			Bild 43	
Culminon	4,5	210	130×180			Bild 43	
Taylor, Taylor & Hobson Ltd., London							
Ental	3,5–4,5	50–127		50°			
Wilhelm Will, Optische Werkstätten, Wetzlar							
Wilon	4,5	50	24×36			Bild 39	
Wilon	4,5	55/60	24×36			Bild 39	
Wilon	4,5	75	60×60			Bild 39	
Wilon	4,5	105	60×90			Bild 39	
Wollensak Optical Co., Rochester (USA)							
Enlarging-Raptar	4,5	50	$1\frac{1}{4}'' \times 1\frac{5}{8}''$			Bild 43	
Enlarging-Raptar	4,5	75	$2\frac{1}{4}'' \times 2\frac{1}{4}''$			Bild 43	
Enlarging-Raptar	4,5	90	$2\frac{1}{4}'' \times 3\frac{1}{4}''$			Bild 43	
Enlarging-Raptar	4,5	101	$2\frac{1}{4}'' \times 3\frac{1}{4}''$			Bild 43	
Enlarging-Raptar	4,5	127	$3\frac{1}{4}'' \times 4\frac{1}{4}''$			Bild 43	
Enlarging-Raptar	4,5	135	$4'' \times 5''$			Bild 43	
Enlarging-Raptar	4,5	162	$4'' \times 5''$			Bild 43	
Enlarging-Raptar	4,5	190	$5'' \times 7''$			Bild 43	
Enlarging-Raptar	4,5	210	$5'' \times 8''$			Bild 43	
Enlarging-Raptar	4,5	241	$6\frac{1}{2}'' \times 8\frac{1}{2}''$			Bild 43	
Enlarging-Raptar	4,5	302	$8'' \times 10''$			Bild 43	

Tafel 24: Stereoobjektive

Objektiv-Markennamen *Lens-Trade Mark*	Lichtstärke *Relative aperture* 1 :	Brennweite *Focal length (E.F.L.)* in mm	Bildformat *Negative Sizes* in mm	Bildwinkel *Angle of View*	Errechner *Designer*	Bemerkungen *Notes*	Einbau in: *Fitted in Camera:*
Enna-Werk, München							
Stereo-Ennagon	2,8	35	21 × 25	50°		Bild 39	
Stereo-Ennaron	3,5	35	21 × 25	50°		Bild 39	
Isco Optische Werke GmbH., Göttingen							
Westanar	2,8	35	23 × 24			Bild 43	
Westar	3,5	35	23 × 24			Bild 39	Stereo II a
H. Kilfitt, Optische Fabrik, München							
Stereo-Kilar	2,8	35	23 × 24	51°	*A. Burger*	Bild 39	Stereo-Kamera
Stereo-Kilar	3,5	35	23 × 24	51°		Bild 39	Stereo-Kamera
Eastman Kodak Company, Rochester (USA)							
Ektar	3,5	35	23 × 24	48°		USA 2 446 402 Bild 43	Stereo-Realist
Ernst Leitz GmbH., Wetzlar							
Stemar	3,5	33	16 × 23	46°		Bild 43	
VEB Feinoptisches Werk Görlitz, Meyer							
Primotar	3,5	37,5			*Schubert/Thierhold*	Bild 43	Stereo-Kamera

Tafel 24 (Fortsetzung)

Objektiv-Markennamen *Lens-Trade Mark*	Lichtstärke *Relative aperture* 1 :	Brennweite *Focal length (E.F.L)* in mm	Bildformat *Negative Sizes* in mm	Bildwinkel *Angle of View*	Errechner *Designer*	Bemerkungen *Notes*	Einbau in: *Fitted in Camera:*
C. A. Steinheil Söhne GmbH., München							
Culminar	2,8	35	23×24			Bild 45	
Cassar	3,5	35	23×24			Bild 39	Edixa Stereo III A, Iloca Stereo-Rapid
Stereo-Redufocus Weitwinkel-Vorsatzsystem, reduziert Brennweiten von Stereo-Objektiven von 35 auf 25 mm							
Wollensak Optical Co., Rochester (USA)							
Amaton	2,7	35	24×24				Wollensak „10" Stereo-Camera
Amaton	3,5	35	24×24				Revere Stereo Camera
VEB Carl Zeiß, Jena							
Stereo-Prismenvorsatz, Basis 12 mm, für Tessar 2,8/50 und 3,5/50						Objektive in Fassung mit u. ohne Blendenvorwahl	Kleinbildkameras, besonders Exakta Varex, Pentacon, Praktiflex FX, Praktina
Stereo-Prismenvorsatz, Basis 65 mm, für Tessar 2,8/50 und 3,5/50						Objektive mit Blendenvorwahl	Kleinbildkameras, besonders Exakta Varex, Pentacon, Praktiflex FX, Praktina
Carl Zeiß, Oberkochen							
Stereotar C	3,5	35				Aufnahmevorsatz	Contax II a, III a
Steritar A						Aufnahmevorsatz	Contaflex

Tafel 25: Projektionsobjektive

Objektiv-Markennamen *Lens-Trade Mark*	Lichtstärke *Relative aperture* 1:	Brennweite *Focal length (E.F.L.)* in mm	Bildformat *Negative Sizes* in mm	Bildwinkel *Angle of View*	Errechner *Designer*	Bemerkungen *Notes*	Einbau in: *Fitted in Camera:*
Agfa Camerawerk AG., München							
Ocellar	1,6	20	8 mm SF			Bild 90/13	Movector 8
Ocellar	1,6	24	8 mm SF			Bild 90/13	Movector 8, Mikrovorsatz
Agomar	2,5	100	50×50			Bild 39	Karator U
Agomar	2,8	150	50×50			Bild 39	Karator U
Agomar	3,5	85	50×50			Bild 39	Heimprojektor Agfa Opticus
Askania-Werke AG., Berlin							
Askinar	1,9	90	35 mm NF			Bild 90/8	
Askinar	1,9	100	35 mm NF			Bild 90/8	
Askinar	1,9	110	35 mm NF			Bild 90/8	
Askinar	1,9	120	35 mm NF			Bild 90/8	
Askadiar	5,2	300	80×80			Bild 39	Kino Dias
Askadiar	7,0	400	80×80			Bild 39	Kino Dias
Askadiar	7,8	450	80×80			Bild 39	Kino Dias
Askadiar	8,7	500	80×80			Bild 39	Kino Dias
Askadiar	9,6	550	80×80			Bild 39	Kino Dias
Askadiar	10,4	600	80×80			Bild 39	Kino Dias
Askadiar	11,3	650	80×80			Bild 39	Kino Dias
Askadiar	12,2	700	80×80			Bild 39	Kino Dias
Astro-Gesellschaft Bielicke & Co., Berlin							
Astro Kino IV	1,5	18–85	8,16 mm SF	20°		Bild 82	Siemens 2000
Astro Kino IV	2,0–2,7	85–130	35 mm NF			Bild 82	
Astro Kino VI	2.0	40–80	35 mm NF			Bild 61	Normalfilm-Projektion einschließl. Breitwandverfahren

Tafel 25 (Fortsetzung)

Objektiv-Markennamen *Lens-Trade Mark*	Lichtstärke *Relative aperture* 1 :	Brennweite *Focal length (E.F.L.)* in mm	Bildformat *Negative Sizes* in mm	Bildwinkel *Angle of View*	Errechner *Designer*	Bemerkungen *Notes*	Einbau in: *Fitted in Camera:*
Bell & Howell Company, Chicago (USA)							
	1,6	20	8 mm SF				B. H. Projektor 606 „Screen-master"
	1,6	50	16 mm SF				B. & H. Stummfilm-Projektor 613, Magnetton-Projektor 630, Lichtton-Projektor 622-CXL
Elgeet Optical Company, Rochester (USA)							
Cinematar Projektions-Weitwinkelvorsatz für alle gebräuchlichen Schmalfilm-Projektionsobjektive							
Emo-Optik GmbH., Wetzlar							
Novitar	2,2	85		29°		Bild 49	
Novitar	2,2	100		25°		Bild 49	
Diaplan	2,8	85		29°		Bild 39	
Diaplan	2,8	100		25°		Bild 39	
Novoplan	1,3	35	SF	20°		Bild 61	
Novoplan	1,3	50	SF	20°		Bild 61	
Emostar	1,5	25	SF	14°		Bild 90/9	
Emostar	1,5	35	SF	14°		Bild 90/9	
Emostar	1,5	50	SF	14°		Bild 90/9	
Emostar	1,5	65	35 mm NF	14°		Bild 90/9	
Emostar	1,6	75	35 mm NF	14°		Bild 90/9	
Emostar	1,8	105	35 mm NF			Bild 90/9	
Emostar	1,8	120	35 mm NF			Bild 90/9	

Tafel 25 (Fortsetzung)

Objektiv-Markennamen *Lens-Trade Mark*	Lichtstärke *Relative aperture* 1 :	Brennweite *Focal length (E.F.L.)* in mm	Bildformat *Negative Sizes* in mm	Bildwinkel *Angle of View*	Errechner *Designer*	Bemerkungen *Notes*	Einbau in: *Fitted in Camera:*
Enna-Werk, München							
Proj. Ennar	2,5	85		32°		4 Linsen, 4 Glieder	
Proj. Ennar	2,5	100		25°		Bild 39	
Proj. Ennar	2,5	150		32°		4 Linsen, 4 Glieder	
Proj. Ennar	2,8	100		25°		Bild 39	
Proj. Ennar	2,8	150		18°		Bild 39	
Proj. Ennar	3,0	135		32°		Bild 39	
Proj. Ennar	3,0	150		32°		Bild 39	
Proj. Ennar	3,5	85		32°		Bild 39	
Proj. Ennar	3,5	150				Bild 39	Paximat
Epi-Ennar	3,6	330		30°		Bild 39	Epi Projektion
Isco Optische Werke GmbH., Göttingen							
Duotar	1,5	20–85	8,16 mm SF			4 Linsen, 2 Glieder	
Kiptar	1,6	20–85	8,16 mm SF			Bild 90/14	Nizo-Familia Mod II
Kiptar	2,0	90/95	35 mm NF			Bild 90/14	
Kiptar	2,0	100/105	35 mm NF			Bild 90/14	
Kiptar	2,0	110	35 mm NF			Bild 90/14	
Kiptar	2,2	120/125	35 mm NF			Bild 90/14	
Kiptar	2,3	115/130	35 mm NF			Bild 90/14	
Kiptar	2,4	135	35 mm NF			Bild 90/14	
Kiptar	2,5	140	35 mm NF			Bild 90/14	
Kiptar	2,6	145/150	35 mm NF			Bild 90/14	
Kiptar	2,7	155	35 mm NF			Bild 90/14	
Kiptar	2,8	160/165	35 mm NF			Bild 90/14	
Kiptar	2,9	170	35 mm NF			Bild 90/14	
Kinoplan	2,8	70–150	24 × 36			Bild 39	Dia Projektion

Tafel 25 (Fortsetzung)

Objektiv-Markennamen *Lens-Trade Mark*	Lichtstärke *Relative aperture* 1:	Brennweite *Focal length (E.F.L.)* in mm	Bildformat *Negative Sizes* in mm	Bildwinkel *Angle of View*	Errechner *Designer*	Bemerkungen *Notes*	Einbau in: *Fitted in Camera:*
Projar	2,8	100	24×36				Amplicolor M 55
Projar	3,2–14,3	150–800	80×80			Bild 39	Kino Dia Projektion
Epinar	3,6–5,1	300–750				Bild 39	Epi Projektion
Super Kiptar S	1,5	100–150	35 mm NF			Bild 65	Normal- und Breitwandproj., abgest. von 5 zu 5 mm
Super Kiptar	2,0	50–130	35 mm NF			Bild 63	Normal- und Breitwandproj., abgest. von 5 zu 5 mm
Super Kiptar	2,1	135/140	35 mm NF			Bild 63	Normal- und Breitwandproj., abgest. von 5 zu 5 mm
Super Kiptar	2,2	145	35 mm NF			Bild 63	Normal- und Breitwandproj., abgest. von 5 zu 5 mm
Super Kiptar	2,3	150	35 mm NF			Bild 63	Normal- und Breitwandproj., abgest. von 5 zu 5 mm
Anamorphotic-Kiptar						4 Zylinderl., 2 Glieder	Cinema Scope Projektion
H. Kilfitt, Optische Fabrik, München							
Bi-Kilar	4,0	240		10°	*W. Piepenbrink*	Bild 39	Diaprojektion
Bi-Kilar	5,6	400		6°	*W. Piepenbrink*	Bild 89/1	Epiprojektion
Eastman Kodak Company, Rochester (USA)							
Proj. Ektar	1,5	50–101	SF	14°		USA 2541484 Petzval-obj. m. Bildebnungsl.	
Proj. Ektar	2,3	5″	24×36	20°		USA 2076190 Petzval-obj. m. Bildebnungsl.	Kodaslide Projektor Master Model
Proj. Ektar	2,3	$7^1/_2$″	24×36	20°		USA 2076190 Petzval-obj. m. Bildebnungsl.	Kodaslide Projektor Master Model

Tafel 25 (Fortsetzung)

Objektiv-Markennamen *Lens-Trade Mark*	Lichtstärke *Relative aperture* 1:	Brennweite *Focal length (E.F.L.)* in mm	Bildformat *Negative Sizes* in mm	Bildwinkel *Angle of View*	Errechner *Designer*	Bemerkungen *Notes*	Einbau in: *Fitted in Camera:*
Proj. Ektar	3,7	11″	24×36	10°		USA 2327759 4 Linsen, 2 Glieder	
Proj. Ektanon	1,6	25	8 mm SF	12°		Petzvaltyp 4 Linsen, 2 Glieder	
Proj. Ektanon	1,6	51	16 mm SF	14°		USA 2076190 Petzval-obj. m. Bildebnungslinse	
Proj. Ektanon	2,0	26	8 mm SF	12°		Petzvaltyp 4 Linsen, 2 Glieder	
Proj. Ektanon	2,0	78	8 mm SF	9°		4 Linsen, 2 Glieder	
Proj. Ektanon	2,5	102	8 mm SF	9°		4 Linsen, 2 Glieder	
Proj. Ektanon	3,5	125	24×36	20°		Bild 39	Kodaslide Projektor Master Model, Merit, Highlux II u. III
Proj. Ektanon	4,0	190	24×36	20°		Bild 39	Kodaslide Projektor Master Model
Ernst Leitz GmbH., Wetzlar							
Hektor	2,5	85	24×36	28,5°		Bild 48	Prado 150
Hektor	2,5	100	24×36	24,5°		Bild 48	Prado 250 und 500
Hektor	2,5	120	24×36	20,5°		Bild 48	
Hektor	2,5	180	24×36	16°		Bild 48	
Hektor	2,5	200	24×36	12°		Bild 48	
Hektor	2,8	250	24×36			Bild 48	
Dimaron	2,8	85	24×36			Bild 39	
Dimaron	2,8	100	24×36	24,5°		Bild 39	Prado 150 und 250
Dimaron	2,8	150	24×36	16°		Bild 39	
Dimar	4,0	200	24×36	12°		Bild 39	Prado 500
Dimar	4,0	250	24×36	10°		Bild 39	
Epnor	4,3	300		8°		Bild 39	Epi Projektion

Tafel 25 (Fortsetzung)

Objektiv-Markennamen *Lens-Trade Mark*	Lichtstärke *Relative aperture* 1 :	Brennweite *Focal length (E.F.L.)* in mm	Bildformat *Negative Sizes* in mm	Bildwinkel *Angle of View*	Errechner *Designer*	Bemerkungen *Notes*	Einbau in: *Fitted in Camera:*
Elkinar	1,3	50–80	16 mm SF			DRP 889077, 6 Linsen, 4 bzw. 5 Glieder, bes. Objektivtyp	
Elkinon	1,5	35	16 mm SF	21°		5 Linsen, 4 Glieder bes. Objektivtyp	
Elkinon	1,9	50	16 mm SF	13°		bes. Objektivtyp	
VEB Feinoptisches Werk Görlitz, Meyer							
Diaplan	3,0	100			*Roeschlein*	Bild 39	Filmosto Jubilar
Diaplan	3,5	100			*Roeschlein*	Bild 39	Filmosto Filius
Diaplan	3,5	140			*Roeschlein*	Bild 39	Filmosto Jubilar
Epidon	3,6	420			*Roeschlein*	Bild 39	Epiprojektion
Kinon	1,4	25	8 mm SF		*Schubert/Funk*	Bild 90/12	P 8 Projektor
Optimat	1,7	18	8 mm SF		*Schäfter*	Bild 89/13	P 8 Projektor
Trioplan	2,9	40			*Roeschlein*	Bild 39	Lesegerät
Minox GmbH., Gießen							
Minostar	2,9	35	8×11	28°		Bild 39	Heimprojektor 30
Proj. Objektiv	2,8	21		50°		Bild 43	Lesegeräte
Proj. Objektiv	2,8	30		50°		Bild 43	Lesegeräte
I. D. Möller, Optische Werke GmbH., Wedel							
Anamorphot			16 mm SF			4 Zylinderl., 2 Glieder	Cinema Scope Schmalmfilm-Proj.
Anamorphot			35 mm SF			4 Zylinderl., 2 Glieder	Cinema Scope Projektion, Faktor 2

Tafel 25 (Fortsetzung)

Objektiv-Markennamen *Lens-Trade Mark*	Lichtstärke *Relative aperture* 1 :	Brennweite *Focal length (E.F.L.)* in mm	Bildformat *Negative Sizes* in mm	Bildwinkel *Angle of View*	Errechner *Designer*	Bemerkungen *Notes*	Einbau in: *Fitted in Camera:*
Paul Piesker & Co., Berlin							
Propicon	1,5	22		30°		Bild 90/14	
Propicon	2,8	100		40°		Bild 39	
Ernst Plank, Nürnberg							
Plankar	2,5	85	24×36				Noris Trumpf 150/S 3
Plankar	2,5	100	24×36				Noris Trumpf 150/S 2 und 250
Plankar	2,9	105	24×36				Noris Trumpf 150/S 1 und 250
Plankar	3,5	150	24×36				Noris Trumpf 250
Novistar	3,5	150	24×36				Noris Trumpf 150
G. Rodenstock, Optische Werke, München							
Lumar	2,5	100		28°		Bild 89/12	
Lumar	2,5	150		20°		Bild 89/12	
Remar	2,5	100		28°		Bild 39	
Remar	3,2	150		30°		Bild 39	
Proj. Trinar	2,8	100	30×40			Bild 39	
Proj. Trinar	3,2	150	60×60			Bild 39	
Proj. Trinar	3,6	100	60×60			Bild 39	
Splendar	3,5	200		35°		Bild 39	
Splendar	4,0	250	24×36	28°		Bild 39	Karator U
Splendon	3,8	180		36°		Bild 39	
Splendon	4,5	250	24×36			Bild 39	Karator U
Splendon	5,2	300	85×100	25°		Bild 39	
Splendon	6,1	350	85×100	21°		Bild 39	
Splendon	7,0	400	85×100	18°		Bild 39	

Tafel 25 (Fortsetzung)

Objektiv-Markennamen *Lens-Trade Mark*	Lichtstärke *Relative aperture* 1:	Brennweite *Focal length (E.F.L.)* in mm	Bildformat *Negative Sizes* in mm	Bildwinkel *Angle of View*	Errechner *Designer*	Bemerkungen *Notes*	Einbau in: *Fitted in Camera:*
Splendon	7,8	450	85×100	16°		Bild 39	
Splendon	8,7	500	85×100	15°		Bild 39	
Splendon	9,6	550	85×100	16°		Bild 39	
Splendon	10,5	600	85×100	13°		Bild 39	
Kinemar	1,5	22	8 mm SF			4 Linsen	

Ross Ensign. Ltd., London

Gauge Proj. Lens		57					
Gauge Proj. Lens		114					
Gauge Proj. Lens		229					
Rosslyte	1,9	2 1/4''–7''	abgestuft von 1/4'' zu 1/4''				Kinoprojektion
Super Rosskote	2,20	5 1/2''					
Super Rosskote	2,26	4''					
Super Rosskote	2,29	4 3/4''					
Super Rosskote	2,3	4''					
Super Rosskote	2,4	4 1/4''					
Super Rosskote	2,4	5''					
Super Rosskote	2,4	6''					
Super Rosskote	2,41	3 3/4''					
Super Rosskote	2,5	6 1/4''					
Super Rosskote	2,52	5 1/4''					
Super Rosskote	2,54	4 1/2''					
Super Rosskote	2,6	6 1/2''					
Super Rosskote	2,7	6 3/4''					
Super Rosskote	2,8	7''					
Super Rosskote	3,0	7 1/2''					

Tafel 25 (Fortsetzung)

Objektiv-Markennamen *Lens-Trade Mark*	Lichtstärke *Relative aperture* 1 :	Brennweite *Focal length (E.F.L.)* in mm	Bildformat *Negative Sizes* in mm	Bildwinkel *Angle of View*	Errechner *Designer*	Bemerkungen *Notes*	Einbau in: *Fitted in Camera:*
Albert Schacht GmbH., München							
Travegar	3,5	127		38°		Bild 39	
Travegar	3,5	150		45°		Bild 39	
Travelon	2,0	75	35 mm NF	23°			
Travelon	2,5	85		28°			
Hans Sperling, Berlin							
Sperling	2,8	80	24×36				Haspe P 150
Sperling	3,5	80	24×36				Haspe P 150
Dr. Staeble, Friedl & Co. KG., Optisches Werk, Altenstadt							
Kata	2,8	35				Bild 39	
Kata	2,8	45	24×36			Bild 39	
Kata	2,8	85	24×36	29°		Bild 39	Paximat
Kata	2,8	100	24×36	25°		Bild 39	
Kata	3,5	22				Bild 39	
Kata	3,5	135		19°		Bild 39	
Kata	3,5	150		17°		Bild 39	

Tafel 25 (Fortsetzung)

Objektiv-Markennamen *Lens-Trade Mark*	Lichtstärke *Relative aperture* 1:	Brennweite *Focal length (E.F.L.)* in mm	Bildformat *Negative Sizes* in mm	Bildwinkel *Angle of View*	Errechner *Designer*	Bemerkungen *Notes*	Einbau in: *Fitted in Camera:*
Karl Steiner, Bayreuth							
Steinar	2,8	80		58°		Bild 39	
Steinar	3,5	80		58°		Bild 39	
Steinar	3,5	127		58°		Bild 39	
Steinar	4,0	105		58°		Bild 39	
C. A. Steinheil Söhne GmbH., München							
P-Cassar	2,8	80	24×36			Bild 39	Dunco 56
P-Cassar	3,5	150	24×36			Bild 39	Noris Trumpf 250
Selenar	1,5	25	8 mm SF			DRP 346029, 4 Linsen, Petzvaltyp	
Selenar	1,5	75	35 mm NF			Bild 90/15	
Tewe oHG., Berlin							
Proj. Tewenar		25–400				Bild 39	
Voigtländer AG., Braunschweig							
Projektos	2,5	80	24×36			Bild 39	Fulda, Fulda S, Zett 150
Wilhelm Will, Optische Werkstätten, Wetzlar							
Maginon	1,6	25	16 mm SF			2 Glieder	Kinoprojektion
Maginon	1,6	37	35 mm NF			2 Glieder	Kinoprojektion
Maginon	1,6	50	35 mm NF			2 Glieder	Kinoprojektion

Tafel 25 (Fortsetzung)

Objektiv-Markennamen *Lens-Trade Mark*	Lichtstärke *Relative aperture* 1:	Brennweite *Focal length (E.F.L.)* in mm	Bildformat *Negative Sizes* in mm	Bildwinkel *Angle of View*	Errechner *Designer*	Bemerkungen *Notes*	Einbau in: *Fitted in Camera:*
Maginon	2,5	25	35 mm NF			Bild 39	
Maginon	2,5	85	35 mm NF			Bild 39	Paximat
Maginon	2,5	100	35 mm NF			Bild 39	Paximat
Maginon	2,8	80	35 mm NF			Bild 39	Kinoprojektion
Maginon	2,8	100	35 mm NF			Bild 39	Kinoprojektion
Maginon	3,5	50	35 mm NF			Bild 39	Kinoprojektion
Maginon	3,5	80	35 mm NF			Bild 39	Kinoprojektion
Maginon	3,5	100	35 mm NF			Bild 39	Kinoprojektion
Maginon	3,5	127	35 mm NF			Bild 39	Kinoprojektion
Wollensak Optical Co., Rochester (USA)							
Cinema Raptar	1,6	25	8 mm SF				Wollensak „18" 8-mm-Projekt.
Cinema Raptar	1,6	50	16 mm SF				Wollensak „16" 16-mm-Proj.
Cinema Raptar	1,9	$2''$–$5''$	abgestuft von $^1/_4''$ zu $^1/_4''$			Bild 60a	Theater-Projektionsobjektiv f. Breitwand, 3D u. Cinema Scope
Cinema Raptar	2,0	$5^1/_4''$	$3^1/_2''$–$7^1/_2''$ mit „anamorphic lens adapter"			Bild 60a	Theater-Projektionsobjektiv f. Breitwand, 3D u. Cinema Scope
Cinema Raptar	2,1	$5^1/_2''$				Bild 60a	
Cinema Raptar	2,2	$5^3/_4''$				Bild 60a	
Cinema Raptar	2,3	$6''$				Bild 60a	
Cinema Raptar	2,5	$6^1/_2''$				Bild 60a	
Cinema Raptar	2,7	$7''$				Bild 60a	
Cinema Raptar	2,9	$7^1/_2''$			Standardoptik	mit Vorsatz	Theater-Projektionsobjektiv f. Breitwand, 3D u. Cinema Scope
Vari Focus	Aufsetzbarer Vorsatz, ergibt mit Standardoptik Brennweitenänderung				$3''$	$2^1/_4''$–$1^3/_4''$	Breitwand oder 3D Projektion
					$3^1/_2''$	$2^3/_4''$–$2''$	Breitwand oder 3D Projektion
					$4''$	$3^1/_4''$–$2^1/_4''$	Breitwand oder 3D Projektion
					$4^1/_2''$	$3^1/_2''$–$2^1/_2''$	Breitwand oder 3D Projektion
					$5''$	$4''$–$3''$	Breitwand oder 3D Projektion
					$5^1/_2''$	$4^1/_2''$–$3^1/_4''$	Breitwand oder 3D Projektion
					$6''$	$5''$–$3^1/_2''$	Breitwand oder 3D Projektion

Tafel 25 (Fortsetzung)

Objektiv-Markennamen *Lens-Trade Mark*	Lichtstärke *Relative aperture* 1 :	Brennweite *Focal length (E.F.L)* in mm	Bildformat *Negative Sizes* in mm	Bildwinkel *Angle of View*	Errechner *Designer*	Bemerkungen *Notes*	Einbau in: *Fitted in Camera:*
VEB Carl Zeiß, Jena							
Kipronar	1,4	70	35 mm NF			Bild 90/9 DRP 544429	
Kipronar	1,9	90	35 mm NF			Bild 90/9	
Kipronar	1,9	105	35 mm NF			Bild 90/9	
Kipronar	1,9	120	35 mm NF			Bild 90/9	
Kipronar	1,9	140	35 mm NF			Bild 90/9	
Kipronar	1,9	180	35 mm NF			Bild 90/9	
Kipronar	1,9	225	35 mm NF			Bild 90/9	
Kipronar	1,9	250	35 mm NF			Bild 90/9	
Kipronar	2,2	165	35 mm NF			Bild 90/9	
Kipronar	2,2	180	35 mm NF			Bild 90/9	
Prokinar	1,4	35	16 mm SF			Bild 89/19	
Prokinar	1,4	50	16 mm SF			Bild 89/19	
Prokinar	1,4	70	16 mm SF			Bild 89/19	
Prokinar	1,6	105	35 mm NF			Bild 89/19	
Prokinar	1,9	90	35 mm NF			Bild 89/19	
Prokinar	1,9	105	35 mm NF			Bild 89/19	
Carl Zeiß, Oberkochen							
Anamorphot 2×63		Standard Vorsatz für lichtstarke Projektionsobjektive in Brennweiten 80–140 mm		65°			Cinema Scope-Projektion

Tafel 25 (Fortsetzung)

Objektiv-Markennamen *Lens-Trade Mark*	Lichtstärke *Relative aperture* 1:	Brennweite *Focal length (E.F.L.)* in mm	Bildformat *Negative Sizes* in mm	Bildwinkel *Angle of View*	Errechner *Designer*	Bemerkungen *Notes*	Einbau in: *Fitted in Camera:*
Zeiß Ikon AG., Stuttgart							
Kinostar	1,9	80–105	35 mm NF			4 Linsen, 3 Glieder	
Kinostar	1,9	110/115	35 mm NF			4 Linsen, 3 Glieder	
Kinostar	2,1	120	35 mm NF			4 Linsen, 3 Glieder	
Kinostar	2,4	125	35 mm NF			4 Linsen, 3 Glieder	
Kinostar	2,6	130	35 mm NF			4 Linsen, 3 Glieder	
Alinar II	2,0	40–75	35 mm NF			6 Linsen, 4 Glieder	
Orikar	2,5	100	50×50			4 Linsen, 3 Glieder	Ikolux 250 und 500
Orikar	2,8	80	50×50			4 Linsen, 3 Glieder	Ikolux 250
Orikar	3,2	150	50×50			4 Linsen, 3 Glieder	Ikolux 250 und 500
Orikar	3,2	250	50×50			4 Linsen, 3 Glieder	Ikolux 250 und 500
			70×70				
Orikar		450	85×100			4 Linsen, 3 Glieder	Diaprojektion 8,5×10
Orikar		500	85×100			4 Linsen, 3 Glieder	Diaprojektion 8,5×10
Orikar		550	85×100			4 Linsen, 3 Glieder	Diaprojektion 8,5×10
Orikar		600	85×100			4 Linsen, 3 Glieder	Diaprojektion 8,5×10
Orikar		700	85×100			4 Linsen, 3 Glieder	Diaprojektion 8,5×10
Zett-Projektion Erich Zillmer, Braunschweig							
Fafix Anastigmat	3,5	80	50×50				Fafix II
Zettar	2,8	100	50×50				Zett 250, Schul Zett

Tafel 26: Kinoobjektive

Objektiv-Markennamen *Lens-Trade Mark*	Lichtstärke *Relative aperture* 1 :	Brennweite *Focal length (E.F.L.)* in mm	Bildformat *Negative Sizes* in mm	Bildwinkel *Angle of View*	Errechner *Designer*	Bemerkungen *Notes*	Einbau in: *Fitted in Camera:*
Agfa Camerawerk AG., München							
Solagon	1,5						
Kine-Anastigmat	2,8	12	8 mm SF			Gauß-Variat. 6 Linsen, 4 Glieder Bild 39	Movex 8 L
Pierre Angénieux (Éts), St. Heand (Loire)							
	1,9	12,5	8 mm SF		*P. Angénieux*		Kodak M 55
Type M 1	0,95	25	16 mm SF	30°	*P. Angénieux*	Bild 89/21	16 mm Magazin Camera *Bell & Howell*
Type S 41	1,4	25	16 mm SF	30°	*P. Angénieux*	Bild 61	Kodak Mag. 16, Webo M
Retrofocus R 21	1,8	10	16 mm SF	64°	*P. Angénieux*	Bild 90/1	16 mm Magazin Camera *B. & H.*, Pathé Webo M
Type P 3	2,5	75	16 mm SF	10°	*P. Angénieux*	Bild 90/24	Pathé Webo M
Type S 2	1,8	28	35 mm NF	51°	*P. Angénieux*		
Type S 2	1,8	32	35 mm NF	45°	*P. Angénieux*		
Type S 2	1,8	40	35 mm NF	37°	*P. Angénieux*		
Type S 2	1,8	50	35 mm NF	29°	*P Angénieux*		
Type S 3	1,8	75	35 mm NF	21°	*P. Angénieux*		
Type S 3	2,0	100	35 mm NF	15°	*P. Angénieux*		
Retrofocus R 2	2,2	18,5	35 mm NF	71°	*P. Angénieux*		
Retrofocus R 2	2,2	24	35 mm NF	60°	*P. Angenieux*		
Astro-Gesellschaft Bielicke & Co., Berlin							
Gauß-Tachar VS	2,0	25	35 mm NF	57°		Gauß-Variat. m. Vorsatzlinse z. Schnittweitenverlängerung	

Tafel 26 (Fortsetzung)

Objektiv-Markennamen *Lens-Trade Mark*	Lichtstärke *Relative aperture* 1 :	Brennweite *Focal length (E.F.L.)* in mm	Bildformat *Negative Sizes* in mm	Bildwinkel *Angle of View*	Errechner *Designer*	Bemerkungen *Notes*	Einbau in: *Fitted in Camera:*
Gauß Tachar	2,0	25	8,16, 35	60°		Bild 61	
Gauß Tachar	2,0	32	8,16, 35	60°		Bild 61	
Gauß Tachar	2,0	40	8,16, 35	60°		Bild 61	
Gauß Tachar	2,0	50	8,16, 35	60°		Bild 61	
Gauß Tachar	2,0	75	8,16, 35	60°		Bild 61	
Gauß Tachar	2,0	100	8,16, 35	60°		Bild 61	
Pan Tachar	1,8	150	8,16, 35	40°		Bild 49	
Pan Tachar	2,3	100	8,16, 35			Bild 49	
Pan Tachar	2,3	125	8,16, 35			Bild 49	
Pan Tachar	2,3	150	8,16, 35			Bild 49	
Tacharon	1,8	12,5	8 mm SF			Bild 49	
Telastan	3,5	300	8,16, 35			Bild 49	
Astro Fernbild	5,0	100	8,16 mm SF			Bild 89/1	
Astro Fernbild	5,0	150	8,16 mm SF			Bild 89/1	
Astro Fernbild	5,0	200	8,16, 35			Bild 89/1	
Bausch & Lomb Optical Co., Rochester (USA)							
Animar	1,5	15	8 mm SF			6 Linsen, symmetrisch	
Animar	1,5	25	16 mm SF			6 Linsen, symmetrisch	
Animar	1,9	14	8 mm SF			4 Linsen, Tripletvar.	
Animar	1,9	26	16 mm SF			4 Linsen, Tripletvar.	
Animar	2,5	7,5	8 mm SF			5 Linsen, umgekehrt. Tele	
Animar	2,5	12,7	8 mm SF			Triplet	
Animar	2,7	25	8 mm SF			Triplet	
Animar	2,7	25	16 mm SF			Triplet	
Animar	3,5	37,5	8 mm SF			Triplet	
Animar	3,5	50	16 mm SF			Triplet	
Animar	3,5	75	16 mm SF			4 Linsen, Tripletvar.	
Animar	3,5	100	16 mm SF			4 Linsen, Tripletvar.	

Tafel 26 (Fortsetzung)

Objektiv-Markennamen *Lens-Trade Mark*	Lichtstärke *Relative aperture* 1:	Brennweite *Focal length (E.F.L.)* in mm	Bildformat *Negative Sizes* in mm	Bildwinkel *Angle of View*	Errechner *Designer*	Bemerkungen *Notes*	Einbau in: *Fitted in Camera:*
Baltar	2,3	15	16 mm SF			6 Linsen, symmetrisch	
Baltar	2,3	17,5	16 mm SF			6 Linsen, symmetrisch	
Baltar	2,3	20	16 mm SF			6 Linsen, symmetrisch	
Baltar	2,3	25	35 mm NF			6 Linsen, symmetrisch	
Baltar	2,3	30	35 mm NF			6 Linsen, symmetrisch	
Baltar	2,3	35	35 mm NF			6 Linsen, symmetrisch	
Baltar	2,3	40	35 mm NF			6 Linsen, symmetrisch	
Baltar	2,3	50	35 mm NF			6 Linsen, symmetrisch	
Baltar	2,3	75	35 mm NF			6 Linsen, symmetrisch	
Baltar	2,3	100	35 mm NF			6 Linsen, symmetrisch	
Baltar	2,7	152	35 mm NF			4 Linsen, Petzval	
Bell & Howell Company, Chicago (USA)							
Comat	1,9	37,5	8 mm SF				*B. & H.* 605 TA „Viceroy“
Comat	2,5	10	8 mm SF				*B. & H.* 220/624, Wilshire
Comat	2,5	12,5	8 mm SF				*B. & H.* 605 „Sportstar“, 605 TA „Viceroy“
Super-Comat	1,9	25	16 mm SF			Triplet	Auto-8, *B. & H.* 603 „Auto Load“, 605 TA „Viceroy“
Super-Comat	2,5	0,7“	16 mm SF				Alle 16-mm-Schmalfilmkamer.
S. O. M. Berthiot, Paris							
Cinor Berthiot	1,5	20	9,5 mm SF				Beaulieu C, T, Webo M
Cinor Berthiot	1,5	25	16 mm SF				Beaulieu C, T, Diamphot A 54, ETM P16
Cinor Berthiot	1,9	12,5	8 mm SF				Beaulieu 8T, Christen Mono 54, Camex GS, VU, Ciné-Gel Reinette N 8, Emel C91, C93, C94, Gevaert Geva 8, Lévêque LD 8

Tafel 26 (Fortsetzung)

Objektiv-Markennamen *Lens-Trade Mark*	Lichtstärke *Relative aperture* 1:	Brennweite *Focal length (E.F.L.)* in mm	Bildformat *Negative Sizes* in mm	Bildwinkel *Angle of View*	Errechner *Designer*	Bemerkungen *Notes*	Einbau in: *Fitted in Camera:*
Cinor Berthiot	1,9	20	9,5 mm SF				Beaulieu C, T, Pathé HB, National II, Webo M
Cinor Berthiot	1,9	25	16 mm SF				Beaulieu C, T, ETM P 16, Pathé Webo M
Cinor Berthiot	2,5	12,5	8 mm SF				Camex GS, VU, Christen Mono 54, Ciné-Gel Reinette N 8, Emel C 91, C 94, C 96, Lévêque LD 8, Super
Cinor Berthiot	2,5	20	9,5 mm SF				Eresam OS, GS, VU
Cinor Berthiot	3,5	20	9,5 mm SF				Pathé HB, National II, Webo A
Elgeet Optical Company, Rochester (USA)							
Elgeet	1,5	7,5	8 mm SF			7 Linsen, Weitwinkel m. aufgespalt. Frontl.	*B. & H.* „Auto 8"
Elgeet	1,5	13	16 mm SF			7 Linsen, Weitwinkel m. aufgespalt. Frontl.	Kodak Kameras
Elgeet	1,5	25	16 mm SF			Bild 64	
Elgeet	1,5	38	8 mm SF			5 Linsen, 4 Glieder Tele m. verk. Hintergl.	*B. & H.* „Auto 8" Cameras, Kodak Kameras
Elgeet	1,9	7	8 mm SF			7 Linsen, Weitwinkel	*B. & H.* „Auto 8"
Elgeet	1,9	13	8 mm SF			Bild 89/16	
Elgeet	1,9	25	8,16 mm SF			Bild 89/16	*B. & H.* „Auto 8"
Navitar	1,9	38	8 mm SF			Bild 90/9	*B. &. H* „Auto 8"
Navitar	1,9	75	16 mm SF			Ähnlich Bild 90/9 m. Luftlinse im Vorderglied	Kodak Kameras
Elgeet	2,5	6,5	8 mm SF			6 Linsen, 4 Glieder Frontlinse aufgespalten	*B. & H.* „Auto 8"
Elgeet	2,5	13	16 mm SF			Bild 89/31	

Tafel 26 (Fortsetzung)

Objektiv-Markennamen *Lens-Trade Mark*	Lichtstärke *Relative aperture* 1:	Brennweite *Focal length (E.F.L.)* in mm	Bildformat *Negative Sizes* in mm	Bildwinkel *Angle of View*	Errechner *Designer*	Bemerkungen *Notes*	Einbau in: *Fitted in Camera:*
Elgeet	2,7	102	16 mm SF			Bild 90/9	Kodak Kameras
Elgeet	2,9	75	8 mm SF			Bild 39	*B. & H.* „Auto 8", Kodak Kameras
Cinematar	2,7	7	8 mm SF			Weitwinkel	
Cinematar	2,7	38	8 mm SF			Teleobjektiv	
Cinematar	3,0	75	16 mm SF			Teleobjektiv	
Cinematar	3,5	38	8 mm SF			Bild 39	*B. & H.* „Auto 8", Kod. Kamer.
Enna-Werk, München							
Kinaston	1,9	12,5	8 mm SF			Bild 89/12	
Kine-Ennagon	2,8	36	8 mm SF	10°		Bild 39	
Kine-Ennagon	2,8	50	8 mm SF	7°		Bild 39	
Eumig-Elektrizitäts- und Metallwaren-Industrie, Wien							
Eumar	4,0	80	8 mm SF		*P. Ramsthaler*	Bild 39	Eumigetta I, II
Eumar	5,6	80	8 mm SF		*P. Ramsthaler*	Bild 39	Eumigetta I, II
Eugon	2,8	12,5	8 mm SF		*P. Ramsthaler*	Bild 39	8 mm Schmalfilmkamera C 8
Eumigon	1,9	12,5	8 mm SF		*P. Ramsthaler*	Bild 89/13	8 mm Schmalfilmkamera C 3
Goerz American Optical Company, New York							
Apogor	1,8		16,35 mm	40°		Bild 89/11	
Apogor	2,3		16,35 mm	40°		Bild 89/11	

Tafel 26 (Fortsetzung)

Objektiv-Markennamen *Lens-Trade Mark*	Lichtstärke *Relative aperture* 1 :	Brennweite *Focal length (E.F.L.)* in mm	Bildformat *Negative Sizes* in mm	Bildwinkel *Angle of View*	Errechner *Designer*	Bemerkungen *Notes*	Einbau in: *Fitted in Camera:*
Isco Optische Werke GmbH., Göttingen							
Cine Westar	2,5	12,5	8 mm SF			Bild 39	
Cine Westar	2,5	25	8,16 mm SF			Bild 39	
Cine Westar	2,8	35	8,16 mm SF			Bild 39	
Cine Westagon	1,5	25	8,16 mm SF			Bild 89/12	
Kern & Co., A.G., Aarau							
Cine Switar	1,4	12,5	8 mm SF				Paillard Filmkamera 2×8
Cine Switar	1,4	25	16 mm SF	30°		Schw. Pat. 242655 Tripletvar. m. mehr als 3 Gliedern	Paillard
Cine Switar	1,4	50	16 mm SF	30°		Tripletvar. m. mehr als 3 Gliedern	
Cine Switar	1,5	12,5	8 mm SF			Schw. Pat. 246724 Tripletvar. m. mehr als 3 Gliedern, rel. große Schnittweite	Bolex B 8, H 8
Cine Switar	1,8	16	16 mm SF			Bes. Objektivform	
Yvar	1,9	13	16 mm SF	30°		Triplet, dicke Negativlinse	
Yvar	2,8	15	16 mm SF	48°		Triplet, dicke Negativlinse	
Yvar	2,8	16	16 mm SF	44°		Triplet, dicke Negativlinse	
Yvar	2,5	25	8 mm SF	15°		Triplet, dicke Negativlinse	
Yvar	2,8	12,5	8 mm SF	30°		Triplet, dicke Negativlinse	

Tafel 26 (Fortsetzung)

Objektiv-Markennamen *Lens-Trade Mark*	Lichtstärke *Relative aperture* 1 :	Brennweite *Focal length (E.F.L.)* in mm	Bildformat *Negative Sizes* in mm	Bildwinkel *Angle of View*	Errechner *Designer*	Bemerkungen *Notes*	Einbau in: ***Fitted in Camera:***
Yvar	2,8	36	8 mm SF	12°		Triplet, dicke Negativlinse	
Yvar	2,8	75	16 mm SF	10°		Schw. Pat. 281 486 Triplet, dicke Negativlinse	
Yvar	3,3	100	16 mm SF	7°		Triplet, dicke Negativlinse	
Yvar	4,0	150	16 mm SF	5°		Triplet, dicke Negativlinse	
Kinoptik, Paris							
Apochromat	2,0	25–100	35 mm NF				Alle 35-mm-Kinokameras
Eastman Kodak Company, Rochester (USA)							
Cine Ektar	1,4	25	8,16 mm SF	28°		USA 2 350 035 Gaußvar. 7 Linsen, 4 Glieder	Cine Kodak K-100,
Cine Ektar	1,6	40	8,16 mm SF	20°		USA 2 262 998 Gaußvar.	Cine Kodak Special II
Cine Ektar	1,9	25	8,16 mm SF	28°		USA 2 432 387 Tripletvar., Aufgesp. Frontl.	
Cine Ektar	2,0	63	8,16mm SF	11°		Tripletvar. m. mehr als 3 Gliedern	
Cine Ektar	2,5	15	16 mm SF				
Cine Ektar	2,7	102	16 mm SF				
Cine Ektar	4,0	152	16 mm SF	5°		USA 2 559 881 4 Linsen, 2 Glieder	
CineAnastigmat	1,6	50	16 mm SF			Bild 90/9	
Cine Anastigmat	1,9	25	16 mm SF			Bild 89/16	

Tafel 26 (Fortsetzung)

Objektiv-Markennamen *Lens-Trade Mark*	Lichtstärke *Relative aperture* 1 :	Brennweite *Focal length (E.F.L.)* in mm	Bildformat *Negative Sizes* in mm	Bildwinkel *Angle of View*	Errechner *Designer*	Bemerkungen *Notes*	Einbau in: *Fitted in Camera:*
Cine Anastigmat	2,7	15	16 mm SF			Bild 39	
Cine Anastigmat	2,7	63	16 mm SF			Bild 90/9	
Cine Anastigmat	2,7	102	16 mm SF			Bild 90/9	
Cine Anastigmat	3,5	20	16 mm SF			Bild 39	
Cine Anastigmat	3,5	50	16 mm SF			Bild 39	
Cine Anastigmat	4,5	76	16 mm SF			Bild 83	
Cine Anastigmat	4,5	114	16 mm SF			Bild 83	
Cine Anastigmat	4,5	152	16 mm SF	5°		Bild 83	
Cine Ektanon	1,6	51	16 mm SF	14°		Petzvaltyp 4 Linsen, 2 Glieder	
Cine Ektanon	1,9	13	8 mm SF	26°		USA 2503751	
Cine Ektanon	2,5	38	8,16mm SF	9°		Petzvaltyp 4 Linsen, 2 Glieder	
Cine Ektanon	2,7	9	8 mm SF				Cine Kodak Magazine 8 Camera
Cine Ektanon	2,7	63	16 mm SF	9°		Petzvaltyp	
Cine Ektanon	2,8	38	8,16mm SF	9°		Petzvaltyp 4 Linsen, 2 Glieder	
VEB Feinoptisches Werk Görlitz, Meyer							
Kinon	1,6	105	35 mm NF		*Roeschlein*	Bild 90/14	
Kinon	2,1	200			*Roeschlein*	Bild 90/9	Oszillographen
Trioplan	2,8	10	8 mm SF		*Roeschlein*	Bild 39	8 mm Filmkamera AK 8
Minox GmbH., Gießen							
Dralonar	2,5	12,5	8 mm SF	28°		Bild 39	Dralowid Reporter Kamera 88

Tafel 26 (Fortsetzung)

Objektiv-Markennamen *Lens-Trade Mark*	Lichtstärke *Relative aperture* 1 :	Brennweite *Focal length (E.F.L.)* in mm	Bildformat *Negative Sizes* in mm	Bildwinkel *Angle of View*	Errechher *Designer*	Bemerkungen *Notes*	Einbau in: *Fitted in Camera:*
G. Rodenstock, Optische Werke, München							
Euron	2,5	12,5	8 mm SF	23°		Bild 39	Alle Kameras mit am. D-Fassung, ,Bauer Niezoldi und Krämer
Euron	2,8	38	8 mm SF	8°		Bild 39	Bolex B 8, H 8, L 8, Cine-Nizo S 2T, Filmo-Auto 8, Filmo-Sportstar, De Jur, Keystone 8, Revere 8, 67, 99
Euron	3,5	75	16 mm SF	8°		Bild 39	Alle Kameras mit am. C-Fassung wie *B. & H.*, Bolex H 16, Keystone, Pathex, Revere, Siemens D und F, Victor
Heligon	1,5	12,5	8 mm SF	25°		Bild 61	Bolex H 8, Briskin, Franklin, Cine-Nizo S 2T, Nizo-Heliomatic, De Jur, Keystone, Kodak Reliant, Perflex, Revere
Heligon	1,5	25	8 mm SF	14°		Bild 61	Bolex H 8, Briskin, Franklin, Cine-Nizo S 2T, Nizo-Heliomatic, De Jur, Keystone, Reliant, Perflex
Heligon	1,5	20	16 mm SF	35°		Bild 61	Alle Kameras mit C-Fassung
Heligon	1,5	25	16 mm SF	28°		Bild 61	Alle Kameras mit C-Fassung
Heligon	2,0	16	16 mm SF	40°		Bild 61	Alle Kameras mit C-Fassung Arriflex 16
Heligon	2,0	50	16 mm SF	14°		Bild 61	Alle Kameras mit C-Fassung
Ronar	1,9	10	8 mm SF	30°		Bild 89/12	Bauer 88 B
Ronar	1,9	12,5	8 mm SF	26°		Bild 89/12	Kameras mit D-Fassung wie Bolex H 8, De Jur, Kodak Reliant, Revere
Ronagon H	Weitw. Vorsatz teleskop.		8 mm SF	46/23° von 0,75 — ∞		Bild 90/27	Bauer, Niezoldi und Krämer

Tafel 26 (Fortsetzung)

Objektiv-Markennamen *Lens-Trade Mark*	Lichtstärke *Relative aperture* 1:	Brennweite *Focal length (E.F.L.)* in mm	Bildformat *Negative Sizes* in mm	Bildwinkel *Angle of View*	Errechner *Designer*	Bemerkungen *Notes*	Einbau in: *Fitted in Camera:*
Ronagon R	Weitw. Vorsatz teleskop.		8 mm SF	46/23° festeingestellt		Bild 90/27	Bauer, Niezoldi und Krämer
Eutelon	Tele-Vorsatz		8 mm SF	12/23°		Bild 90/28	Bauer, Niezoldi und Krämer
Albert Schacht GmbH., München							
Travenon	2,8	25	16 mm SF			Bild 89/12	
Travenon	2,8	75	16 mm SF			Bild 89/12	
Jos. Schneider & Co., Optische Werke, Kreuznach							
S 8-Kino-Xenon	1,5	13	8 mm SF			Bild 62	
S 8-Kino-Xenon	1,5	25	8 mm SF			Bild 62	
Cinegon	1,9	6,5	8 mm SF	50°	*Albrecht*	USA 2612077 Bild 90/2	
Xenoplan	1,9	13	8 mm SF			Bild 89/12	
Kinoplan	2,7	12,5	8 mm SF			Bild 39	
Xenar	2,8	38	8 mm SF	50°		Bild 43	
Xenar	2,8	45	8 mm SF	50°		Bild 43	
S 16-Kino-Xenon	1,5	25	16 mm SF			Bild 61	
S 16-Kino-Xenon	1,9	16	16 mm SF			Bild 61	
S 16-Kino-Xenon	2,3	50	16 mm SF			Bild 61	
Cinegon	1,9	11,5	16 mm SF	58°		Bild 90/2	
Tele Xenar	3,8	75	16 mm SF			Bild 82	
Tele Xenar	3,8	100	16 mm SF			Bild 90/16	
Tele Xenar	4,5	150	16 mm SF			Bild 90/16	
Cinegon	2,0	20	35 mm NF	56°		Bild 90/2	
N35-Kino-Xenon	2,0	28	35 mm NF			Bild 61	
N35-Kino-Xenon	2,0	35	35 mm NF			Bild 61	

Tafel 26 (Fortsetzung)

Objektiv-Markennamen *Lens-Trade Mark*	Lichtstärke *Relative aperture* 1 :	Brennweite *Focal length (E.F.L.)* in mm	Bildformat *Negative Sizes* in mm	Bildwinkel *Angle of View*	Errechner *Designer*	Bemerkungen *Notes*	Einbau in: *Fitted in Camera:*
N35-Kino-Xenon	2,0	40	35 mm NF			Bild 61	
N35-Kino-Xenon	2,0	50	35 mm NF			Bild 61	
N35-Kino-Xenon	2,0	75	35 mm NF			Bild 61	
N35-Kino-Xenon	2,0	100	35 mm NF			Bild 61	
N35-Kino-Xenon	2,0	125	35 mm NF			Bild 61	
S 8-Curtar 0,5×	Vorsatz für Xenoplan 13 mm und Kinoplan 12,5 mm, reduziert Brennweite auf die Hälfte						Movex 8 L
S 8-Longar 2×	Vorsatz für Xenoplan 13 mm und Kinoplan 12,5 mm, verdoppelt die Brennweite						Movex 8 L
C. A. Steinheil Söhne GmbH., München							
Selenar	1,5	75	16 mm SF			Bild 90/15	
Selenon	1,9	12,5	16 mm SF			Tripletvar. 4 Linsen, 4 Glieder	
Selenon	1,9	75	16 mm SF			Petzvaltyp 4 Linsen	
Culminon	1,5	36	8 mm SF			Bild 90/15	
Culminon	1,9	13	8 mm SF			Bild 49	
Kino Cassar	2,5	12,5	8 mm SF			Bild 39	
Kino Cassar	2,7	18	9,5 mm SF			Bild 39	
Kino Cassar	2,8	36	8 mm SF			Bild 39	Bolex H 8, L 8, Keystone, Revere
Kino Cassar	3,5	36	8 mm SF			Bild 39	
Kino Cassar	3,5	75	16 mm SF			Bild 39	
Cassarit	2,8	36	8 mm SF			Bild 39	
Quinon	1,5	25	16 mm SF			Bild 61	

Tafel 26 (Fortsetzung)

Objektiv-Markennamen *Lens-Trade Mark*	Lichtstärke *Relative aperture* 1 :	Brennweite *Focal length (E.F.L.)* in mm	Bildformat *Negative Sizes* in mm	Bildwinkel *Angle of View*	Errechner *Designer*	Bemerkungen *Notes*	Einbau in: *Fitted in Camera:*
Taylor, Taylor & Hobson Ltd., London							
Ivotal	1,4	12,5	8 mm SF			Weitwinkel umgekehrt. Tele	
Ivotal	1,4	1″	16 mm SF			6 Linsen, 4 Glieder	
Ivotal	1,4	2″	16 mm SF			4 Linsen	
Taytal	1,8	6,5	8 mm SF			Weitwinkel umgekehrt. Tele	
Protal	1,8	12,5–15	16 mm SF			Weitwinkel umgekehrt. Tele	
Protal	1,8	18–30	35 mm NF			Weitwinkel umgekehrt. Tele	
Protal	1,8	20–50	16 mm SF			Weitwinkel Tripletvar.	
Speed Panchro	2,0	24–108	35 mm NF			6 Linsen, 4 Glieder	
Panchrotal	2,3	2,8″–4″	16 mm SF			Teleobjektiv	
Mytal	2,5	0,5″	8 mm SF			Bild 39	Sportster Modell 605
Mytal	2,5	0,7″	16 mm SF			4 Linsen	
Telkinic	4,0–4,5	4″–6″	16 mm SF			Teleobjektiv	
Tewe oHG., Berlin							
Telagon	2,5	125	8, 16, 35	12°		Bild 90/14	Für 8-, 16- und 35-mm-Filmkameras
Telagon	3,0	150	8, 16, 35	10°		Bild 90/14	Für 8-, 16- und 35-mm-Filmkameras
Telagon	3,2	200	8, 16, 35	8°		Bild 90/14	Für 8-, 16- und 35-mm-Filmkameras

Tafel 26 (Fortsetzung)

Objektiv-Markennamen *Lens-Trade Mark*	Lichtstärke *Relative aperture* 1:	Brennweite *Focal length (E.F.L.)* in mm	Bildformat *Negative Sizes* in mm	Bildwinkel *Angle of View*	Errechner *Designer*	Bemerkungen *Notes*	Einbau in: *Fitted in Camera:*
Wollensak Optical Co., Rochester (USA)							
Cine Raptar	1,5	12,7	16 mm SF	Weitw.		Bild 90/6	
Cine Raptar	1,5	1″	16 mm SF			Bild 61	
Cine Raptar	1,5	38	8 mm SF	Tele		Bild 90/9	
Cine Raptar	1,5	40	16 mm SF	Tele		Bild 61	
Cine Raptar	1,5	50	16 mm SF	Tele		Bild 61	
Cine Raptar	1,9	6,5	8 mm SF	Weitw.		Bild 90/5	Wollensak „23“ 8 mm Magazine Turret, Wollensak „53“ 8 mm Spool Turret, *B. & H.* Auto 8, *B. & H.* 134 TA
Cine Raptar	1,9	13	8 mm SF			Bild 89/16	Wollensak „28“ 8 mm Magazine, „23“ 8 mm MagazineTurret, „58“ 8 mm Spool Camera, „53“ Spool Turret
Cine Raptar	1,9	1″	16 mm SF			Bild 49	Wollensak „91“ und „93“, *B. & H.*, Bolex, Keystone, Kodak K 100, Pathé, Revere, Victor
Cine Raptar	1,9	50	16 mm SF	Tele		Bild 49	
Cine Raptar	2,5	6,5	8 mm SF	Weitw.		Bild 90/4	Ampro. Bolex H 8, B 8, C 8, De Jur, Keystone, Kodak Reliant, Revere, Wollensak
Cine Raptar	2,5	9	8 mm SF	Weitw.		Bild 90/3	Ampro. Bolex H 8, B 8, C 8, De Jur, Keystone, Kodak Reliant, Revere, Wollensak
Cine Raptar	2,5	17	16 mm SF	Weitw.		Bild 39	Wollensak „93“
Cine Raptar	2,5	1″	8 mm SF	Tele		Bild 39	
Cine Raptar	2,5	$1^1/_2$″	8 mm SF	Tele		Bild 90/23	Wollensak „23“, „53“, *B. & H.* Auto 8, 134 TA
Cine Raptar	2,5	50	16 mm SF	Tele		Bild 90/23	

Tafel 26 (Fortsetzung)

Objektiv-Markennamen *Lens-Trade Mark*	Lichtstärke *Relative aperture* 1 :	Brennweite *Focal length (E.F.L.)* in mm	Bildformat *Negative Sizes* in mm	Bildwinkel *Angle of View*	Errechner *Designer*	Bemerkungen *Notes*	Einbau in: *Fitted in Camera:*
Cine Raptar	2,5	63	16 mm SF	Tele		Bild 90/23	
Cine Raptar	2,5	3″	16 mm SF	Tele		Bild 90/23	
Cine Raptar	2,7	17	16 mm SF	Weitw.		Bild 39	
Cine Raptar	2,8	3″	16 mm SF	Tele		Bild 90/23	Wollensak „93"
Cine Raptar	3,5	1$^1/_2$″	8 mm SF	Tele		Bild 39	Ampro, Bolex H 8, B 8, C 8, De Jur, Keystone, Kodak Reliant, Revere, Wollensak
Cine Raptar	3,5	2″	16 mm SF	Tele		Bild 39	
Cine Raptar	4,0	3″	16 mm SF	Tele		Bild 41	
Cine Raptar	4,5	4″	16 mm SF	Tele		Bild 41	
Cine Raptar	4,5	6″	16 mm SF	Tele		Bild 41	
Pro 35 Raptar	2,3	25	35 mm NF			Bild 61	*B. & H.* Eyemo Cameras, Mitchell Cameras
Pro 35 Raptar	2,3	35	35 mm NF			Bild 61	*B. & H.* Eyemo Cameras, Mitchell Cameras
Pro 35 Raptar	2,3	50	35 mm NF			Bild 61	*B. & H.* Eyemo Cameras, Mitchell Cameras
Pro 35 Raptar	2,3	75	35 mm NF			Bild 61	*B. & H.* Eyemo Cameras, Mitchell Cameras
Pro 35 Raptar	2,3	101	35 mm NF			Bild 61	*B. & H.* Eyemo Cameras, Mitchell Cameras
Pro 35 Raptar	2,7	152	35 mm NF			Bild 90/14	*B. & H.* Eyemo Cameras, Mitchell Cameras
Pro 35 Raptar	4,5	254	35 mm NF	Tele		Bild 90/18	*B. & H.* Eyemo Cameras, Mitchell Cameras
Pro 35 Raptar	4,5	380	35 mm NF	Tele		Bild 90/18	*B. & H.* Eyemo Cameras, Mitchell Cameras
Pro 35 Raptar	5,6	508	35 mm NF	Tele		Bild 90/18	*B. & H.* Eyemo Cameras, Mitchell Cameras

Tafel 26 (Fortsetzung)

Objektiv-Markennamen *Lens-Trade Mark*	Lichtstärke *Relative aperture* 1 :	Brennweite *Focal length (E.F.L.)* in mm	Bildformat *Negative Sizes* in mm	Bildwinkel *Angle of View*	Errechner *Designer*	Bemerkungen *Notes*	Einbau in: *Fitted in Camera:*
VEB Carl Zeiß, Jena							
Biotar	1,4	16	16 mm SF			Bild 61	
Biotar	1,4	20	16 mm SF			Bild 61	
Biotar	1,5	75	35 mm NF			Bild 61	
Biotar	2,0	25	35 mm NF			Bild 61	
Biotar	2,0	35	35 mm NF			Bild 61	
Biotar	2,0	40	16 mm SF			Bild 61	
Biotar	2,0	58	35 mm NF			Bild 61	
Sonnar	1,5	50	35 mm NF			Bild 54 c	
Sonnar	2,0	40	35 mm NF			Bild 54 b	
Sonnar	2,0	50	35 mm NF			Bild 54 b	
Sonnar	2,0	85	35 mm NF			Bild 54 c	
Sonnar	2,8	180	35 mm NF			Kino-Einbaufassung	
Sonnar	4,0	75	16 mm SF			Einstellfassung	
Sonnar	4,0	135	35 mm NF			Kino-Einbaufassung	
Sonnar	4,0	300	35 mm NF			Kino-Einbaufassung	
Triotar	2,8	10	8 mm SF			Bild 39	AK 8
Flektogon	2,8	12,5			*Zöllner/Solisch*	Bild 77	Kinokameras
Carl Zeiß, Oberkochen							
Sonnar	1,5	50	35 mm NF			Bild 54 c	
Sonnar	2,0	85	35 mm NF			Bild 54 c	
Planar	2,0	32	35 mm NF	50°		Bild 67	
Movitar	1,9	10	8 mm SF	33°		Bild 89/12 Einstellfassung ∞ bis 0,20 m	Movikon 8

Tafel 27: Spiegelobjektive

Objektiv-Markennamen *Lens-Trade Mark*	Lichtstärke *Relative aperture* 1:	Brennweite *Focal length (E.F.L.)* in mm	Bildformat *Negative Sizes* in mm	Bildwinkel *Angle of View*	Errechner *Designer*	Bemerkungen *Notes*	Einbau in: *Fitted in Camera:*
Askania-Werke AG., Berlin							
Spiegellinsen-Objektiv	2,73	600		6°		4 Linsen, 2 Spiegelfl.	
N. V. Optische Industrie „de oude delft", Delft							
Fototel TD 50	6,3	500	24×36	5°	*A. Bouwers*	Ähnlich Bild 91/7	Contax, Kine Exakta, Leica, Praktica
Delca TD 100	7,0	1000	24×36	2,5°			
Delca TE 100	7,0	1000	45×60	5°			Agiflex Kamera
Delca TC 100	8,0	1000	18×24	2°		Normalfilmaufnahme	
Delca TC 200	14,0	2000	18×24	1°		Normalfilmaufnahme	
Delca TD 200	14,0	2000	18×24	1,5°			
Wollensak Optical Co., Rochester (USA)							
Fototel	6,3	20″	16, 35			Bild 91/7	Alpa II, Exakta, Pentacon, Praktica FX, Rectaflex, Wrayflex und andere Reflexkameras, Leica und andere 35-mm-Kameras, Kinokameras wie *B. & H.* 16 und 35 mm, Cine Kodak Special I und II, Mitchell 16 und 35 mm, Revere 16 mm, Wollensak 16 mm 91, 93, Wollensak Fastax 16 und 35

Tafel 27 (Fortsetzung)

Objektiv Markennamen *Lens-Trade Mark*	Lichtstärke *Relative aperture* 1:	Brennweite *Focal length (E.F.L.)* in mm	Bildformat *Negative Sizes* in mm	Bildwinkel *Angle of View*	Errechner *Designer*	Bemerkungen *Notes*	Einbau in: *Fitted in Camera:*
Mirrotel	8,0	40″	18×24 24×36	2,5°		USA 2492461 Bild 91/8	
Mirrotel	14,0	80″	18×24 24×36	1,5°		Bild 91/8	
VEB Carl Zeiß, Jena							
Spiegelobjektiv nach Habermann	0,85	150	24×24			Bild 91/6	
Zoomar Inc., Glen Cove, New York							
Reflectar	4,5	10″			*F.G. Back/H. Lowen*	Bild 91/11	
Reflectar	5,6	20″			*F.G. Back/H. Lowen*	Bild 91/10	
Reflectar	8,0	40″			*F.G. Back/H. Lowen*	USA 2701983 Bild 91/9	
Reflectar	15,0	80″			*F.G. Back/H. Lowen*	USA 2701983 Bild 91/9	
Reflectar	25,0	150″			*F.G. Back/H. Lowen*	USA 2701983 Bild 91/9	

Tafel 28: Fernsehobjektive

Objektiv-Markennamen *Lens-Trade Mark*	Lichtstärke *Relative aperture* 1 :	Brennweite *Focal length (E.F.L.)* in mm	Bildformat *Negative Sizes* in mm	Bildwinkel *Angle of View*	Errechner *Designer*	Bemerkungen *Notes*	Einbau in: *Fitted in Camera:*
Eastman Kodak Company, Rochester (USA)							
Television-Ektanon	1,9	50		44°		USA 2262985 Gauß-Variation 6 Linsen, 4 Glieder	Fernsehkameras
Television-Ektanon	3,3	35		64°		USA 2279384 Triplet, Vorder- u. Hintergl. verk. Weitwinkel	Fernsehkameras
Television-Ektanon	3,5	90		28°		Triplet	Fernsehkameras
Television-Ektanon	3,8	135		14°		USA 2231699 4 Linsen, 2 Glieder, Teleobjektiv	Fernsehkameras
Jos. Schneider & Co., Optische Werke, Kreuznach							
Xenon	2,0	28					Fernsehaufnahme- und Kopiergeräte
Xenon	2,0	35					Fernsehaufnahme- und Kopiergeräte
Xenon	2,0	50					Fernsehaufnahme- und Kopiergeräte
Xenon	2,0	75					Fernsehaufnahme- und Kopiergeräte
Xenon	2,0	100					Fernsehaufnahme- und Kopiergeräte

Tafel 28 (Fortsetzung)

Objektiv-Markennamen *Lens-Trade Mark*	Lichtstärke *Relative aperture* 1 :	Brennweite *Focal length (E.F.L.)* in mm	Bildformat *Negative Sizes* in mm	Bildwinkel *Angle of View*	Errechner *Designer*	Bemerkungen *Notes*	Einbau in: *Fitted in Camera:*
Xenotar	2,8	150					Fernsehaufnahme- und Kopiergeräte
Tele Xenar	4,5	150					Fernsehaufnahme- und Kopiergeräte
Tele Xenar	5,5	200					Fernsehaufnahme- und Kopiergeräte
Tele Xenar	5,5	360					Fernsehaufnahme- und Kopiergeräte
Wollensak Optical Co., Rochester (USA)							
TV-Raptar	2,0	50				Bild 61	
TV-Raptar	3,5	75				Bild 43	
TV-Raptar	3,5	90				Bild 43	
TV-Raptar	3,5	101				Bild 43	
TV-Raptar	3,5	158				Bild 43	
TV-Raptar	3,8	135				Bild 90/10	
TV-Raptar	4,5	10″				Bild 90/18	
TV-Raptar	4,5	12″				Bild 90/18	
TV-Raptar	4,5	14″				Bild 90/18	
TV-Raptar	4,5	15″				Bild 90/18	
TV-Raptar	4,5	16″				Bild 90/18	
TV-Raptar	5,6	18″				Bild 90/18	
TV-Raptar	5,6	20″				Bild 90/18	
TV-Raptar	5,6	24″				Bild 90/18	

Tafel 29: Röntgenobjektive

Objektiv-Markennamen *Lens-Trade Mark*	Lichtstärke *Relative aperture* 1 :	Brennweite *Focal length (E.F.L.)* in mm	Bildformat *Negative Sizes* in mm	Bildwinkel *Angle of View*	Errechner *Designer*	Bemerkungen *Notes*	Einbau in: *Fitted in Camera:*
Astro-Gesellschaft Bielicke & Co., Berlin							
Tachonar	1,0	75	24×36	36°		Bild 89/6	Röntgen- und Oszillographen-aufnahmen
N. V. Optische Industrie „de oude delft“, Delft							
Odelca	0,75	165	70×70			Spiegeloptik	Röntgenbildaufnahmen
Voigtländer AG., Braunschweig							
R-Nokton	1,5	105	63×63		*A. W. Tronnier*	Gauß-Var. 8 Linsen, 6 Glieder, 1 Feldlinse	Röntgenschirmbild
VEB Carl Zeiß, Jena							
R-Biotar	0,85	55	24×24			Bild 88	Röntgenschirmbild
R-Biotar	1,0	120	63×63			Bild 91/1	Röntgenschirmbild
R-Sonnar	1,5	50	32×32				Röntgenschirmbild
R-Sonnar	1,5	100	63×63			Mit Bildfeldlinse	Röntgenschirmbild
Carl Zeiß, Oberkochen							
R-Sonnar	1,5	50	32×32	45°		7 Linsen, 3 Glieder, 1 Feldlinse	Röntgenschirmbild
R-Sonnar	1,5	100	63×63	48°		7 Linsen, 3 Glieder, 1 Feldlinse	Röntgenschirmbild

SACH- UND NAMENVERZEICHNIS

OBJEKTIV- UND KAMERAVERZEICHNIS

BEZUGSQUELLENREGISTER UND ANZEIGENTEIL

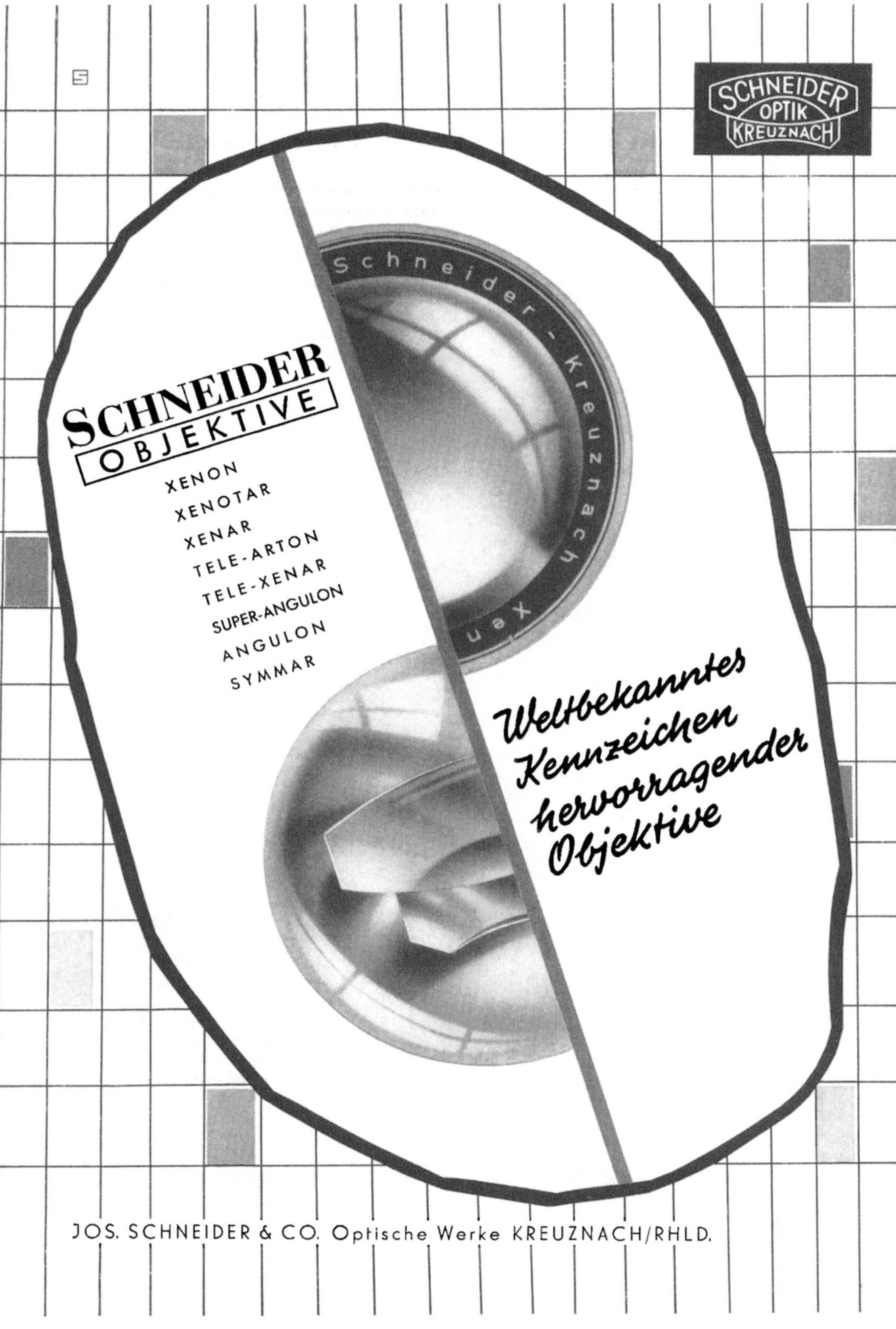
SCHNEIDER OPTIK KREUZNACH
SCHNEIDER OBJEKTIVE
XENON
XENOTAR
XENAR
TELE-ARTON
TELE-XENAR
SUPER-ANGULON
ANGULON
SYMMAR
Schneider-Kreuznach Xen
Weltbekanntes Kennzeichen hervorragender Objektive
JOS. SCHNEIDER & CO. Optische Werke KREUZNACH/RHLD.

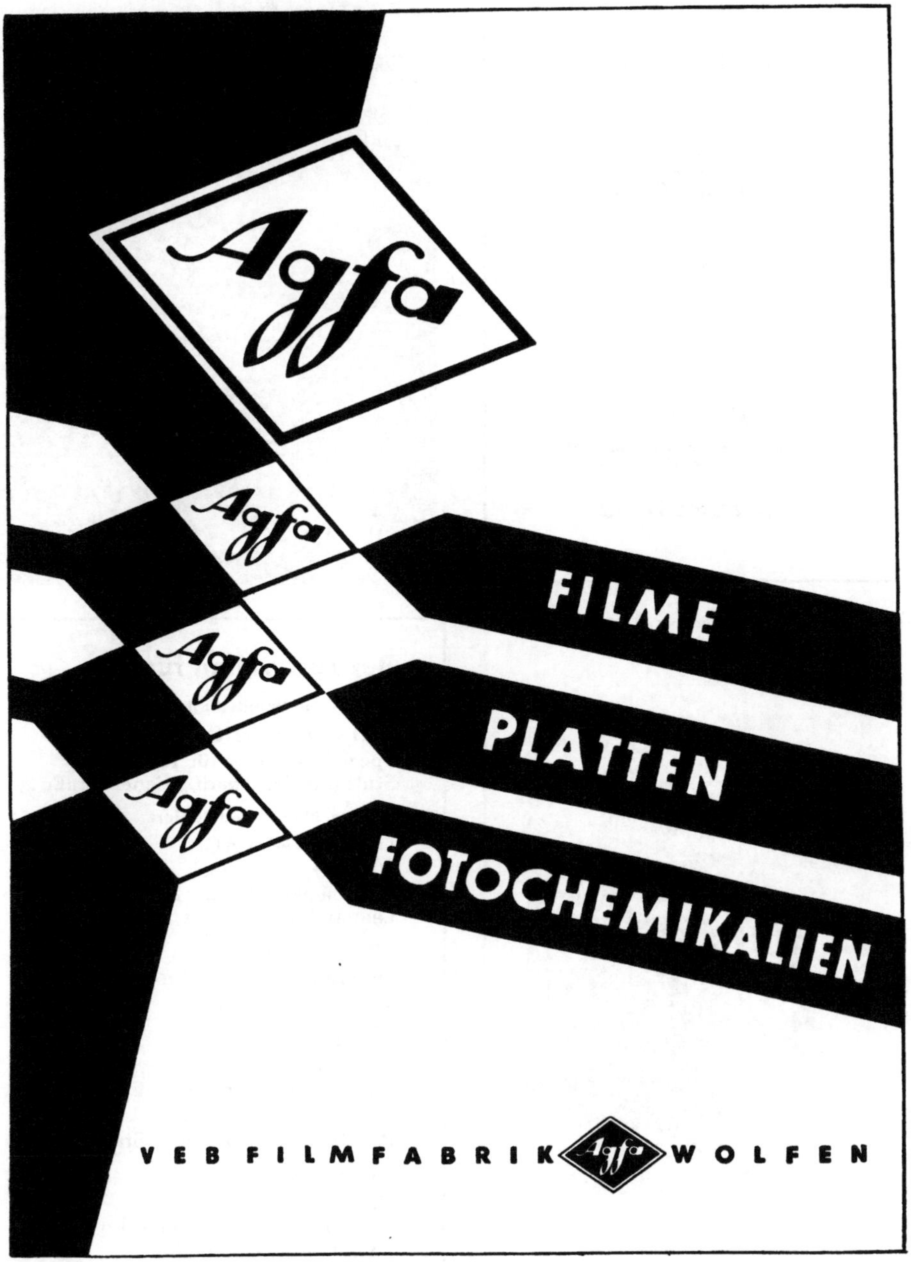

Agfa
Agfa
FILME
Agfa
PLATTEN
Agfa
FOTOCHEMIKALIEN
VEB FILMFABRIK Agfa WOLFEN

GPSR Compliance

The European Union's (EU) General Product Safety Regulation (GPSR) is a set of rules that requires consumer products to be safe and our obligations to ensure this.

If you have any concerns about our products, you can contact us on ProductSafety@springernature.com

In case Publisher is established outside the EU, the EU authorized representative is:

Springer Nature Customer Service Center GmbH
Europaplatz 3
69115 Heidelberg, Germany

Batch number: 10577876

Printed by Printforce, the Netherlands